新型职业农民培育工程规划教材

新型农业经营主体规范与提升

齐敬冰　沈廷金　刘　艳　主编

U0272192

中国农业科学技术出版社

图书在版编目（CIP）数据

新型农业经营主体规范与提升 / 齐敬冰，沈廷金，刘艳主编 . —北京：中国农业科学技术出版社，2015.7

ISBN 978 - 7 - 5116 - 2164 - 1

Ⅰ.①新… Ⅱ.①齐…②沈…③刘… Ⅲ.①农业经营 – 经营管理 – 研究 – 中国 Ⅳ.①F324

中国版本图书馆 CIP 数据核字（2015）第 148479 号

| 责任编辑 | 徐 毅 张国锋 |
| 责任校对 | 贾海霞 |

出 版 者	中国农业科学技术出版社
	北京市中关村南大街 12 号 邮编：100081
电 话	(010) 82106636（编辑室） (010) 82109702（发行部）
	(010) 82109709（读者服务部）
传 真	(010) 82106631
网 址	http://www.castp.cn
经 销 者	各地新华书店
印 刷 者	北京富泰印刷有限责任公司
开 本	787 mm × 1 092 mm 1/16
印 张	12.25
字 数	280 千字
版 次	2015 年 7 月第 1 版 2015 年 7 月第 1 次印刷
定 价	34.00 元

◄◄◄ 版权所有·翻印必究 ►►►

《新型农业经营主体规范与提升》
编 委 会

主　　任　鞠艳峰

副主任　鞠成祥

委　　员　范开业　　于　静　　贺淑杉　　张　谦　　丁立斌
　　　　　孙志智　　怀德良　　赵成宇　　王志远　　王印芹
　　　　　蔡春华　　訾爱梅　　刘元龙　　胡树雷　　孙运欣
　　　　　王春田　　张道伦　　尹佳玲　　李栋宝　　王世法
　　　　　冷本谦

主　　编　齐敬冰　　沈廷金　　刘　艳

副主编　咸秀斋　　王富全　　王春田　　刘忠花

编　　者　马善江　　王春丽　　王小红　　孙建萍　　李晓霞
　　　　　刘雪纯　　杜向利　　张鹏程　　赵　力　　赵银萍
　　　　　徐冠华　　徐勤上　　韩金钊

序

当前，我国正处于传统农业向现代农业转化的关键时期，大量先进农业科学技术、高效率农业设施装备、现代化经营管理理念越来越多地引入到农业生产的各个领域。农民作为生产力中的劳动者要素，是发展现代农业的主体，是农村经济和社会发展的建设者和受益者。但长期以来，我国实行城乡二元结构模式，农民收入低、素质差、职业幸福感不高。目前，农村村庄空心化、种地农民兼业化、老龄化、女性化趋势日益明显，"关键农时缺人手、现代农业缺人才、农业生产缺人力"问题非常突出。因此，只有加快培育一大批爱农、懂农、务农的新型职业农民，才能从根本上保证农业后继有人，从而为推进现代农业稳定发展、实现农民持续增收打下坚实的基础。

2012 年，中央"一号文件"首次正式提出大力培育新型职业农民。2013 年 11 月，习总书记在视察山东时指出，农业出路在现代化，农业现代化关键在科技进步。要适时调整农业技术进步路线，加强农业科技人才队伍建设，培养新型职业农民。习总书记的这些重要论断，为加快培育新型职业农民指明了方向。大力培育新型职业农民，已上升为国家战略。

临沂是农业大市，市委、市政府高度重视农业农村工作，全市农业战线同志们兢兢业业，创新工作，临沂农业取得令人振奋的成绩。临沂市是全国粮食生产先进市，先后被授予"中国蔬菜之乡"、"中国大蒜之乡"、"中国牛蒡之乡"、"中国金银花之乡"、"中国桃业第一市"、"山东南菜园"等称号。品牌农业发展创造了"临沂模式"。为了适应经济发展新常态，按照"走在前列"的要求，临沂市委、市政府决定重点抓好现代农业"五大工程"，努力在提高粮食生产能力上挖掘新潜力，在优化农业结构上开辟新途径，在建设新农村上迈出新步伐，稳步实施农业现代化战略。

2014 年临沂市作为全国 14 个地级市之一，被列为全国新型职业农民培育整体推进示范市。市政府专门下发了《关于加强新型职业农民培育工作的意见》，围绕服务全市现代农业"四大板块"发展，按照精准选择培育对象，精细开展教育培训的原则，突出抓好农民田间课堂"六统一"规范化建设和新型职业农民培训示范社区"六个一"标准化建设，实践探索了新型职业农民培育的临沂模式，一批新型职业农民脱颖而出，成为当地农业发展，农民致富的带头人、主力军。

为了加快现代农业新技术的推广应用，推进新型职业农民培育和新型农业经营主体融合发展，临沂市农广校组织部分农业生产一线的技术骨干和农业科研院所、农业高校的专家教授，编写了《新型职业农民培育工程规划教材》丛书，该丛书涉及粮食作物、园艺蔬菜、畜牧养殖、新型农业经营主体规范与提升等相关技术知识，希望这套丛书的出版，能够为提升新型职业农民素质，加快全市现代农业发展和"大美新"临沂建设起到积极的促进作用。

临沂市农业局局长 党委书记 鞠艳峰

二○一五年六月

前　言

　　我国农业在由传统农业向现代农业转化过程中面临诸多矛盾，一家一户小生产与国内外大市场的矛盾、土地经营面积小与提高农业规模效益的矛盾、科技水平低与发展集约化、生态化现代农业要求高的矛盾、投入能力不足与确保农业稳定持续发展的矛盾越来越突出。新型农业经营主体是在家庭经营基础上，通过社会化服务联系起来的市场主体，能够容纳不同水平的农业生产力，既适应传统农业，也适应现代农业，具有广泛的适应性和旺盛的生命力。

　　培育新型的农业规模经营主体、发展适度规模经营是提高粮食综合生产能力，调整优化农业产业结构、加快城镇化进程、促进农民多元增收及推动现代农业持续健康发展的重要举措，是当前和今后一个时期农业农村工作的重点，也是未来发展的主攻方向。党的"十八大"报告提出，"发展多种形式规模经营，构建集约化、专业化、组织化、社会化相结合的新型农业经营体系"。在山东省2015年农村工作会议上，省委书记姜异康要求："大力发展新型农业经营主体和服务主体，加快构建适应现代农业发展要求的新型经营体系"。这些充分表明，新形势下的培育壮大新型农业经营主体已成为各级共识。

　　山东省临沂市是农业大市，新型农业经营主体发展早、数量大、较规范，近年来逐步形成了由家庭经营占主导向多元经营主体并举转变的农业生产经营新格局，有力地支撑了传统农业改造和现代农业建设。临沂市农业广播电视学校是农民科技教育培训的主渠道、主阵地，2014年承担实施了全国新型职业农民培育整体推进市项目，按照"一点两线"培训方式，对农民合作社、家庭农场经营管理人员和技术骨干开展农业生产技术和经营管理知识培训，为规范和提升新型农业经营主体提供了人才和智力支撑。

　　为提高农民驾驭市场经济的能力和水平，帮助新型职业农民发展农民专业合作社和家庭农场等新型农业经营主体，临沂市农广校组织新型职业农民教育培训一线教师、农民合作社专家等编写了《新型农业经营主体规范与提升》一书。本书是《新型职业农民培育工程规划教材》的重要组成部分，重点从农业政策、土地承包等方面提出新型农业经营主体规范和提升的措施、途径及方法。

　　在本书编写过程中，学习参阅了许多专家学者的学术成果，同时，还得到一些领导、业内人士的大力支持，在此一并表示诚挚的感谢。

　　由于编者理论水平有限，实践经验不足，错误及不当之处在所难免，恳请广大读者给予批评指正。

编者

二〇一五年六月

目　录

第一章 现代农业政策

第一节 概 述

一、现代农业政策的涵义

现代农业政策是国民经济政策的一个重要组成部分，为了实现一定社会、经济及农业发展目标，国家或政府在一定时间内对农业发展过程中制定的具有激励或约束其经济活动的一系列措施和行动的总称。现代农业政策是国家的目标，支持国家的发展和整个社会的发展，满足国民对农产品的需求；也是部门的目标，提高农业生产水平，实现农村居民实际收入增长和生活水平的改善。农业，不只是产业问题，更是社会问题，现代农业发展，需要国家的政策支持。

二、现代农业政策的基本目标

目前，我国正处于由传统农业向现代农业转变的时期。农业的发展不仅会遇到资源环境、物资投入、技术进步等方面的约束，而且会遇到因利益调整而引起的各种摩擦。根据我国目前的经济发展水平、经济发展对农业的基本要求和农业的自身状况，以及未来一段时期内农业发展所依赖的若干条件的变化，我国农业政策的具体目标应包括以下几个方面。

1. 保证农产品尤其是粮食产量的稳定增长，实现农产品供求的基本平衡，是现代农业政策的重要目标。

2. 保证农民收入水平的不断提高，实现农民收入与农业生产的同步增长，是现代农业政策的关键目标。

3. 生产安全、优质农产品，满足人民对健康、生态、绿色食品的需求，是现代农业政策的主要目标。

4. 保证农村社会稳定，实现农村经济与社会的协调发展，是现代农业政策的兼顾目标。

三、现代农业政策的作用

我国农业发展的经验已经充分证明，发展现代农业"一靠政策、二靠科学、三靠投入"。政策是影响农业发展的最重要的因素。具体来说，政策对农业发展的作用表现在以下方面。

1. 指导作用

即通过确定现代农业发展的宏观方向，为微观主体提供宏观指导。通过农业政策的指导作用，把微观主体的行为统一于现代农业发展的宏观方向，从而减少甚至消除微观主体从事农业经济活动的盲目性，提高整个社会农业经济活动的效率。

2. 协调作用

即协调现代农业发展过程中的各种利益关系和矛盾。现代农业发展会遇到各种各样的矛盾，这些矛盾的协调和解决，要依靠农业政策。由于政策规定了处理各种关系的基本原则，提供了解决各种矛盾的基本规范，因而农业政策就成为解决现代农业发展中各种矛盾的重要手段。通过制定和贯彻各种政策，使现代农业发展的各方面关系达到协调。这也是农业政策作用的重要方面。

3. 激励作用

即通过制定现代农业政策调动和保护农民的积极性。农民积极性如何，对现代农业发展影响很大。如果农民缺乏积极性，即使其他条件再好，现代农业也很难发展。而政策则是调动农民积极性的重要手段。我国农村人均占有耕地少，粮食价格低，一家人耗在几亩地上，家庭收入相对较低，农民要供养孩子读书、赡养老人等，一旦家庭成员生了大病，整个家庭就陷入了困境。由于农业种植的比较效益低，越来越多的农村青壮年人员不愿种地，而是进入城市务工，农村基本呈现村庄空心化、种地农民老龄化、女性化。近年来，国家实施的粮食直接补贴政策、农村土地承包期延长 30 年政策等，都广泛地调动了农民的生产积极性，这些都是农业政策激励作用的体现。

4. 调控作用

即通过各种政策，实现政府对现代农业发展的宏观调控。政策是调控现代农业发展的重要杠杆，各种政策的制定和执行，如产业政策、财政政策、价格政策、税收政策、投入政策等，都对现代农业发展具有重要的宏观调控作用。

5. 约束作用

即政策对经营主体的行为所形成的某种限制。由于政策是一种规定性，所以任何政策都具有一定的限制功能，这种限制功能就是政策的约束作用。如环保政策对生产者向环境排放的有害物质的约束，土地政策对土地所有权或使用权的约束，基本农田保护政策对耕地非农化现象的约束等。从理论上讲，现代农业政策的约束功能是发挥其作用的基础，如果失去了约束作用，政策就会失去效力。

四、现代农业政策与农业法律的关系

农业法律是国家制定或认可并以国家强制力保证实施的在农业经济活动领域的行为规范的总称。农业法律也有广义、狭义之分，狭义的农业法律只指由国家立法机构制定的农业法律，广义的农业法律又包括其他国家机关制定或认可的有关农业法律规范。在现实生活中，农业法律具有国家意志性、强制性、普遍约束性、非逆性、明确规范性和相关稳定性等特征。

从一般意义上讲，政策和法律是两个既相互联系又相互区别的范畴。所谓联系，是指两者在本质上是一致的，即都是统治阶级意志的体现。所谓区别，是指政策与法律各有自己的特征，其地位和作用是有明显差别的。

首先，统治阶级的政策是法律的指导思想和基本依据。统治阶级的政策是统治阶级政治的最集中体现，法律作为统治阶级政治的重要工具，必须以政策为指导并积极反映统治阶级的政治。对于这种关系可以从以下两个方面来理解：第一，法律的制定要以统治阶级的政策为依据，法律规范不过是政策的条文化和具体化，它不能与政策相抵触，当统治阶级政策发生变化时，法律必须作出相应的调整。比如，我国法律中有关土地承包经营权流转条款的调整，就是根据中央政策的变化而做出的。第二，法律的适用与实施要以统治阶级的政策为指导，法律虽然是根据统治阶级的政策制定的，但它不能代替政策，在实施过程中仍应以政策为指导。只有在统治阶级政策的指导下实施法律，才能正确发挥法律的作用。

其次，法律是实现统治阶级政策的重要工具。统治阶级的政策要在社会经济活动中得以贯彻执行，需要运用法律这一重要手段。当然，法律并非实施统治阶级政策的唯一工具，统治阶级的政策还可通过其他途径贯彻实施，但是法律却是一种最重要、最有效的工具。

最后，法律对统治阶级的政策具有制约作用。这是因为，法律虽然是根据统治阶级的政策制定的，但当它一经制定出来，便成为全体社会成员和组织都必须普遍严格遵守的准则，即使是政策制定者和决策者也不例外。

法律与政策在理论上的关系，为实践中处理执行政策和依法办事的关系提供了指导。在发展现代农业实践中，如果只有政策而没有法律，应按政策办事；如果既有政策又有法律，则应在政策指导下依法办事；当两者有矛盾时，统治阶级的代表机关应及时建议国家机关按照程序，对过时的法律进行修改或废止，制定出相应的新法律。而当新法律尚未实施时，应当参照现行政策按原法办事，以维护国家法律的尊严。

五、大力培育新型职业农民，推进现代农业发展

1. 现代农业发展需要一支规模宏大、热爱农业、有技术、懂经营的新型职业农民队伍

党和国家高度重视新型职业农民培育工作。2012 年，中共中央一号文件首次正式提出大力培育新型职业农民。习近平总书记在中央农村工作会议上明确指出，中国要强，农业必须强；中国要美，农村必须美；中国要富，农民必须富。中国人的饭碗任何时候都要牢牢端在自己手上。我们的饭碗应该主要装中国粮，确保广大人民群众"舌尖上的安全"。2013 年 11 月，习近平总书记在视察山东时指出，农业出路在现代化，农业现代化关键在科技进步。要适时调整农业技术进步路线，加强农业科技人才队伍建设，培养新型职业农民。习近平总书记的这些重要论断，为加快培育新型职业农民指明了方向。大力培育新型职业农民，已上升为国家战略。新型职业农民是发展现代农业的基本支撑。

新型职业农民是具有科学文化素质、掌握现代农业生产技能、具备一定经营管理能力，以农业生产、经营或服务作为主要职业，以农业收入作为主要生活来源，居住在农村或集镇的农业从业人员；作为新型生产经营主体和现代农业从业者，是构建新型农业

经营体系的基本细胞,相对土地、资本和技术等要素,作为劳动者的新型职业农民在农业生产中起着主导作用,是发展现代农业、打造现代农业新亮点的基本支撑。与传统农民相比,新型职业农民有三大特点:一是具有从事现代农业生产的技术和能力;二是收入主要来自农业生产;三是生产的农产品不是为了自给自足,而是在市场上销售。这些职业特点决定了在推进现代农业发展中的突出地位和重要作用。

2. 职业农民培育工作存在的困难和问题

(1) 农业的比较效益低,农民接受培训的意愿不高。农民种地比外出打工赚钱少,造成农民不愿把精力用在种地上,他们认为参加农业实用技术培训的意义不大,怕耽误打工赚钱。

(2) 土地规模化程度低,农业兼业化问题突出。1998 年左右开展的农村第二轮土地承包,为了追求公平,农户土地分配过于零散,如:一个 3 口之家,3 亩 (1 亩≈667 米^2) 左右的耕地被分成几块、甚至十几块,不便于实行机械作业。在一些地方,农民已经习惯自己经营土地,加上土地在农村中具有社会保障功能,多数外出务工农民宁可粗放经营也不愿把土地流转出去,农业的兼业化问题比较突出,把农田当"搭头",粗放经营,广种薄收,造成了农业资源的极大浪费。

(3) 种地农民老龄化、女性化趋势明显。国家虽然出台了一系列强农惠农富农政策,但由于农业种植的比较效益低,越来越多的农村青壮年农民不愿种地,而是进入城市务工,农村基本呈现村庄空心化、种地农民老龄化、女性化。在当前农村,70% 左右的农活已由女劳动力承担。

(4) 新型农民职业教育相对滞后,培训渠道不够顺畅。新型农民职业教育缺乏总体规划,由于从事农民教育培训的部门协调不够,各自为政,造成培训资源的极大浪费。同时,农广校由于场所不足,教师知识更新不够、年龄偏大,人才断层等问题突出,与产业发展要求不相适应。目前,农村劳动力培训阳光工程、新型农民科技培训工程、新型农民创业培植工程、新型职业农民教育培训项目等农民接受培训的渠道很多,方式多样,为农民素质的提升做出了很大贡献,但由于培训的环节过多,易导致"中梗阻"。如:农村劳动力培训阳光工程,参训学员组织由县区农业部门通过乡镇和行政村的基层干部负责,培训实施由省级农业主管部门认定的培训基地负责,任何环节存在问题,都会影响培训项目的正常实施。

(5) 农民培训设施落后,培训资金缺乏。近年来,国家出台了一系列农民培训项目,但培训资金、受益人数都远远不能满足农民的培训需求,造成农民整体素质不高,制约了硬件效益的充分发挥。培训项目分布不均衡。由于经济发展快的镇、村的农村能人、农民合作社负责人等科技意识比较强,培训人员容易组织,因此,培训单位的项目实施中,存在重复培训现象,造成教育培训资源的极大浪费。

3. 加快新型职业农民培育工作的措施

(1) 站在解决未来"谁来种地"和"地怎么种"问题的高度,切实加强对新型职业农民培育工作的组织领导。培育新型职业农民是推进农业现代化的必然要求,需要党委、政府的高度重视、强力推进。一是要成立专门工作机构。建立政府主导、农业部门牵头、相关部门配合、农民自愿参与的工作机制。二是要细化任务目标。培育新型职业农民是一项长期的、艰巨的基础性战略任务，需要政府相关部门协调配合，共同推进，农业部门要做好综合协调和组织推动工作，组织部门要将新型职业农民培育纳入农村实用人才培训规划，教育部门要将新型职业农民培育工作纳入职业教育规划，新闻媒体要加大宣传力度，营造关心、支持和参与新型职业农民培育的良好社会氛围，其他有关部门要明确各自的职责任务，齐抓共管，整体推动。三是要强化工作措施。一方面要加大对"三农"的政策扶持力度，让农业成为有奔头的产业，让农民成为体面的职业，吸引农业生产经营能人、大中专毕业生等到农村兴业创业成为职业农民；另一方面要创造有利条件，满足农民教育培训需求，大幅度提高农民科技文化素质，让更多现在的高素质农民成长为职业农民。

（2）发挥财政支农资金的杠杆引领作用，加大对职业农民培育的资金投入和政策支持。农民是一个弱势群体，农业种植业收益率较低，农民不愿意参加收费的农业实用技术培训。新型职业农民培养是一项公益性、基础性事业，要把培育新型职业农民所需经费纳入地方财政预算，设立新型职业农民培育工作专项经费，用于技能培训、师资培养、技术创新、基地建设、评优表彰、创业扶持等，逐步形成稳定增长的长效机制。一是评选表彰优秀新型职业农民，发挥典型示范作用。对农业生产规模大、示范带动能力强、积极为其他农户提供农业技术支持、为当地现代农业发展做出积极贡献的新型职业农民，授予"优秀新型职业农民"荣誉称号，并给予政策支持和资金奖励。二是进一步优化农业投资结构，加大农民培训资金的投入力度，让更多的农民直接受益。根据参加农业实用技术培训或农业专项职业技能培训并获得专项职业技术能力证书的职业农民，财政部门按参训职业农民人数给予培训组织单位一次性资金补贴。三是支持新型职业农民自主创业。对职业农民创办的发展规模大、运行质量优、带动能力强的农民合作社进行表彰扶持；对职业农民创建的家庭农场、农业示范园区、农产品品牌和开展农产品质量认证等进行奖补。四是支持新型职业农民发展规模经营。政府投资创建农业规模经营"担保基金"，对新型职业农民发展规模经营给予小额贷款担保和贷款贴息；针对新型职业农民发展生产制定优惠的水、电价格政策，并优先保证水、电、路"三通"；积极推进农村产权制度改革，鼓励和引导农村土地承包经营权向新型职业农民流转，发展多种形式的适度规模经营。

（3）加强培训主体建设，构建完善的新型职业农民培育体系。有效整合农民教育培训资源，形成以农广校、农村科技教育培训中心为主体，以农业科研院所、农业职业学校和农技推广服务机构为补充，以农业园区、农民合作社和农业企业为基地，满足新型职业农民多层次、多形式、广覆盖、经常性、制度化教育培训需求。要加强新型职业农民培训主体建设，依托农广校建立农村科技教育培训中心建制，强化新型职业农民培育指导、研究和服务职能，使其成为新型职业农民培育的研究中心、指导中心、服务中心和宣传中心。要根据新型职业农民培育需求，加强农广校标准化、规范化建设，编制建设规划，落实建设资金，完善培训设施，提升办学条件和培训水平。加快构建"一主多元、三位一体、三类协同、三级贯通"的新型职业农民培育体系。

（4）整合社会各种资源，建立完善多元参与协作机制。充分发挥各种农民教育培训资源优势，鼓励和支持相关机构积极参与农民教育培训，形成大联合、大协作、大培训格局。进一步强化农业科研院所、农业职业学校社会服务功能，鼓励结合科研、教学和推广服务开展农民教育培训。创新农业推广服务方式，支持农技推广服务机构把农民教育培训融入试验示范、成果转化和技术推广中，提高广大农民的技术承接和应用能力。促进农业园区和农业企业发挥产业化经营优势，完善农民教育培训设施条件，建立农民教育培训现场教学和实训基地。农民合作社集农民教育培训对象、内容和需求于一体，是农民教育培训服务农业产业发展的有效结合点，要加大对农民合作社参与农民教育培训的扶持力度，发挥他们在传递市场信息、普及生产技术、提供社会服务、组织引导农民按照市场需求进行生产和销售等方面的重要作用，鼓励引导农民合作社积极组织农民参加教育培训。

（5）结合实施各类财政支农项目，大力开展农民职业教育培训。要把毕业回乡初高中毕业生、返乡务农创业的大学生、青壮年农民工和退役军人等作为培养重点，纳入新型职业农民培育计划，结合实施各类财政支农培训项目，根据不同类型新型职业农民从业特点及能力素质要求，按照生产经营型分产业、专业技能型按工种、社会服务型按岗位的原则，科学制定新型职业农民教育培训计划，积极实施农科职业教育，开展农业技能培训。同时，将培训活动与农时季节、关键环节、主要技术、生产实践、农民需求紧密结合，让职业农民在产业链中得到培育。

（6）建立农业专家服务机制，为新型职业农民提供技术指导服务。建立完善农业专家进基层访农户到地头开展技术服务的政策推进机制，加强对新型职业农民生产经营的帮扶服务，建立专业技术人员与新型职业农民结对帮扶制度，组织农业科技人员开展一对一、面对面、手把手的技术指导。积极引导新型职业农民培育机构、科研院所、农技推广机构、现代农业园区、龙头企业、农民合作社等，利用田间学校、农民夜校、远程教育、半工半读等方式，为农民提供技术指导服务，让职业农民在生产实践中成长。

（7）切实加强新型职业农民的资格认定和管理。要建立新型职业农民资格认定制度，制定新型职业农民认定管理办法，按照不同产业、不同地域、不同生产力水平等因素，分行业科学确定认定条件和标准，多方征求意见进行完善。要加强新型职业农民培训、考核、发证、质量控制管理。严格新型职业农民资格考核评定，经考核合格后由县区人民政府颁发新型职业农民资格证书。建立健全新型职业农民信息管理系统，对新型职业农民资格进行动态管理，实行资格复审制，对审核不符合条件的取消新型职业农民资格并收回证书。

第二节　现代农业支持与保护政策

由于农业弱质性、农民弱势性、农村落后性决定了要发展现代农业，财政对农业的支出则是政府支农的主要手段。因此，强化政府支农职能作用，增加财政对现代农业的投入是有效化解农业风险、调整农业结构、合理配置资源、防范市场失灵的有效手段，也是财政支农工作的重要任务。农业政策包括国家财政支持政策（补贴、价格、信贷、技术）、土地分配和利用、粮食价格、粮食储备、食品安全、农业技术研究和推广、农业资源和农业环境保护、农业产业化和农业经营主体发展、农产品国际贸易、新型职业农民培育、新农村建设、农村教育投入、农村社会保障、农民工维权和农民职业技术教育等政策。

一、粮食直补政策

粮食直补，全称为粮食直接补贴，是为进一步促进粮食生产、保护粮食综合生产能力、调动农民种粮积极性和增加农民收入，国家财政按一定的补贴标准和粮食实际种植面积，对农户直接给予的补贴。从2010年起，补贴资金原则上要求发放到从事粮食生产的农民，具体由各省级人民政府根据实际情况确定。2014年1月，中央财政已向各省（区、市）预拨2014年种粮直补资金151亿元，2015年将继续执行粮食直补政策。将粮食直补与粮食播种面积、产量和交售商品粮数量挂钩。取消以前种多少报多少补多少的原则。各省根据中央粮食直补精神，针对当地实际情况，制定具体实施办法。

（一）补贴原则

坚持粮食直补向产粮大县、产粮大户倾斜的原则，省级政府依据当地粮食生产的实际情况，对种粮农民给予直接补贴。

（二）补贴范围与对象

粮食主产省、自治区必须在全省范围内实行对种粮农民（包括主产粮食的国有农场的种粮职工）直接补贴；其他省、自治区、直辖市也要比照粮食主产省、自治区的做法，对粮食主产县（市）的种粮农民（包括主产粮食的国有农场的种粮职工）实行直接补贴，具体实施范围由省级人民政府根据当地实际情况自行决定。

（三）补贴方式

对种粮农户的补贴方式，粮食主产省、自治区（指河北、内蒙古、辽宁、吉林、黑龙江、江苏、安徽、江西、山东、河南、湖北、湖南、四川）原则上按种粮农户的实际种植面积补贴；如采取其他补贴方式，也要剔除不种粮因素，尽可能做到与种植面积接近。其他省、自治区、直辖市要结合当地实际，选择切实可行的补贴方式。具体补贴方式由省级人民政府根据当地实际情况确定。

（四）兑付方式

粮食直补资金的兑付方式，尽快实行"一卡通"或"一折通"的方式，向农户发放储蓄卡或储蓄存折。当年的粮食直补资金尽可能在播种后3个月内，一次性全部兑付到农户，最迟要在9月底之前基本兑付完毕。

（五）监管措施

1. 粮食直补资金实行专户管理。直补资金通过省、市、县（市）级财政部门在同级农业发展银行开设的粮食风险基金专户进行管理。各级财政部门要在粮食风险基金专户下单设粮食直补资金专账，对直补资金进行单独核算。县以下没有农业发展银行的，有关部门要在农村信用社等金融机构开设粮食直补资金专户。要确保粮食直补资金专户管理、封闭运行。

2. 粮食直补资金的兑付，要做到公开、公平、公正。每个农户的补贴面积、补贴标准、补贴金额都要张榜公布，接受群众的监督。

3. 粮食直补的有关资料，要分类归档，严格管理。

4. 坚持粮食省长负责制，积极稳妥地推进粮食直补工作。

二、农资综合补贴政策

资综合补贴是指政府对农民购买农业生产资料（包括化肥、柴油、种子、农机）实行的一种直接补贴制度。在综合考虑了影响农民种粮成本、收益等变化因素后，通过农资综合补贴及各种补贴，来保证农民种粮收益的相对稳定，促进国家粮食安全。

建立和完善农资综合补贴动态调整制度，应根据化肥、柴油等农资价格变动，遵循"价补统筹、动态调整、只增不减"的原则，及时安排农资综合补贴资金，合理弥补种粮农民增加的农业生产资料成本。农资综合补贴动态调整机制从 2009 年开始实施。根据农资综合补贴动态调整机制要求，经国务院同意，从 2009 年起，中央财政为应对农资价格上涨而预留的新增农资综合补贴资金，不直接兑付到种粮农户，集中用于粮食基础能力建设，以加快改善农业生产条件，促进粮食生产稳步发展和农民持续增收。2015 年 1 月份，中央财政已向各省（区、市）预拨种农资综合补贴资金 1 071 亿元。

（一）补贴原则

应根据化肥、柴油等农资价格变动，遵循"价补统筹、动态调整、只增不减"的原则，及时安排农资综合补贴资金，合理弥补种粮农民增加的农业生产资料成本。

（二）补贴重点

新增部分重点支持种粮大户。

（三）新增补贴资金的分配和使用

1. 中央财政对各省（区、市）按因素法测算分配新增补贴资金。分配因素以各省（区、市）粮食播种面积、产量、商品等粮食生产方面的因素为主，体现对粮食主产区的支持，同时考虑财力状况，给中西部地区适当照顾。

2. 中央财政分配到省（区、市）的新增补贴资金由各省级人民政府包干使用。省级人民政府要根据中央补助额度，统筹本省财力，科学规划。坚决防止出现项目过多、规划过大、资金不足而影响实施效果等问题。

3. 省级人民政府要统筹集中使用补助资金，支持事项的选择权和资金分配权不得层层下放，以防止扩大使用范围、资金安排"撒胡椒面"等问题的发生，确保资金使用安全、高效。

（四）兑付方式

农资综合补贴资金的兑付，尽快实行"一卡通"或"一折通"的方式，向农户发放储蓄卡或储蓄存折。

（五）监管措施

1. 农资综合补贴资金类似粮食直补资金，实行专户管理。补贴资金通过省、市、县（市）级财政部门在同级农业发展银行开设的粮食风险基金专户进行管理。各级财政部门要在粮食风险基金专户下单设农资综合补贴资金专账，对补贴资金进行单独核算。县以下没有农业发展银行的，有关部门要在农村信用社等金融机构开设农资综合补贴资金专户。要确保农资综合补贴资金专户管理、封闭运行。

2. 农资综合补贴资金的兑付，要做到公开、公平、公正。每个农户的补贴面积、补贴标准、补贴金额都要张榜公布，接受群众的监督。

3. 农资综合补贴的有关资料，要分类归档，严格管理。

4. 坚持农资综合补贴省长负责制，积极稳妥地推进工作。

三、农作物良种补贴政策

农作物良种补贴政策指国家通过建立良种推广示范区，对农民选用农作物良种并配套使用良法技术进行的资金补贴，目的是支持农民积极使用优良作物种子，提高良种覆盖率，增加农产品产量，改善产品品质，推进农业区域化布局、规模化种植、标准化管理、产业化经营。大豆良种补贴是 2002 年设立的，小麦是 2003 年设立的，玉米、水稻是 2004 年设立的，棉花、油菜是 2007 年设立的。2015 年，农作物良种补贴政策继续实施。

（一）补贴范围

水稻、小麦、玉米、棉花良种补贴在全国 31 个省（区、市）实行全覆盖。

大豆良种补贴在辽宁、黑龙江、吉林、内蒙古自治区等 4 省（区）实行全覆盖。

油菜良种补贴在江苏、浙江、安徽、江西、湖北、湖南、重庆、贵州、四川、云南及河南信阳、陕西汉中和安康地区实行冬油菜全覆盖。

青稞良种补贴在四川、云南、西藏自治区、甘肃、青海等省（区）的藏族聚居区实行全覆盖。

2010 年 1 月 31 日，中共"中央一号"文件首次出台"实施花生良种补贴试点"，"大力发展油料生产，加快优质花生生产基地县建设"等强农惠农政策。

农业部和财政部联合发布《关于做好 2014 年中央财政农作物良种补贴工作的通知》。要求 2014 年马铃薯实施脱毒种薯扩繁和大田种植补贴，每亩补贴 100 元，补贴对象为农民、种植大户、家庭农场、农民合作社或企业。

（二）补贴对象

在生产中使用农作物良种的农民（含农场职工）给予补贴。

（三）补贴标准

小麦、玉米、大豆、油菜、青稞每亩补贴 10 元。其中，新疆维吾尔自治区的小麦良种补贴 15 元；水稻、棉花每亩（1 亩 ≈ 667 平方米）补贴 15 元；马铃薯一、二级种薯每亩补贴 100 元；花生良种繁育每亩补贴 50 元、大田生产每亩补贴 10 元。

（四）补贴方式

水稻、玉米、油菜采取现金直接补贴方式，小麦、大豆、棉花可采取统一招标、差价购种补贴方式，也可现金直接补贴，具体由各省根据实际情况确定。

四、农业防灾减灾稳产增产关键技术补助政策

大力推进农作物病虫害专业化统防统治，既能解决农民一家一户防病治虫难的问

题，又能显著提高病虫防治效果、效率和效益，是保障农业生产安全、农产品质量安全、农业生态环境安全的有效措施。根据国务院 2011 年 2 月 9 日常务会议精神，2011 年中央财政将安排 5 亿元专项资金，对承担实施病虫统防统治工作的 2 000 个专业化防治组织进行补贴。2015 年，中央财政继续安排农业防灾减灾稳产增产关键技术补助 60.5 亿元，在主产省实现了小麦"一喷三防"全覆盖，在西北实施地膜覆盖等旱作农业技术补助，在东北秋粮和南方水稻实行综合施肥促早熟补助，针对南方高温干旱和洪涝灾害安排了恢复农业生产补助，大力推广农作物病虫害专业化统防统治，对于预防区域性自然灾害、及时挽回灾害损失发挥了重要作用。

（一）补贴对象

承担实施病虫统防统治工作的专业化防治组织。

（二）补贴标准

接受补助的防治组织应具备 3 个基本条件：一是在工商或民政部门注册并在县级农业行政部门备案；二是具备日作业能力在 1 000 亩以上的技术、人员和设备等条件；三是承包防治面积达到一定规模，具体为南方中晚稻 1 万亩以上，小麦、早稻或北方一季稻面积 2 万亩以上，玉米 3 万亩以上。

（三）补贴资金用途

补贴资金主要用于购置防治药剂、田间作业防护用品、机械维护用品和病虫害调查工具等方面，提升防治组织的科学防控水平和综合服务能力。

（四）实施范围

全国 29 个省（区、市）小麦、水稻、玉米三大粮食作物主产区 800 个县（场）和迁飞性、流行性重大病虫源头区 200 个县的专业化统防统治。

（五）补贴程序

需要补助的防治服务组织，需先向县级农业行政主管部门提出书面申请，经确认资格并核实能承担的防治任务后可享受补贴。

五、生猪补贴（生猪调出大县奖励）政策

2007 年 8 月 2 日，国务院发布《国务院关于促进生猪生产发展稳定市场供应的意见》，要求各地区、各有关部门，建立保障生猪生产稳定发展的长效机制，稳定市场供应、满足消费者需求、增加农民收入，并从 2007 年开始实施生猪调出大县奖励政策，目的是调动地方发展生猪产业的积极性，促进生猪生产、流通，引导产销有效衔接，保障猪肉市场供应安全。2010 年，国家实施中央财政安排奖励资金 30 亿元，专项用于发展生猪生产和产业化经营。奖励资金按照"引导生产、多调多奖、直拨到县、专项使用"的原则，依据生猪调出量、出栏量和存栏量权重分别为 50%、25%、25% 进行测算，2010 年奖励县数 362 个。2015 年中央财政安排奖励资金 35 亿元继续实施生猪调出大县奖励，主要用于生猪养殖场（户）的猪舍改造、良种引进、防疫管理、粪污处理和贷款贴息等；扶持生猪产业化骨干企业整合产业链，引导产销衔接，提高生猪的产量和质量。

（一）奖励对象

奖励对象是生猪调出大县，即生猪调出量和出栏量符合规定标准的县（县级市、区、旗和农场）。

对达不到规定标准，但对区域内的生猪生产和猪肉供应起着重大影响作用的县（如36个大中城市周边的产猪大县），可以纳入奖励范围。

为增强产业抵御市场风险、维护消费者安全，我国对大型生猪产业化龙头企业（含专业合作社）实施整合生猪产业链，引导产销有效衔接的项目予以支持。此项目由中央财政统一实施，不包括下达至县级财政的奖励资金。

（二）奖励原则

生猪调出大县坚持"引导生产、多调多奖、直拨到县、专项使用"的原则，主要以统计系统公布的分县分年数据为基础，对统计数据达到规定标准的县予以奖励。

（三）奖励依据

奖励资金以生猪调出量、出栏量和存栏量作为测算因素，所占权重分别为50%、25%、25%。分县的生猪出栏量、存栏量按前3年的数据进行算术平均。调出量按生猪出栏量扣除当地生猪消费量计算。

$$调出量 = 出栏数 - 当地消费生猪数量$$

其中：

当地消费生猪数量 =（当地农村×农村人均消费猪肉数量 + 当地城镇人口数×

城镇人均消费猪肉数量）÷平均每头猪产肉量

（四）奖励资金的用途

奖励资金实行专款专用，主要用途如下：

1. 规模化生猪养殖户（场）猪舍改造、良种引进、粪污处理的支出。

2. 生猪生产方面的支出，包括养殖大户购买种公猪、母猪、仔猪和饲料等的贷款贴息，生猪防疫服务费用及保险保费补助支出，采用先进养殖技术等。

3. 生猪流通和加工方面的贷款贴息等支出。

4. 支持生猪产业化龙头企业实施自建基地、帮助合同养殖场（户、合作社）发展生猪生产，建设猪肉产品质量安全可追溯系统，改善加工流通条件等项目的支出。

5. 规范无害化处理支出。

6. 经财政部批准的其他支出。

（五）奖励资金的申报和拨付

1. 财政部每年印发申报指南，明确当年申报工作有关规定和要求。

2. 财政部根据每年地方报送数据及当年奖励资金规模等情况，确定当年生猪调出大县后，按奖励因素及各自所占权重计算，将奖励资金直接分配到县。

生猪调出大县奖励资金通过专项转移支付拨付到省级财政。省级财政在收到奖励资金后，必须在10个工作日内拨付到县级财政及相关企业，不得滞留、截留和挪用。

（六）奖励资金的监督管理

1. 由省级财政部门牵头，会同省级畜牧（或农业）、商务等部门对生猪调出大县奖励资金建立监管制度。对分县的生猪出栏、存栏和调出等基础数据进行动态管理，跟踪数据变化，使生猪调出大县奖优汰劣，有进有出。

2. 对弄虚作假、截留、挪用等违反财经纪律的行为，一经查实，按《财政违法行为处罚处分条例》等有关规定进行处理，同时将已经拨付的财政补贴资金全额收回，上缴中央财政。

六、产粮（油）大县奖励政策

为改善和增强产粮大县财力状况，调动地方政府重农抓粮的积极性，2005年中央财政出台了产粮大县奖励政策。2014年，中央财政安排产粮（油）大县奖励资金320亿元，具体奖励办法是依据近年全国各县级行政单位粮食生产情况，测算奖励到县。对于常规产粮大县，主要依据2006—2010年5年平均粮食产量大于4亿斤（1斤=500克），且商品量（扣除口粮、饲料粮、种子用粮测算）大于1000万斤来确定；对虽未达到上述标准，但在主产区产量或商品量列前15位，非主产区列前5位的县也可纳入奖励；在上述两项标准外，每个省份还可以确定1个生产潜力大、对地区粮食安全贡献突出的县纳入奖励范围。在常规产粮大县奖励基础上，中央财政对2006—2010年5年平均粮食产量或商品量分别列全国前100名的产粮大县给予重点奖励。奖励资金继续采用因素法分配，粮食商品量、产量和播种面积权重分别为60%、20%、20%，常规产粮大县奖励资金与省级财力状况挂钩，不同地区采用不同的奖励系数，产粮大县奖励资金由中央财政测算分配到县，常规产粮大县奖励标准为500万～8000万元，奖励资金作为一般性转移支付，由县级人民政府统筹使用，超级产粮大县奖励资金用于扶持粮食生产和产业发展。在奖励产粮大县的同时，中央财政对13个粮食主产区的前5位超级产粮大省给予重点奖励，其余给予适当奖励，奖励资金由省级财政用于支持本省粮食生产和产业发展。

产油大县奖励由省级人民政府按照"突出重点品种、奖励重点县（市）"的原则确定，中央财政根据2008—2010年分省分品种油料（含油料作物、大豆、棉籽、油茶籽）产量及折油脂比率，测算各省（区、市）3年平均油脂产量，作为奖励因素；油菜籽增加奖励系数20%，大豆已纳入产粮大县奖励的继续予以奖励；入围县享受奖励资金不得低于100万元，奖励资金全部用于扶持油料生产和产业发展。

2015年，中央财政将继续加大产粮（油）大县奖励力度。

（一）奖励依据

中央财政依据粮食商品量、产量、播种面积各占60%、20%、20%的权重，测算奖励资金。

（二）奖励对象

对粮食产量或商品量分别位于全国前100位的超级大县，中央财政予以重点奖励；超级产粮大县实行粮食生产"谁滑坡、谁退出，谁增产、谁进入"的动态调整制度。

（三）奖励机制

为更好地发挥奖励资金促进粮食生产和流通的作用，中央财政建立了"存量与增量结合、激励与约束并重"的奖励机制。

（四）兑付办法

结合地区财力因素，将奖励资金直接"测算到县、拨付到县"。

（五）重点规定

奖励资金不得违规购买、更新小汽车，不得新建办公楼、培训中心，不得搞劳民伤财、不切实际的"形象工程"。

七、支持优势农产品生产和特色农业发展政策

加快推进优势农产品区域布局，大力发展特色农业，是发展现代农业的客观要求，是保障农产品有效供给的重要举措，是增强农产品竞争力、促进农民持续增收的有效手段。围绕贯彻落实多年连续发布的中共中央一号文件精神，农业部加快实施优势农产品区域布局规划，深入推进粮棉油糖高产创建，支持特色农业发展。

（一）加快实施优势农产品区域布局规划

按照新一轮《优势农产品区域布局规划》的要求，突出粮食优势区建设，重点抓好优质棉花、糖料、优质苹果等基地建设，积极扶持奶牛、肉牛、肉羊、猪等优势畜产品良种繁育，支持优势水产品出口创汇基地的良种、病害防控等基础设施建设，建成一批优势农产品产业带，培育一批在国内外市场有较强竞争力的农产品，建立一批规模较大、市场相对稳定的优势农产品出口基地，培育一批国内外公认的农产品知名品牌。

（二）加快开展粮棉油糖高产创建

高产创建是农业部从2008年起实施的一项稳定发展粮棉油糖生产的重要举措，其关键是集成技术、集约项目、集中力量，促进良种良法配套，挖掘单产潜力，带动大面积平衡增产。这项工作启动以来涌现出一批万亩高产典型，为实现粮食连年增产和农业持续稳定发展发挥了重要作用，实现了由专家产量向农民产量的转变、由单项技术向集成技术的转变、由单纯技术推广向生产方式变革的转变。2009年，全国2 050个粮食高产创建示范片平均亩产653.6千克，相同地块比上年增产70.1千克，增产效果十分显著。2010年农业部会同财政部研究制定了《2010年粮棉油糖高产创建实施指导意见》，粮食高产创建示范片大幅度增加，2010年，中央财政安排专项资金10亿元，在全国建设高产创建万亩示范片5 000个，总面积超过5 600万亩，其中，粮食作物4 380个、油料作物370个、新增糖料万亩示范片50个，共惠及7 048个乡镇（次）、37 688个村（次）、1 260.77万农户（次）。目标是按照统一整地播种、统一肥水管理、统一技术培训、统一病虫防治、统一机械收获的"五统一"的技术路线，积极探索万亩示范片规模化生产经营模式和专业化服务组织形式，创新农技推广服务新机制，加快农业规模化、标准化生产步伐。按照《国务院办公厅关于开展2011年粮食稳定增产行动的意见》，2011年进一步加大投入，创新机制，在更大规模、更广范围、更高层次上深入推进。

2011年，中央财政将在2010年基础上增加5亿元高产创建补助资金。

1. 高产创建范围

粮食高产创建，将选择基础条件好、增产潜力大的 50 个县（市）、500 个乡（镇），开展整乡整县整建制推进粮食高产创建试点。

2. 高产创建推进

要以行政村、乡或县的行政区域为实施范围，以行政部门的协作推进为动力，把万亩示范片的技术模式、组织方式、工作机制，由片到面、由村到乡、由乡到县，覆盖更大范围，实现更高产量。各地要因地制宜，可先实行整村推进，逐步整乡推进，有条件的地方积极探索整县推进。尤其是《全国新增 1 000 亿斤粮食生产能力规划（2009—2020 年）》中的 800 个产粮大县（场）也要整合资源，积极推进整乡整县高产创建。

3. 高产创建方式

深入推进高产创建需要科研与推广结合，推动高产优质品种的选育应用、推动高产技术的普及推广、推动科研成果的转化应用。规模化经营和专业化服务结合，引导耕地向种粮大户集中，推进集约化经营。大力发展专业合作社，大力开展专业化服务，探索社会化服务的新模式。

（三）培育壮大特色产业

组织实施《特色农产品区域布局规划》，发挥地方优势资源，引导特色产业健康发展。推进"一村一品"，强村富民工程和专业示范村镇建设。农业部已建立了发展"一村一品"联席会议制度，中央财政设立了支持"一村一品"发展的财政专项资金，重点抓一批"一村一品"示范村，并认定一批发展"一村一品"的专业村和专业乡镇，示范带动"一村一品"发展。

延伸阅读

2014 年，临沂市作为全国 14 个示范市之一，被农业部列为全国新型职业农民培育整体推进市，有 9 个县区承担示范培育任务。按照农业部、省农业厅工作要求，临沂市重点在模式创新上下工夫，在统一规范上做文章，在政府角色定位、"六统一"农民田间课堂建设、"八统一"准军事化培训管理、到企业考察实习、资格认定管理跟踪考核等方面，勇于探索，积极创新，逐步形成了新型职业农民培育的"临沂模式"。2015 年 5 月，凤凰网对新型职业农民培育"临沂模式"进行了深度解读。

从"农民"到"职业"　解读职业农民培育的临沂模式

摘要：千百年来，"农民"作为一个特殊的符号，常被冠以低人一等的"泥腿子""乡下人"等不雅的称号，在社会普遍的价值认同中，农民与"职业"无关。伴随着工业化、城镇化的进程，越来越多的农民走向城市，"空心村"问题突出。有学者直言，作为中国最底层的劳动者，解决中国"饭碗"的却多是"老弱妇孺"，这已经成为一个沉重的社会话题。

党的十八大以来，以习近平为总书记的党中央提出"四个全面"重大战略布局。农村依然是全面建成小康社会的短板。中国要强，农业必须强；中国要美，农村必须美；中国要富，农民必须富。让农民成为体面的职业，让农村成为安居乐业的美丽家园呕须解决"谁来种地""如何种好地"的问题。

2012 年,"新型职业农民"首次被写入中共中央一号文件,党中央、国务院高度重视新型职业农民培育工作,此后连续 3 年的中共中央一号文件都作出重要部署。2014 年中共中央一号文件提出,加大对新型职业农民和新型农业经营主体领办人的教育培训力度。

2013 年 11 月 27 日,习近平总书记在视察山东省农业科学院时指出,要适时调整农业技术进步路线,加强农业科技人才队伍建设,培养新型职业农民。同年 12 月 23 日,习近平总书记在中央农村工作会议上强调:关于"谁来种地",核心是要解决人的问题,通过富裕农民、提高农民、扶持农民,让农业经营有效益,让农业成为有奔头的产业,让农民成为体面的身份;要提高农民素质,培养造就新型农民队伍,把培养青年农民纳入国家实用人才培养计划,确保农业后继有人。会议指出,中国人的"饭碗"任何时候都要牢牢端在自己手上。我们的"饭碗"应该主要装中国粮,确保广大人民群众"舌尖上的安全"。大力培育新型职业农民已上升为国家战略。

发展现代农业,根本出路在科技,关键在人才,最基础的就是要培育有科技素质、职业技能、经营能力的新型职业农民。临沂是农业大市总人口 1 080 万,其中农业人口877.5 万人,耕地面积 1 000 万亩。早在 2012 年,临沂市郯城县就被确定为全国首批100 个新型职业农民培育试点县。2014 年,临沂市作为 14 个示范市之一,被列为全国新型职业农民培育整体推进示范市,系山东唯一试点市,有 9 个县区承担示范培育任务。同年,山东省政府出台文件,安排农业厅财政厅在临沂调研新型职业农民培育。作为全国最早推进新型职业农民教育的城市,经过几年的实践和探索,临沂市已经走出了一条较为成熟的模式,其新型职业农民培育工作成为全国的一面旗帜。

政府的角色

培育新型职业农民的本质就是要解决"谁来种地"、"如何种地"的问题。

临沂市委书记林峰海指出,农业的发展、农民的富裕要靠政策推动,也要靠科技的拉动,要针对解决"谁来种地"的问题,加快培养新型职业农民。临沂市农业局党委书记、局长鞠艳峰在有关会议上曾表态,大力发展专业大户、家庭农场、农民合作社、产业化龙头企业等新型农业经营主体。《新型职业农民培育工作方案》应声而出,明确提出了新型职业农民培育的工作目标:根据现代农业发展需要,按照"政府主导、分类培训、服务产业"原则,从 2014 年起,全市每年培育新型职业农民 2 万人,考核颁发新型职业农民证书 3 000 人,到 2020 年全市培育新型职业农民规模要达到 15 万人。

临沂市委副书记市长张术平、市委常委副市长尹长友对新型职业农民培育工作进行了重点部署。市农委组织相关人员通过查阅资料、入户走访、开座谈会、发放调查问卷等形式,针对当地主导产业现状、从事该产业的农民意愿、接受农业技术培训情况、对加强新型职业农民培养工作的意见建议等进行调研,形成了《培育新型职业农民、推进现代农业发展调研报告》。

培育新型职业农民,选择培训对象是第一关,也是最重要的环节。临沂市坚持从源头上做文章，把好第一道关口。2013年，市政府与中国农科院合作，制作了《临沂市现代农业发展规划》，确定培育内容、选择培育对象紧密结合全市现代农业四大板块，每县区确定选择2～3个产业开展新型职业农民培养认定。2014年印发的《全市新型职业农民培育工作方案》确定的新型职业农民的培训对象标准：初中以上文化程度，年龄18～50周岁，愿意留在农村从事农业生产，以农业为主要收入来源，从业稳定性较高，自愿参加培训的农民和新型农业经营主体的农业从业人员。

政策是好的，但让农民接受要有突破点，临沂市政府就找到了这个突破点：为当地现代农业发展做出积极贡献的新型职业农民，授予"优秀新型职业农民"荣誉称号，并给予政策支持和资金奖励。给予培训组织单位一次性资金补贴。对职业农民创建的家庭农场、农业示范园区、农产品品牌和开展农产品质量认证等进行奖补。政府还投资创建农业规模经营"担保基金"，对新型职业农民发展规模经营给予小额贷款担保和贷款贴息；鼓励和引导农村土地承包经营权向新型职业农民流转，发展多种形式的适度规模经营。据统计，2010年以来，全市农业系统依托农广校举办各类培训班338期，免费发放技术资料4.7万册，科技光盘1.15万盘，明白纸78万份，累计对61.8万农民免费开展了农业新技术培训。

2014年，临沂市9个项目县区全部依据当地主导产业和现代农业四大板块选择培育对象，按照个人申报、乡镇推荐、县区审核的程序，3 000名拟认定的农民已全部选出，皆为从事当地主导产业的佼佼者。为加大新型职业农民培育力度，2015年4月29日，在临沂市委市政府的推动下，临沂市与山东农业大学农业签订科技创新战略合作，共建山东新型职业农民学院，提出做好高层次新型职业农民的培育工作，培育一批新型职业农民带头人、领头雁。

培训只是手段，后续将知识转化为生产力的过程更需要政府政策倾斜和扶持。

为了支持新型职业农民成长壮大，临沂市郯城县还出台文件，明确对其进行"一倾斜四优先"：现有农业优惠扶持政策向新型职业农民倾斜；优先安排申报农业科技推广项目、优先提供金融信贷支持、优先推选省市"乡村之星"等评选、优先安排参加各类考察、学习和交流。

郯城县政府甚至出台专门的扶持奖励办法，连续3年每年从县财政划拨专项资金50万元用于表彰和扶持创业贷款贴息。与此同时，退出机制被严格引入新型职业农民考核中，实行动态管理。郯城规定，如果有违法违纪行为或伪造材料、业绩等，经相关部门核实，将取消其职业农民资格。

培训模式

新型职业农民是指以农业为职业、具有一定的专业技能、收入主要来自农业的现代农业从业者。主要包括生产经营型、专业技能型和社会服务型职业农民。对此，根据农业部和省农业厅要求，临沂市按照农业部的要求科学的部署工作、扎实开展新型职业农民培育示范工作，积极探索实践农民田间课堂"六统一"规范化建设，逐渐形成了较为完善的经营管理培训模式。

生产经营的"一点两线"模式

新型职业农民农业生产经营系统培训按照"一点两线"的模式开展培训。将对筛选的学员，分产业、按区域分成7个教学班，每班控制在30～50人，教学班大多设在农民专业合作社或生产基地。"一点"是以产业为立足点，促进农业规模化生产。"两线"：一是技术技能路线，即从种到收，依据农业生产技术环节和农时季节开展全程培训；二是经营管理路线，即从生产决策、成本核算、过程控制、产品营销到资金回笼，依据时间节点和产业需求开展全程培训。

截至2015年3月26日，临沂市郯城县共有近千名从事粮食、瓜果蔬菜、花卉苗木种植的农民参加了"一点两线"模式培训，其中，446名通过了新型职业农民资格认证，并颁发了郯城县新型职业农民资格证书。

兴办田间课堂重点做到"六统一"

在生产技能培训上，临沂市探索实践了田间课堂方式。2014年市农委制定、下发了《关于加强农民田间课堂规范化建设的意见》（以下简称《意见》），2014年每个县区建设5个以上统一标识、设施完善的标准化农民田间课堂，组建一支10人以上的农民田间课堂"辅导员＋专家"培训师资队伍，建立5处以上实训基地。

《意见》强调在兴办田间课堂的过程中重点做到"六统一"：统一建筑标识，聘请专家设计制作并投放到主要交通路口、授课教室、实训基地等；统一培训流程，按照开学典礼、组织农民学习活动日、成果展示与结业典礼的流程顺序开展；统一培训装备，制作农民田间课堂培训装备专用箱，配备培训必需物品；统一师资队伍，县区分校推荐，经省、市农广校培训合格后，统一颁发聘任证书；统一管理制度，制度汇编成册，建立数据信息库，方便后续跟踪服务；统一团队建设，提升学员团队合作意识。

2014年12月10日，省农业厅副厅长王登启视察了这家农民田间课堂，给予了充分肯定和高度评价。

"八统一"准军事化培训

按照省农业厅、省农广校要求，临沂市新型职业农民培育工程经营管理培训全部在山东省农广校临沂培训基地开展，时长8天，采取统一课程设置、统一服装军训、统一教材等"八统一"准军事化培训。

为保证师资质量，培训班聘请国家高级培训师、中国农业大学时海燕教授、济南职业学院刘国智教授等16位国内较高水平的专家教授、高级培训师等，成立临沂市新型职业农民培训讲师团。

到合作社、企业、基地去实习

2014 年 5 月，临沂市农业局下发了《关于开展新型职业农民实训基地认定工作的通知》，按照自愿申报、县区农业局推荐、市农委审批的程序，市农委在规模大、管理规范、积极性高的农民专业合作社、农业产业化龙头企业、现代农业示范园（基地）中遴选认定 50 个"临沂市新型职业农民实训基地"。作为新型职业农民考察实习场所，2014 年，共组织了 3 200 名学员到实训基地考察实习。

今年以来，已经组织 1 200 余名学员分别到临沂东开种养合作社、临沭史丹利现代农业示范团、兰陵现代农业示范园、郯城国峰食用菌植农民合作社等 12 个实训基地进行了考察实习，社会反响良好。

资格分级认定追踪考察

在资格认证上，临沂市采取分级认定、分层管理的方式：具有一定从业技能和发展能力、产业发展具备一定规模、自愿接受职业农民培训并考核合格的农民，将获颁职业农民初级资格证书。具备一定产业、引领带动作用较强的种养大户、家庭农场主、农民合作社负责人、农业企业主、有意愿参加市农委组织的更高层次的新型职业农民培训，并经考核合格的由市农委颁发新型职业农民中级资格证书。对于已认定的新型职业农民将按年度进行教育考核，对考核不合格的，取消其新型职业农民资格，并纳入重新培训和认定工作计划。

目前，郯城、莒南、费县、罗庄等县区政府都制定下发了《新型职业农民认定管理办法》，郯城县要求申请认证的生产经营型新型职业农民须具有初中以上文化程度、年龄在 55 周岁以下，经过生产技能（田间课堂）和经营管理的系统教育培训，农业生产经营具备一定规模，示范带动作用强。截至 2014 年 8 月底，郯城县已经认定两个批次的新型职业农民 252 名。罗庄区采取"个人申请、逐级申报、评审认定、公示公布"四步认定管理办法，目前第一批正在审核认定中。

据统计，2014 年全市认定初级新型职业农民达 2 352 名。

农民身份转化

新型职业农民是伴随农村生产力发展和生产关系完善产生的新型生产经营主体，是构建新型农业经营体系的基本细胞，是发展现代农业的基本支撑，是推动城乡发展一体化的基本力量。

2013 年习近平总书记在中央农村工作会议上指出："中国要强，农业必须强；中国要美，农村必须美；中国要富，农民必须富。"而这一点已经写入 2015 年中共中央一号文件。

冯守军，临沂市郯城县花园乡狼湖村农民，2010 年 11 月参加创业培训，参训前种植草莓大棚 10 个，参训后他萌生了创业意识开始创办专业合作社。目前，合作社发展大棚草莓 3 000 多亩，拥有资产总值 2 000 万元，其中，流动资金 500 万元，固定资产 1 500 万元，拥有社员 119 人，年集散成交草莓 3 800 吨，利润 2 100 万元。与传统农民相比，他已经成为了规模化生产、产业化经营、社会化服务的典型代表。

事实证明，只有让农民职业化了，才能从根本上提高农业的内在活力和发展动力，才能有更富的农民、更美的农村、更强的农业。

在新的历史时代，对于新型职业农民的培训不仅满足了农民物质生活富足的需要，更成为丰富他们精神精神生活的最佳途径，"农民"再也不是一个标签化的尴尬身份，取而代之的是一份令人羡慕的职业。

农民李丕华是培训班的成员，从事大棚草莓种植 10 年，现在他一亩地能获得 1.5 万~2 万元收益，而相邻的种植户收益仅在 1 万元左右，这都是参加培训的功劳。在接受媒体采访时，他说："最初粮食作物改种草莓是为了致富，现在车和楼房都有了，也不缺钱了，同时将父辈们从不敢做的梦变为现实——从过去低人一等的"泥腿子"成为一种光荣的职业，得到国家认可、社会尊重，这让腰杆也挺起来了。"

第二章 农村土地承包

第一节 农村土地承包概述

一、农村土地范围

根据《中华人民共和国农村土地承包法》（以下简称《农村土地承包法》）的解释，农村土地与我们平时所说"农民集体所有的土地"不是一个概念，或不是一个范畴。一般所说的农民集体所有的土地，是指所有权归集体的全部土地，其中主要有农业用地、农村建设用地等。农村土地承包法规定的农村土地，既包括农民集体所有的农业用地，也包括国家所有依法归农民集体使用的农业用地。用于农业的土地，主要有耕地、林地和草地，还有一些其他用于农业的土地，如养殖水面等。养殖水面主要是指用于养殖水产品的水面，养殖水面属于农村土地不可分割的一部分，也是用于农业生产的，所以也包括在农村土地的范围之中。此外，还有荒山、荒丘、荒沟、荒滩等"四荒地"，"四荒地"依法是要用于农业的，也属于农村土地。这些用于农业的土地中数量最多，涉及面最广和每一个农民利益最密切的是耕地、林地和草地，这些农村土地多采用人人有份的家庭承包方式，集体经济组织成员都有承包的权利。其他农村土地，如"四荒地"、养殖水面等，包含在法律规定的"其他用于农业的土地"之中。总的来说，凡是由农民集体所有或者使用并用于农业生产，又适合承包的土地和水面，都属于法律所称的农村土地，都要遵守《农村土地承包法》的规定。

二、农村土地承包经营制度

国家实行农村土地承包经营制度。土地既是农业最基本的生产资料，也是农民最可靠的社会保障。长期稳定的农村土地承包关系，既是发展农业生产力的客观要求，也是稳定农村社会的一项带根本性的措施。实行农村土地承包经营，不仅对促进农业和农村经济的更大发展，有着十分重要的作用，同时，对农村社会保障和社会稳定也起着十分重要的作用。农村土地承包经营制度，包括两种承包方式，即家庭经营方式的承包和以招标、拍卖、公开协商等方式的其他承包。

农村土地承包经营制度，赋予了农民自主经营权，极大地调动了他们的生产积极性，解放了农村劳动生产力，促进了农业、农村经济和国民经济的发展，是一项建设有中国特色社会主义农业的经营制度，必须长期坚持。

实行农村土地承包经营制度，符合生产关系要适应生产力发展要求的规律，使农户获得充分的经营自主权，能够极大地调动农民的生产积极性，解放和发展农村生产力。党的十一届三中全会确立了"解放思想，实事求是"的思想路线，强调以经济建设为中心，为农村改革提供了理论根据，创造了政治环境。1980 年，中央召开会议，就家庭联产承包问题印发会议纪要，明确提出贫困地区可以搞包产到户，并强调"生产过程的各项作业，生产队宜统则统，宜分则分"。从此，包产到户的生产经营方式在全国开展起来。1993 年，国家决定在农户原有的承包期到期后可再延长 30 年，在承包期内，农户对土地的经营使用权，可以在不改变使用方向的前提下实行自愿、有偿转让。这种承包经营方式一直稳定至今，使农村经济和社会发展产生了历史性的巨变，粮食和其他农产品大幅增长，由长期短缺到总量大体平衡、丰年有余，基本上解决了全国人民吃饭问题，农民生活水平显著提高，全国农村总体上进入由温饱向小康迈进的阶段。

农村土地承包经营之所以创造如此伟大的成就：一是农村土地承包经营给了农民充分的生产经营自主权，实行家庭承包经营，突破了计划经济的束缚，种什么、怎么种、种多少，都由农民自己决定，农户可以因地制宜安排生产，根据市场的需求组织安排生产；二是打破了收益分配上的"大锅饭"，使农民的利益和劳动成果直接挂钩，使农民得到了可以看得见的物质利益；三是家庭承包经营适合我国农业生产的特点。我国农业最显著的特点是人多地少，我国农民人均可耕地才一亩左右，这就要求生产者精心照料农业生产的全过程。农民承包土地后，生产责任感大大增强，他们精耕细作、科学种田，努力提高劳动生产率。归根结底，家庭承包经营这种生产关系，使农户获得充分的经营自主权，得到了实惠；能够极大地调动农民的积极性，解放和发展农村生产力；农村土地承包经营方式适应我国农村生产力发展的要求。

三、家庭承包经营制度

家庭承包经营是在农村土地集体所有保持不变的前提下，由农村集体经济组织（或村委会）将土地使用权发包给农户，这种在原所有制不变基础上的变革，对社会震荡小，方便宜行。家庭承包的具体方式，是以农村集体经济组织的每一个农户家庭全体成员为一个生产经营单位，作为承包人承包农民集体的耕地、林地、草地等农业用地，对承包地是按照本集体经济组织成员人人平等地享有一份的方式进行承包。其主要特点：一是集体经济组织的每个人，不论男女老少都平均享有承包本农民集体的农村土地的权利，除非他自己放弃这个权利。也就是说，这些农村土地对本集体经济组织的成员来说，是人人有份的，任何组织和个人都无权剥夺他们的承包权。二是以户为生产经营单位承包，也就是以一个农户家庭的全体成员作为承包方，与本集体经济组织或者村委会订立一个承包合同，享有合同中约定的权利，承担合同中约定的义务。承包户家庭中的成员死亡，但只要这个承包户还有其他人在，承包关系仍不变，由这个承包户中的其他成员继续承包。三是承包的农村土地对每一个集体经济组织的成员是人人有份的，这主要是指耕地、林地和草地，但不限于耕地、林地、草地，凡是本集体经济组织的成员应当人人有份的农村土地，都应当实行家庭承包的方式。

有些农业用地并不是本集体经济组织成员都有份的，如：菜地、养殖水面等由于数量少，在本集体经济组织内做不到人人有份，只能由少数农户来承包；有的"四荒地"

虽多，但本集体经济组织成员有的不愿承包，有的根据自己的能力承包的数量不同。这些不宜采取家庭承包方式的农村土地，可以采取招标、拍卖、公开协商等方式承包。这些承包方式都是以自愿、公开、公正的原则进行承包，透明度高，便于群众监督，防止了暗箱操作，能够合理地利用这些农村土地。

农村土地实行家庭承包经营，农民有了生产经营自主权，不仅极大地调动了他们种粮种棉的积极性，而且使他们从当地的实际和市场的需求出发，一方面调整生产结构，种植适销对路的其他经济作物，饲养优质的家禽家畜，开发新的产品，有效地促进了农村多种经营的发展。过去我们长期提出的"农林牧副渔"全面发展的农业目标，在实行农村土地承包经营后才得到更好的实现。另一方面，农民有了积累，也有了择业的自由，一些农民跳出了土地和农业的局限，办起了乡村企业，在国家的大力支持和引导下，乡村企业通过改制、引进资金和先进技术，得到了快速的发展，已成为国民经济的一支重要力量。企业的发展推动了小城镇的建设，进而促进了农村第三产业的发展，大批农村富余劳动力从土地上转移出来。农村改革取得的重大成功开拓了农业产业化和农民就业的广阔空间。

四、农村土地承包后的所有权性质

我国农村实行的是以家庭承包为基础、统分结合的双层经营体制，土地等生产资料仍归农民集体所有，农户通过承包取得的是对集体土地的使用权。这种从集体土地所有权中分离出来的土地使用权，使承包户对所承包的土地有了经营自主权，农民真正成为自主经营、自负盈亏的市场主体，自己决定如何生产、决定种什么以及如何种植等；有了依照法律规定进行土地经营权合理流转的权利，包括转包、出租、互换、转让或者以其他方式流转；有了对承包土地的收益权，除了依法缴纳的税费外，剩余的都由自己支配。承包经营权与土地所有权是不同的，它不具有所有权所具备的占有、使用、收益和处分4种权能中的处分权。比如，承包户转让其土地承包经营权，是在不得改变土地所有权的性质前提下进行的。土地承包经营权转让，一是需经发包方同意；二是只能转让给从事农业生产经营的农户；三是原承包方与发包方的土地承包关系终止，受让方需与发包方签订新的承包合同，重新进行登记和领取承包经营权证书。而集体土地转为国有土地的，需要按土地管理法的规定进行，首先通过国家对土地的征用，将其变更为国家所有的土地，再由国家对土地的使用权进行出让。所以，第一，农民对土地承包不是私有化，农民对所承包的土地不具有独立的土地所有权，所有权仍属于农民集体，土地所有权的性质没有改变；第二，农民对其所承包的土地不得买卖，只能依照本法的规定对其土地承包经营权进行流转。

五、农村妇女土地承包权利

农村妇女在承包土地时与男子享有平等的权利。承包中应当保护妇女的合法权益，任何组织和个人不得剥夺、侵害妇女应当享有的土地承包经营权。这一平等权利是男女平等原则的重要体现。在我国漫长的封建社会中，男女的地位不平等，男尊女卑，妇女在社会上没有地位，也不享有太多的财产权。新中国成立后，实行男女平等的社会制度。宪法中明确规定，中华人民共和国妇女在政治的、经济的、文化的、社会的和家庭的生活等各个方面，享有同男子平等的权利。妇女权益保障法也规定，妇女在政治的、经济的、文化的、社会的和家庭的生活等方面享有与男子平等的权利。国家保障妇女享有与男子同等的财产权利。妇女权益保障法还规定，农村划分责任田、口粮田以及批准宅基地，妇女与男子享有平等的权利，不得侵害妇女的合法权益。但是，也应当看到，由于封建残余思想的影响，在一些农村中仍然存在歧视妇女的现象，妇女在农村土地承包中的权利受到侵害。如：妇女出嫁后在新居住地没有取得承包地的情况下，原承包地被随意或强行收回；有的农村妇女离婚或者丧偶后，仍在原居住地生活或者不在原居住地生活，但在新居住地也未取得承包地，集体经济组织即收回其原来已经取得的承包地，等等。在这些情况下，农村妇女的承包权益受到了侵害。因此，强调保护妇女在土地承包中的平等权利，不仅是贯彻男女平等、保护妇女权益的重要体现，在广大农村地区也仍具有重要的现实意义。

农村妇女在农村土地承包中的权利，主要体现在以下几个方面：

一是作为农村集体经济组织的成员，妇女同男子一样有权承包集体发包的土地。农村妇女从出生时起，就是农村集体经济组织的成员。该集体经济组织在发包土地时，应当按照家庭人口数额、不分男女来确定承包土地的份额。不能因为是妇女而不让她们承包土地，也不能因为是妇女而不分配给其应有的承包地份额。

二是妇女结婚的，其承包土地的权利受法律保护。在现实中，农村妇女结婚往往在男方家落户，有的情况下，男方家是属于另外一个农村集体经济组织的，该妇女在新居住地如果未获得承包土地，其从原集体经济组织获得的承包土地，发包方不得收回。

三是在妇女离婚或者丧偶的情况下，仍在原居住地生活，或者不在原居住地生活，但在新居住地未取得承包地的，原集体经济组织不得收回原承包地。

四是对非法剥夺、侵害农村妇女依法享有的土地承包经营权的，受侵害的妇女可以向发包方，如村集体经济组织、村委会或者村民小组主张自己的权利。还可以向农村土地承包仲裁机构申请仲裁，也可以直接向人民法院起诉，要求侵权方承担停止侵害、恢复原状、排除妨害、赔偿损失等民事责任，以维护自己承包土地的合法权益。

六、农村土地承包的基本原则

农村土地承包应当坚持公开、公平、公正的基本原则，正确处理国家、集体、个人三者的利益关系。

在进行农村土地家庭承包中，公开的原则体现在以下3个方面：一是进行承包活动的信息要公开。在按照规定进行土地承包时，发包方应当及时公布土地承包有关信息，让本集体经济组织成员或者其他承包方，知晓土地承包的基本情况。公开的方式，根据具体情况可以采取不同的形式，如可以采取张贴公告、有线广播或者召开村民会议。公开有关承包活动的有关信息包括：向村民宣传、介绍有关土地承包的法律、法规和国家政策，让村民了解进行土地承包的基本精神等；公布拟发包土地的名称、坐落、面积、质量等级等。公开有关信息要做到透明、及时、准确。二是进行承包的程序要公开。承包程序是先由村民会议选举产生承包工作小组，由承包工作小组依照法律、法规的规定拟订承包方案并向本集体经济组织全体成员公布，然后依法召开村民会议，讨论通过承包方案。三是承包方案和承包结果公开。承包方案经过村民会议讨论通过后，应当及时公布，同时公开组织实施承包方案，确定每户及每个集体经济组织成员承包的土地的具体名称、坐落、面积、质量等级等。发包方和承包方应当签订书面承包合同，确定各自的权利和义务。承包方自承包合同生效时取得土地承包经营权。县级以上人民政府应当向承包方颁发土地承包经营证或者林权证，并登记造册，确认土地承包经营权。

公平原则主要是指本集体经济组织成员依法平等地享有、行使承包本集体经济组织土地的权利。在确定承包方案时，应当民主协商，公平合理地确定发包方、承包方权利义务。尤其是发包方不得滥用权力，承包合同中不得对承包方的权利进行不合理的限制、干涉承包方的生产经营自主权，或者通过承包合同给承包方增加不合理的负担。

公正原则主要是指在承包过程中，要求发包方严格按照法定的条件和程序办事，同等地对待每一个承包方，不得暗箱操作，也不得厚此薄彼、亲疏有别。对承包方来说，应当以正当的手段参加承包活动，不得通过行贿或者亲属关系等违规途径获得有利的承包条件。

对不宜采取家庭承包方式的荒山、荒沟、荒丘、荒滩等农村土地采取其他方式承包的，公开主要是指发包方应当通过公告、召开村民会议宣布或者通过报纸、广播、电视等公共媒体，公开有关荒山、荒沟、荒丘、荒滩的位置、面积，以及对承包方的基本要求等信息。采取招标、拍卖和协商的方式来确定承包方。招标、拍卖和协商的过程要公开透明。将农村土地发包给本集体经济组织以外的单位或者个人承包的，还要事先经本集体经济组织成员的村民会议 2/3 以上成员或者 2/3 以上的村民代表同意，并报乡（镇）人民政府批准。确定为承包方的要及时通知承包方；公平主要指发包方和承包方法律地位平等，双方应当通过定标、竞价或者协商一致的方式，公平合理地确定承包期、承包费以及其他权利义务，一方不得将其意志强加于另一方；"公正"是指对发包方来说，就是要严格按照公开的条件和程序办事。如采取招标发包的，发包方应当同等地对待每一个投标竞争者，不得厚此薄彼、亲疏有别。应当以投标人在承包费、技术能力、资金条件等方面最优者为定标标准，确定最终承包人。对投标方来说，应当以正当的手段参加投标竞争，不得串通投标，不得有向发包方及其工作人员行贿、提供回扣或给予其他好处等，来获得承包土地或者其他有利的承包条件。又如采取拍卖方式发包的，发包方应当将土地发包给最高出价的竞买人。竞买人之间、竞买人与拍卖人之间不得恶意串通，以防损害发包方的利益。

七、农村土地承包后的保护与合理开发利用

土地作为一种自然资源，它的存在是非人力所能创造的，土地本身的不可移动性、地域性、整体性、有限性是固有的，人类对它的依赖和永续利用程度的增加也是不可逆转的。因此，强化土地管理，保证对土地的永续利用，以促进社会经济的可持续发展，是农村土地承包中应当特别重视的一个问题。农村土地承包应当遵守法律、法规，保护土地资源的合理开发和可持续利用。

各级人民政府应当依法采取措施，全面规划，严格管理、保护、开发土地资源，制

止非法占用土地的行为。根据土地管理法等法律，各级人民政府应当依据国民经济和社会发展规划、国土整治和资源环境保护的要求、土地供给能力以及各项建设对土地的需求，组织编制土地利用总体规划。通过编制土地利用总体规划，将土地分为农用地、建设用地和未利用地。严格限制农用地转为建设用地，控制建设用地总量，对耕地实行特殊保护。确保本行政区域内耕地总量不减少；要保证基本农田应当占本行政区域内耕地的80％以上。征用基本农田必须经国务院批准，地方各级人民政府无权批准征用基本农田；要按照土地利用总体规划，采取措施，改造中、低产田，整治闲散地和废弃地；应当采取有效措施鼓励农民和农村集体经济组织，增加对土地的投入，培肥地力，提高农业生产能力。

发包方应当监督承包方，依照承包合同约定的用途合理利用和保护土地，制止承包方损害承包地和农业资源的行为，如占用基本农田发展林果业和挖塘养鱼等。如果承包方给承包地造成永久损害的，发包方有权制止，并有权要求承包方赔偿由此造成的损失；要执行县、乡（镇）土地利用规划，组织本集体经济组织内的农业基础设施建设，对田、水、路、林、村综合整治，提高耕地质量，增加有效耕地面积，改善农业生产条件和生态环境。维护排灌工程设施，改良土壤，提高地力，防止土地荒漠化、盐渍化、水土流失和污染土地；切实履行承包合同，保证承包方对土地的投入，培肥地力，提高农业生产能力的积极性。如：耕地的承包期为30年，在承包期内，发包方不得违法收回、调整承包地。在承包期内，承包方交回承包地时，发包方对其在承包地上投入而提高土地生产能力的，发包方应当给予补偿。

承包方应当按照承包合同中确定的土地用途使用土地。承包土地的目的就是从事种植等农业生产，禁止改变农用土地的用途，不得将其用于非农业建设。如不得在耕地上建窑、建坟或者擅自在耕地上建房、挖砂、采石、采矿、取土等。从保护耕地的角度，承包方不得占有基本农田发展林果业和挖塘养鱼。承包方违法将承包地用于非农建设的，由县级以上人民政府有关部门予以处罚；要增加土地的投入，禁止掠夺性开发。承包方应当合理地培肥地力，这样一方面提高土地生产力，发挥土地最大效益，从而提高农作物的产量，增加自己的收入；另一方面，提高了土地质量，保证农业生产的可持续发展，造福子孙后代；要合理利用土地，不得给土地造成永久性损害。如：为了片面追求短期内的生产效益，有的承包方在承包地上大量施用化肥和农药，结果导致土壤污染、生产能力下降。也有的擅自改变农用地的用途，如在耕地上建房、建窑等，对耕地造成难以恢复的损害。承包方给土地造成永久性损害的，应当承担赔偿损失等法律责任。

八、集体土地所有者合法权益保护

国家对农村集体土地所有者合法权益的保护主要表现在以下3个方面。

第一，对于集体所有的土地，依法确认所有权。根据土地管理法等法律规定，农村和城市郊区的土地，除由法律规定属于国家所有的以外，属于农民集体所有；宅基地和自留地、自留山，属于农民集体所有。农民集体所有具有3种主要形式：一是村农民集体所有；二是村内两个以上农村集体经济组织所有；三是乡（镇）农民集体所有。对于农民集体所有的土地，由县级人民政府登记造册，确定农民集体所有的土地的权属性质、面积、坐落，并将这些内容记载到土地登记簿，同时核发集体土地所有权证书，确认所有权。农民集体所有的林地、草原的所有权登记，应当按照森林法、草原法的有关规定办理所有权登记，有关部门应当向农民集体所有者核发林地、草原所有权证书，确认所有权。依法登记的农民集体所有的土地所有权受法律保护，任何单位和个人都不得侵犯。

第二，保护农村集体经济组织对土地的经营管理权。根据土地管理法和农村土地承包法的规定，农村集体所有的土地依法属于村农民集体所有的，由村集体经济组织或者村民委员会经营、管理，在农村土地家庭承包中，由村集体经济组织或者村民委员会作为发包方，与本集体的农户签订承包合同，将土地交由承包方经营。农村集体土地由村内两个以上农村集体经济组织所有的，由村内各该农村集体经济组织或者村民小组经营、管理，并作为家庭承包的发包方，与本集体经济组织成员签订承包合同，将土地交由承包方经营。集体土地所有者依法对土地的经营管理权，受法律保护。在农村土地承包中，任何组织和个人都不得非法干涉发包方的权利，尤其是国家机关及其工作人员不得利用职权干涉农村土地承包。

第三，对侵犯集体土地的行为，给予法律制裁。如依法登记的集体土地受到非法侵害时，集体土地的所有人可以要求人民政府有关部门给予保护，如在土地承包中，承包方非法在耕地上建房、采石等，土地行政管理部门根据发包方的报告责令承包方改正、治理，并依法处罚。对非法侵占农民集体所有土地的，发包方可以要求人民政府有关部门确认所有权，或者向人民法院提起确权诉讼等。

如果农村集体经济组织的承包方违反承包合同约定，给农村集体经济组织的土地所有权等权益造成损害的，发包方有权要求承包方承担赔偿损失等民事责任。

九、承包方土地承包经营权益保护

国家对农村土地承包方承包经营权益保护主要表现下列几个方面。

第一，农村集体经济组织成员有权依法承包，由本集体经济组织发包的土地。任何组织和个人不得剥夺和非法限制农村集体经济组织成员承包土地的权利。

第二，承包期内，发包方不得收回承包地。承包期内，承包方全家迁入小城镇落户的，应当按照承包方的意愿，保留其土地承包经营权或者允许其依法进行土地承包经营权流转。在承包方全家迁入设区的市，转为非农业户口的情况下，应当将承包的耕地和草地交回发包方。承包方不交回的，发包方可以收回承包的耕地和草地。承包期内，承包方交回承包地或者发包方依法收回承包地时，承包方对其在承包地上投入而提高土地生产能力的，发包方应当给予补偿。

第三，承包期内，发包方不得调整承包地。承包期内，因自然灾害严重毁损承包地等特殊情形，对个别农户承包的耕地和草地需要适当调整的，必须得到本集体经济组织成员的村民会议2/3以上成员或者2/3以上村民代表的同意，并报县、乡级人民政府农业等行政主管部门批准。承包合同中约定不得调整的，遵守其约定。

承包合同中违背承包方意愿或者违反法律、行政法规有关不得收回、调整承包地等强制性规定的约定无效。

第四，承包期内，承包方可以自愿将承包地交回发包方。

第五，承包方应得的承包收益，依照继承法的规定继承。林地承包的承包方死亡，其继承人可以在承包期内继续承包。土地承包经营权通过招标、拍卖、公开协商等方式取得的，该承包人死亡，其应得的承包收益，依照继承法的规定继承；在承包期内，其继承人可以继续承包。

第六，家庭承包中的承包方，可以依法将其取得的土地承包经营权，采取转包、出租、互换、转让等方式流转。承包方之间为发展农业经济，可以自愿联合将土地承包经营权入股，从事农业合作生产。通过招标、拍卖、公开协商等方式承包农村土地，经依法登记取得土地承包权证或者林权证等证书的，其土地承包经营权可以依法转让、出租、入股、抵押或者其他方式流转。承包方有权依法自主决定土地承包经营权是否流转和流转的形式。任何组织和个人强迫承包方进行土地承包经营权流转的，该流转无效。流转的收益归承包方所有，任何组织和个人不得擅自截留、扣缴。任何组织和个人擅自截留、扣缴土地承包经营权流转收益的，应当退还。

第七，发包方违反承包合同，给承包方造成损失的，承包方有权要求发包方承担赔偿损失等违约责任。

第八，发包方或者其他组织和个人，非法干涉承包方生产经营权等侵害承包方合法权益的，承包方有权要求侵权人承担停止侵害、返还原物、恢复原状、赔偿损失等民事责任。

十、农村土地承包管理部门

国务院农业、林业行政主管部门分别依照国务院规定的职责，负责全国农村土地承包及承包合同管理的指导。县级以上地方人民政府农业、林业等行政主管部门分别依照各自职责，负责本行政区域内农村土地承包及承包合同管理。乡（镇）人民政府负责本行政区域内农村土地承包及承包合同管理。

（一）国务院农业、林业行政主管部门及其职责

根据农业法的规定，农业指种植业、林业、畜牧业和渔业。农业法规定的农业是大农业的概念。按照国务院行政主管部门的分工，农业部是种植业、畜牧业、渔业的行政主管部门，林业的主管部门是国家林业局。因此，本条明确规定国务院农业、林业行政主管部门，负责农村土地承包及承包合同管理的指导工作。

根据有关规定，农业部的主要职责有12项。与农村土地承包关系密切的有如下各项。

一是研究拟定农业和农村经济发展战略、中长期发展规划，经批准后组织实施；拟定农业开发规划并监督实施。二是研究拟定农业的产业政策，引导农业产业结构的合理调整、农业资源的合理配置和产品品质的改善；提出有关农产品及农业生产资料价格、关税调整、大宗农产品流通、农村信贷、税收及农业财政补贴的政策建议；组织起草种植业、畜牧业、渔业、乡镇企业等农业各产业的法律、法规草案。三是研究提出深化农村经济体制改革的意见；指导农业社会化服务体系建设和乡村集体经济组织、合作经济

组织建设；按照中央要求，稳定和完善农村基本经营制度、政策，调节农村经济利益关系，指导、监督减轻农民负担和耕地使用权流转工作。四是研究制定农业产业化经营的方针政策和大宗农产品市场体系建设与发展规划，促进农业产前、产中、产后一体化；组织协调"菜篮子"工程和农业生产资料市场体系建设；研究提出主要农产品、重点农业生产资料的进出口建议；预测并发布农业各产业产品及农业生产资料供求情况等农村经济信息。五是组织农业资源区划、生态农业和农业可持续发展工作；指导农用地、渔业水域、草原、宜农滩涂、宜农湿地、农村可再生能源的开发利用以及农业生物物种资源的保护和管理；负责保护渔业水域生态环境和水生野生动植物工作；维护国家渔业权益，代表国家行使渔船检验和渔政、渔港监督管理权。六是制定农业科研、教育、技术推广及其队伍建设的发展规划和有关政策，实施科教兴农战略；组织重大科研和技术推广项目的遴选及实施；指导农业教育和农业职业技能开发工作。七是拟定农业各产业技术标准并组织实施；组织实施农业各产业产品及绿色食品的质量监督、认证和农业植物新品种的保护工作；组织协调种子、农药、兽药等农业投入品质量的监测、鉴定和执法监督管理；组织国内生产及进口种子、农药、兽药、有关肥料等产品的登记和农机安全监理工作。

根据有关规定，林业局的主要职责有 10 项。与农村土地承包关系密切的有如下各项。

一是研究拟定森林生态环境建设、森林资源保护和国土绿化的方针、政策，组织起草有关的法律法规并监督实施。二是拟定国家林业发展战略、中长期发展规划并组织实施；管理中央级林业资金；监督全国林业资金的管理和使用。三是组织开展植树造林和封山育林工作；组织、指导以植树种草等生物措施防治水土流失和防沙、治沙工作；组织、协调防治荒漠化方面的国际公约的履约工作；指导国有林场（苗圃）、森林公园及基层林业工作机构的建设和管理。四是组织、指导森林资源（含经济林、薪炭林、热带林作物、红树林及其他特种用途林）的管理；管理国务院确定的重点林区的国有森林资源并向其派驻森林资源监督机构；组织全国森林资源调查、动态监测和统计；审核并监督森林资源的使用；组织编制森林采伐限额，经国务院批准后，监督执行；监督林木、竹林的凭证采伐与运输；组织、指导林地、林权管理并对依法应由国务院批准的林地征用、占用进行初审。五是研究提出林业发展的经济调节意见；监督国有林业资产；审批重点林业建设项目。六是指导各类商品林（包括用材林、经济林、薪炭林、药用林、竹林、特种用途林）和风景林的培育。七是组织指导林业科技、教育和外事工作；指导全国林业队伍的建设。

农业部与国家林业局的上述职责，都涉及农村土地承包及承包合同。作为主管农业、林业的中央部门，其工作主要是制定方针、政策及相关措施，监督、指导农村土地承包及承包合同的管理。

同时，涉及农村土地承包的不仅有农业部与国家林业局，也包括中央其他部门。如作为土地的主要管理部门国土资源部，对农村土地亦有管理职责。国土资源部下设耕地保护司，其职责：拟定耕地特殊保护和鼓励耕地开发政策、农地保护和土地整治政策、农地转用管理办法，拟定未利用土地开发、土地整理、土地复垦和开发耕地规定；指导农地用途管制，组织基本农田保护。国土资源部下设的土地利用管理司，也有拟定国有土地划拨使用目录指南和乡（镇）村用地管理办法等职责。国家水利部门统一管理水资源，一项重要职责就是指导农村水利工作；组织协调农田水利基本建设、农村水电电气化和乡镇供水工作。特别是在"四荒地"的治理开发方面，作为生态建设工作的一个重要内容，是由水利部归口管理的。因此，除农业部与国家林业局以外，各有关部门虽然不是农村土地承包及承包合同的主要管理部门，但也应当做好与农村土地承包有关的工作。

（二）县级以上地方人民政府农业、林业等行政主管部门及其职责

县级以上地方人民政府农业、林业等主管部门的设置与国务院有所不同。如有的地方农业行政主管部门与牧业行政主管部门是分开设置的，主管农村土地承包的部门有农业局、林业局、畜牧局、水产局等。所以也可表述为"县级以上地方人民政府农业、林业等行政主管部门"。这样表述更符合实际情况。

县级以上地方人民政府有关部门，负责本行政区域内农村土地承包及承包合同的管理工作。同级各部门以及上下各级部门工作各有分工。一般来说，下级部门的工作较上级部门更为具体。县级以上地方人民政府有关部门的工作有如下一些方面：①起草、制定有关地方法规、规章。地方法规由地方人大通过。全国大部分省、自治区、直辖市都颁布了土地承包的地方性法规，将国家政策、法律、行政法规具体落实到地方性法规中，以规范地方的土地承包工作。②制定统一的合同文本，对土地承包登记造册，确权发证。办理审批、备案等。③指导签订土地承包合同、合同的履行以及土地承包经营权的流转等。④进行农村集体经济组织建设。⑤进行农业基本建设、兴修水利、平整土地，制定耕地保养长期规划等。⑥建立农业科技、化肥、机械等服务体系，支援农业，为农户服务。⑦建立农村土地承包及承包合同档案。⑧培训土地承包合同管理人员。⑨调解农村土地承包经营纠纷。

（三）乡（镇）人民政府的职责

乡（镇）人民政府负责本行政区域内农村土地承包及承包合同管理。乡（镇）人民政府一般不分设职能部门，但有工作分工，一般设土地承包合同管理的专门人员，从事具体指导土地承包合同的签订、履行以及其他合同管理工作，其工作由乡（镇）人民政府负责。同时，前面所讲的中央和县级以上地方人民政府职能部门，有关土地承包及承包合同的管理工作大部分都要由乡（镇）人民政府具体落实。

案例连接1：

违法调整的家庭承包地一般应当返还

案情概述

某村王先生到信访部门上访反映：1999年，本村进行了二轮土地承包，当时村里约定每5年进行一次土地调整。2004年，村里按照约定调整了土地，死亡人口和出嫁

妇女的土地被收回发包给了新增人口。王先生因结婚生子，在2004年得到了两口人的承包地。2011年，村里又按约定进行了调地，但村里通知王先生退回2004年调地时得到的土地。

该村2004年调整土地时，新增人口18人，其中，12人承包的是退地户的土地，6人承包的是机动地。当时发包方曾对退地户承诺：其家庭以后的新增人口同样也会得到承包地。这期间，由于村民了解了国家法律的规定，今年村里要调整土地时没人同意调出土地，村委会在无法兑现原来承诺的情况下，决定将2004年调整的土地返还给原承包户，要回了王先生2004年承包的土地，部分得地户不愿退回土地。

王先生要求：2004年调整的土地至今已有7年，已超过两年的诉讼时效，原退地户无权要回土地，应该维持2004年以来的土地承包关系。

以案说法

第一，《农村土地承包法》第二十六条："承包期内，发包方不得收回承包地"。第二十七条："承包期内，发包方不得调整承包地"。《中华人民共和国物权法》《山东省实施〈中华人民共和国农村土地承包法〉办法》等，对调整及收回土地也都有明确规定。该村在承包期内调整土地违反了法律的强制性规定，是违法行为。而违反法律、法规和国家政策是无效合同的要件之一，所以当时形成的承包关系应是非法的。根据《中华人民共和国合同法》第五十六条"无效的合同或者被撤销的合同自始没有法律约束力"，《山东省农村集体经济承包合同管理条例》第十四条"无效承包合同从订立时起，就没有法律约束力"的规定，2004年以来形成的土地承包关系不应受到法律保护。

第二，《农村土地承包法》第五十四条："发包方有下列行为之一的，应当承担停止侵害、返还原物、恢复原状、排除妨害、消除危险、赔偿损失等民事责任：其中有（二）违反本法规定收回、调整承包地；（七）剥夺、侵害妇女依法享有的土地承包经营权；（八）其他侵害土地承包经营权的行为"。

2004年该村村委调整土地，违反了本条第二款、第七款、第八款的规定，发包方应当将承包关系恢复到调整之前，才符合该条款停止侵害，返还原物……的规定。

第三，关于王先生主张的已过诉讼时效问题。

1.《农村土地承包纠纷调解仲裁法》诉讼时效规定是，从知道或应当知道权利被侵害之日起算，因2004年土地调整时，村委会承诺调出土地的农民，在增人时可增加土地，到现在又反悔，可视为才知道权利被侵害。

2. 侵权行为有持续状态的，诉讼时效从侵权行为终了时起算。因土地被非法调整的状态一直持续，可认为未过诉讼时效。

3.《最高人民法院关于审理民事案件适用诉讼时效制度若干问题的规定》，规定了对于债权请求权，当事人可以主张时效抗辩，没有规定物权请求权也可以适用诉讼时效。因土地承包经营权是法定物权（用益物权），是农民的一项基本权利，由于侵权对象是物权则不受时效限制。

基于以上3点，王先生主张的已超过诉讼时效的意见缺乏法律依据。

处理结论

一、该村 2004 年调整土地的做法违反了国家有关土地承包的法律规定，必须依法纠正。

二、将村里的 26 亩机动地发包给新增人口。

三、严格执行国家有关土地承包法律法规规定，稳定土地承包关系。

案例连接 2：

无法定理由不得调整农户的家庭承包地

案情概述

2010 年 5 月 14 日，某村三组徐某等 5 人到市减负办反映，该组组长私自决定强行收回农户家庭承包地，并在全组范围内重新发包，改变了原家庭土地承包关系。

徐某等要求：维持原土地承包关系，归还强行收回的家庭承包地。

以案说法

《农村土地承包法》第二十七条明确规定"承包期内，发包方不得调整承包地"，这一规定从法律上维护了农村土地承包关系的长期稳定，给农民吃了一颗定心丸。第二十七条同时规定："承包期内，因自然灾害严重毁损承包地等特殊情形，对个别农户之间承包的耕地和草地需要适当调整的，必须经本集体经济组织成员的村民会议，2/3 以上成员或者 2/3 以上村民代表的同意，并报乡（镇）人民政府和县级人民政府农业等行政主管部门批准。"

从法律上讲只有出现"因自然灾害严重毁损承包地等特殊情形"的情况下，才可以适当调整承包地，而在一般情形下，不应当采取调整承包地的方法，而主要应当通过土地流转、发展农村二三产业等途径，用市场的办法解决。《农村土地承包法》规定的"特殊情形"，主要包括：①部分农户因自然灾害严重毁损承包地的；②部分农户的土地被征收或者用于乡村公共设施和公益事业建设，丧失土地的农户不愿意"农转非"，不要征地补偿等费用，要求继续承包土地的；③人地矛盾突出的。关于人地矛盾突出的，一般是指因出生、婚嫁、户口迁移等原因导致人口变化比较大，新增人口比较多，而新增人口无地少地的情形比较严重，又没有其他生活来源的。在这种情况下，允许在个别农户之间适当进行调整。需要注意的是，在承包方发生了因自然灾害严重毁损承包地等特殊情形需要调整土地时，并不是必须对个别农户之间承包的耕地和草地进行调整，如果集体经济组织依法预留了机动地，或者有通过依法开垦等方式增加的土地，或者有承包方依法、自愿交回的土地，应当首先用这些土地解决无地农民的承包地问题，只有在没有上述土地的情况下，才可以对个别农户之间承包的耕地和草地进行适当调整。为了体现多数农民的意愿，防止随意调整承包地，调整土地还"必须经本集体经济组织成员的村民会议，2/3 以上成员或者 2/3 以上村民代表的同意，并报乡（镇）人民政府和县级人民政府农业等行政主管部门批准"。

处理结论

该组组长在无法定确认的"特殊情形"出现下，私自决定强行收回农户承包期 30 年的土地，并在全组范围内重新发包，严重违反了《农村土地承包法》关于"承包期内，发包方不得收回承包地"和"承包期内，发包方不得调整承包地"的规定。由当地政府指导该村委依法纠正该组组长私自分地的违法行为，返还徐某等农户的承包土地，恢复原有土地承包关系。

第二节　家庭承包

根据《农村土地承包法》第三条规定，国家实行的农村土地承包经营制度包括两种承包方式，即家庭经营的承包方式和以招标拍卖、公开协商方式的承包。这两种方式的承包在承包主体与对象、承包原则与方法、承包权利与义务以及承包权利的保护方式上都有根本的区别。因此，《农村土地承包法》对家庭承包与其他方式的承包分别作了规定。

一、保护农民承包土地的权利

（一）每一个集体成员都有承包土地的权利

1. 本集体经济组织成员资格的界定

按照《农村土地承包法》第五条的规定，"农村集体经济组织成员有权依法承包由本集体经济组织发包的农村土地。"但是，由于近年来我国城乡经济的发展和户籍制度的改革，使农村要求承包土地的组成人员变得错综复杂，现实中界定享有土地承包经营权的人员，各地把握难度比较大。比如有上学参军户口迁出的，有花钱买城镇户口后一直未就业的，有妇女结婚后户口一直未迁出娘家的，有因服刑销户的，还有空挂户口的等等。如何判定这些人有无权利，承包本集体经济组织的土地，一直是农村土地承包中难以把握的政策问题。目前，全国对此没有规定统一的界定标准，山东省人大 2004 年制定了《农村土地承包法实施办法》，在第六条和第七条中，分两种不同情况对农村集体经济组织"成员"资格问题作了明确的界定。

一种情况是户口在本村的下列常住人员，为本村集体经济组织成员：①本村出生户口一直未迁出过的；②与本村村民结婚且户口迁入本村的；③本村村民依法办理领养手续，且户口已迁入本村的子女；④其他将户口迁入本村，并经本村集体经济组织成员的村民会议 2/3 以上成员或者 2/3 以上村民代表同意，接纳为本集体经济组织成员的。从规定内容中可以看出，界定这些情况下的人员，为本村集体经济组织成员必须同时具备两条：一是户口在本村，二是必须在本村常住。这一规定可以界定一些妇女户口，虽未迁出娘家，而实际常住婆家的妇女，其集体经济组织"成员"资格应在婆家所居住的村集体，这与我省绝大多数农村的习惯做法一致，也有利于农村土地等资源的合理配置利用。另外，对其他将户口依法迁入本村的，这种情况的人员，除应当具备上述两个条件外，还应当经本集体经济组织成员的村民会议 2/3 以上成员或者 2/3 以上村民代表的同意，才能接纳为本集体经济组织成员。对这种情况下迁入的人员附加这一条件，就是制约少数人通过私人关系迁入某个集体，而侵占其全体"成员"的利益，从而化解现实中由此引发的诸多矛盾。

另一种情况是原户口在本村的下列人员，依法享有本集体经济组织发包的土地承包经营权：①解放军、武警部队的现役义务兵和符合国家有关规定的士官；②高等院校、中等职业学校在校学生；③已注销户口的刑满释放回本村的人员。这些情况享有本集体的土地承包经营权，有一个最基本的条件，那就是"原户口在本村"，也就是说原户口不在本村的现役义务兵、大中专在校生或刑满释放的人员等，不能纳入本集体经济组织成员。做这样的规定是考虑到，这种情况下的人员，当前或者今后还可能需要依靠原居住地的集体土地生活，虽然暂时户口不在原居住地，现役义务兵或者刑满释放人员多数还是要回到原居住地生活，在校的农村大中专学生，大多数也还是依靠农村的土地收入支持而完成学业，所以山东省《实施办法》规定这种情况下的人员，享有本集体经济组织的土地承包经营权。

2. 按户承包、按人分地

《农村土地承包法》第五条第二款规定：任何组织和个人不得剥夺和非法限制农村集体经济组织成员承包土地的权利，并在第十八条第一款进一步明确规定，"按照规定统一组织承包时，本集体经济组织成员依法平等地行使承包土地的权利，也可以自愿放弃承包土地的权利"。这就是说，在集体经济组织发包土地时，除非其成员自愿放弃承包，任何组织和个人都不能以任何方式，剥夺或者变相剥夺集体经济组织成员承包土地的权利，也不能以任何方式阻挠、干扰、限制集体经济组织成员承包土地权利的实现。剥夺和非法限制集体经济组织成员土地承包经营权，是一种侵权行为，要承担法律责任。

农村土地家庭承包，是以家庭为经营单位的、人人有份的土地承包。因此，《农村土地承包法》第十五条规定"家庭承包的承包方是本集体经济组织的农户"。这一规定的特征，一是承包方限于本集体经济组织内部，其他集体经济组织的农户、集体经济组织以外的单位和个人，都不能作为家庭经营方式的承包方。二是以农户家庭为单位，不是以农民个人为单位进行承包，但承包地的数量是按人头计算分配的。

（二）关于保护妇女土地承包经营权

《妇女权益保护法》第三十条明确规定：农村划分承包地，妇女与男子享有平等的权利。但是，一些地方没有严格依法办理，存在或发生了不分或者少分给妇女承包地的情况，造成一些妇女无地可种，生活困难，严重侵害了妇女的合法权益。为保护出嫁、离婚、丧偶妇女的土地承包经营权，《农村土地承包法》第三十条作了专门规定。根据规定，必须确保农村出嫁、离婚、丧偶妇女都有一份承包地。具体来说，分两种情况给予保护：一是妇女结婚的，嫁入方所在地应当按照有关规定，优先解决妇女的土地承包经营权问题，在没有解决之前，出嫁妇女娘家所在地的发包方不得强行收回其原承包地。二是妇女离婚或者丧偶的，如果该妇女仍在原居住地生活，原居住地应当保证该妇女有一份承包地；妇女离婚或者丧偶后不在原居住地生活，而是迁到其他地方，那么，新居住地所在村、村民小组应当为妇女落实一份承包地。在落实之前，妇女原居住地的承包方应当保留妇女的土地承包经营权，不得收回其承包地。按照《农村土地承包法》第五十四条规定，侵害妇女土地承包经营权的行为，即为侵权行为，必须承担侵权责任。

二、保护农村土地承包关系的长期稳定

《农村土地承包法》第四条明确规定，"国家依法保护农村土地承包关系的长期稳定。"并且从家庭承包的期限、由人民政府向承包方发证确权、明确在承包期内不得调整和收回承包土地等方面，对依法保护农村土地承包关系的长期稳定都做出了规定。

（一）农村土地承包经营权的期限

1. 承包期限

《农村土地承包法》第二十条，对耕地、草地和林地的承包期都作了明确规定。耕地的承包期限为 30 年，草地的承包期限为 30 ~ 50 年，林地的承包期限为 30 ~ 70 年，种植特殊林木的林地，经国务院林业行政主管部门批准，承包期还可以延长。

2. 承包期限的起算

关于承包期限的起算，《农村土地承包法》第二十二条规定，"承包合同自成立之日起生效；承包方自承包合同生效时起取得土地承包经营权"。

3. 承包期限的特别规定

需要强调指出，《农村土地承包法》规定的承包期限，是法律明确要求家庭承包应当达到的期限。二轮承包过程中，有的地方签订的承包合同约定的承包期达不到法律规定的期限的，应当按照法律规定修改承包期限。但是，在二轮承包的过程中，有的地方按照当地人民政府有关规定签订的承包合同，约定的承包期比《农村土地承包法》规定的期限更长的（例如，将耕地的承包期确定为 50 年），其承包期限继续有效，不必修改，也不得重新承包。对此，《农村土地承包法》第六十二条做出了明确规定："本法实施前已经按照国家有关农村土地承包的规定承包，包括承包期限长于本法规定的，本法实施后继续有效，不得重新承包土地。未向承包方颁发土地承包经营权证或者林权证等证书的，应当补发证书"。

（二）土地承包经营权证书

为了确保农户的土地承包经营权，防止其他单位和个人侵害农民的土地承包经营权，真正使广大农民放心，《农村土地承包法》第二十三条规定，"县级以上地方人民政府应当向承包方颁发土地承包经营权证或者林权证等证书，并登记造册，确认土地承包经营权。颁发土地承包经营权证或者林权证等证书，除按规定收取证书工本费外，不得收取其他费用。"

颁发土地承包经营权证或者林权证等证书和土地承包经营权的登记造册，是指县级以上地方人民政府，依法向承包方颁发土地承包经营权证书、林权证等证书，同时将土地的使用权属、用途、面积等情况登记在专门的簿册上，以确认土地承包经营权的法律制度。

登记制度是物权制度的重要组成部分。登记的最主要功能是对物权的设立、变更或者消灭产生公示作用。登记不仅可以表彰物权的产生或者设立，而且有助于解决物权的冲突。关于物权登记的效力，存在两种做法：一种登记是不动产物权合法移转的必要条件，未经登记，不生效力；另一种登记是当事人在物权变动后应当履行的手续，未经登记，物权变动在法律上也可有效成立，但只能在当事人之间产生效力，不能对抗第三人。对设立土地承包经营权，承包方是否必须进行登记，存在着两种不同意见：一种意见认为，土地承包经营权作为用益物权，应当采用登记生效主义，当事人必须登记，承包经营权自登记之日起成立，在程序上也应当是先登记后发证；另一种意见认为，我国目前的土地承包经营权一般都是在订立合同后就取得的，土地承包经营权证和林权证等证书，也是由人民政府主动向承包方颁发。考虑到我国农村土地承包的实际情况，应当认可实践中已完成的确权发证和登记造册工作，不宜再由承包方主动向人民政府申请登记发证。因此，法律规定承包合同自成立之日起生效。承包方自承包合同生效时取得土地承包经营权。可见，土地承包经营权的设立，不以登记为生效的要件。同时，考虑到延包工作已基本结束的情况，以及我国农村土地承包的实际做法，为了简化登记和发证的程序，进一步减轻农民的负担，对于已建立的土地承包关系，县级以上地方人民政府应当向承包方颁发土地承包经营权证或者林权证等证书，并进行登记造册，确认土地承包经营权。

土地承包经营权证书、林权证等证书是承包方享有土地承包经营权的法律凭证。为了稳定土地承包关系，更好地保障农村土地承包当事人的合法权益，土地承包合同签订后，县级以上地方人民政府，应当向承包方颁发土地承包经营权证等证书，并登记造册。对此，法律和国家有关政策中均有规定。如：《森林法》规定，国家所有的和集体所有的森林、林木和林地，个人所有的林木和使用的林地，由县级以上地方人民政府登记造册，发放证书，确认所有权或者使用权。《草原法》也做了相同的规定。1997年，国家有关政策就曾指出，延长土地承包期后，乡（镇）人民政府农业承包合同主管部门，要及时向农户颁发由县或县级人民政府统一印制的土地承包经营权证书。2000年又要求，全国延长土地承包期工作已基本结束，没有颁发土地承包经营权证书的，必须尽快发放到户。

（三）承包期内不得收回承包地

《农村土地承包法》规定，承包期内，承包方全家迁入小城镇落户的，应当按照承包方的意愿，保留其土地承包经营权或者允许其依法进行土地承包经营权流转；承包方全家迁入设区的市，转为非农业户口的，应当将承包的耕地和草地交回发包方。承包方不交回的，发包方可以收回承包的耕地和草地；承包方交回承包地或者发包方依法收回承包地时，承包方对其在承包地上投入而提高土地生产能力的，有权获得相应的补偿。

法律规定承包期内，发包方不得收回承包地，对稳定土地承包关系具有重要意义。根据这一规定，除法律对承包地的收回有特别规定外，在承包期内，无论承包方发生什么样的变化，只要作为承包方的家庭还存在，发包方都不得收回承包地。如承包方家庭中的一人或者数人死亡的；子女升学、参军或者在城市就业的；妇女结婚，在新居住地未取得承包地的；承包方在农村从事各种非农产业的；承包方进城务工的等，只要作为承包方的农户家庭没有消亡，发包方都不得收回其承包地。但因承包人死亡，承包经营的家庭消亡的，为避免已有承包地的承包方的继承人，因继承而获得两份承包地，允许发包方收回承包方的耕地和草地。

所谓"小城镇"，包括县级市市区、县人民政府驻地镇和其他建制镇。关于承包方全家迁入小城镇落户，其承包地能否收回的问题，中央要求要积极探索适合小城镇特点的社会保障制度。对已去镇上落户的农民，可根据本人意愿，保留其承包土地的经营权，也允许依法有偿转让。这一规定是从我国当前加快小城镇健康发展的政策出发的。在此之前，党的十五届三中全会的有关决定曾指出，发展小城镇，是带动农村经济和社会发展的一个大战略，有利于乡镇企业相对集中，更大规模地转移农业富余劳动力，避免向大中城市盲目流动，有利于提高农民素质、改善生活质量，也有利于扩大内需、推动国民经济更快增长。根据这一精神，国家制定和完善了促进小城镇健康发展的政策措施，加快了小城镇户籍管理制度的改革。为促进小城镇的健康发展，鼓励农民进入小城镇，自1997年开始试点，到2001年正式在全国推行的小城镇户籍管理制度改革，从允许一定条件的城镇暂住人口正式取得城镇户口，演变到基本解除对小城镇的迁移限制。这一改革在全国2万多个小城镇推行，小城镇居民基本实现了迁徙自由。从目前我国发展小城镇的政策出发，对承包方全家迁入小城镇落户的，如果允许收回其承包的土地，将会影响农民进入小城镇的积极性，使其产生后顾之忧，不利于实现我国加快城镇化进程的政策目标。

目前，我国的社会保障制度还不够健全和完善，特别是在小城镇，由于各地的社会经济发展不平衡，大部分地区经济还比较落后，许多小城镇还没有建立城市居民最低生活保障等社会保障制度。在这种情况下，进入小城镇落户的农民一旦失去非农职业或者生活来源，那么他在农村享有的土地承包经营权仍将是其基本的生活保障。针对我国目前小城镇的社会经济发展状况，承包方全家迁入小城镇落户，转为非农业户口的，应当按照承包方的意愿，保留其土地承包经营权，并按照农业生产季节回来耕作；也允许承包方依法将土地承包经营权采取转包、出租、互换、转让或者其他方式进行流转。当然，承包方自愿将承包地交回发包方，也是允许的。

相对于小城镇，在设区的市，社会保障制度比较健全，承包方即使失去了稳定的职业或者收入来源，一般也可以享受到城市居民最低生活保障等社会保障。如果允许承包方保留其承包地，就会使其既享有土地承包经营权，又享有城市社会保障，有悖于社会公平。此外，在设区的市，就业机会相对较多，承包方可以通过多种渠道实现非农就业，获得生活保障，其在农村享有的土地承包经营权，所具有的基本生活保障的功能大大弱化。而在我国农村，由于人多地少，大部分地区存在人地矛盾。为缓解农村人地矛盾、发展农村经济，在这种情况下，承包方应当将其承包的土地交回发包方，使留在农村的农民有较多的土地耕种。因此，"承包期内，承包方全家迁入设区的市，转为非农业户口的，应当将承包的耕地和草地交回发包方。承包方不交回的，发包方可以收回承包的耕地和草地。"根据规定，承包方全家迁入设区的市，转为非农业户口的，应当主动将承包的耕地和草地交回发包方，承包方不交回的，发包方可以收回承包的耕地和草地。交回的耕地和草地，应当用于调整承包土地或者承包给新增人口。

需要说明的是，承包方应当交回的承包地仅指耕地和草地，并不包括林地。因为林地的承包经营与耕地、草地的承包经营相比有其特殊性。林业生产经营周期和承包期比较长，投入大，收益慢，风险大。稳定林地承包经营权，有利于调动承包方植树造林的积极性，防止乱砍滥伐，保护生态环境。因此，对林地承包经营权不适用耕地和草地有关收回的规定，即使承包方全家迁入设区的市，转为非农业户口的，其承包的林地也不应当收回，而应当按照承包方的意愿，保留其林地承包经营权或者允许其依法进行林地承包经营权流转。

为使承包方在交回承包地或者发包方依法收回承包地时，对承包方已在承包地上投入的资产予以补偿，法律规定"承包期内，承包方交回承包地或者发包方依法收回承包地时，承包方对其在承包地上投入而提高土地生产能力的，有权获得相应的补偿。"如承包方对盐碱度较高的土地或者荒漠化的土地进行治理，使其成为较为肥沃的土地，在交回承包地时，发包方应当对承包方因治理土地而付出的投入给予相应的经济补偿。

（四）承包期内不得调整承包地

《农村土地承包法》规定，承包期内，发包方不得调整承包地。承包期内，因自然灾害严重毁损承包地等特殊情形，对个别农户之间承包的耕地和草地需要适当调整的，必须经本集体经济组织成员的村民会议，2/3 以上成员或者 2/3 以上村民代表的同意，并报乡（镇）人民政府和县级人民政府农业等行政主管部门批准。承包合同中约定不得调整的，按照其约定。具体要求如下。

1. 国家在法律中明确规定发包方在承包期内不得随意调整承包地，维护了土地承包关系的长期稳定，给农民吃了一颗定心丸。但在个别情况下，考虑到耕地的承包期为 30 年，草地的承包期为 30～50 年，在这样长的承包期内，农村的情况会发生很大的变化，完全不允许调整承包地也难以做到。如果出现个别农户因自然灾害严重毁损承包地、承包地被依法征用占用、人口增减导致人地矛盾突出等特殊情形，仍然不允许对承包地进行小调整，将使一部分农民失去土地，在目前农村的社会保障制度尚不健全、实现非农就业尚有困难的情况下，将使这部分农民失去最基本的生活来源，既有悖社会公平，也不利于社会稳定。因此，在特殊情形下，应当允许按照法律规定的程序，对个别农户之间的承包地进行必要的小调整。

2. "小调整"应当坚持以下原则：一是"小调整"只限于人地矛盾突出的个别农户，不能对所有农户进行普遍调整；二是不得利用"小调整"提高承包费，增加农民负担；三是"小调整"的方案，要经村民大会或村民代表大会 2/3 以上成员同意，并报乡（镇）人民政府和县（市、区）人民政府主管部门审批；四是绝不能用行政命令的办法硬性规定，在全村范围内几年重新调整一次承包地。1998 年修订的土地管理法第十四条第二款规定，在土地承包经营期限内，对个别承包经营者之间承包的土地进行适当调整的，必须经村民会议 2/3 以上成员或者 2/3 以上村民代表的同意，并报乡（镇）人民政府和县级人民政府农业行政主管部门批准。

3. 严格掌握"特殊情形"。主要包括以下几个方面：一是部分农户因自然灾害严重毁损承包地的；二是部分农户的土地被征收或者用于乡村公共设施和公益事业建设，丧失土地的农户不愿意"农转非"，不要征地补偿等费用，要求继续承包土地的；三是人地矛盾突出的。关于人地矛盾突出的，一般是指因出生、婚嫁、户口迁移等原因导致人口变化比较大，新增人口比较多，而新增人口无地少地的情形比较严重，又没有其他生活来源的，在这种情况下，允许在个别农户之间适当进行调整。在实践中，有些地方的做法是，新增人口按照先后次序排队候地，到调整期时"以生顶死"，在个别农户之间进行"抽补"，将死亡或者户口迁出的农民的土地调给新增人口，调整期一般为5～10年。上面所讲的允许调整承包地的"特殊情形"，仅仅是就一般情况而言，在实践中，各地应从严掌握，避免对承包地的随意调整。

4. "小调整"是对个别农户之间承包的土地进行小范围适当调整，即将人口减少的农户家庭中的富余土地调整给人口增加的农户。小调整只限于人地矛盾突出的个别农户，不能对所有农户进行普遍调整。在承包方发生了因自然灾害严重毁损承包地等特殊情形需要调整土地时，并不是必然发生对个别农户之间承包的耕地和草地进行调整。如果集体经济组织依法预留了机动地，或者有通过依法开垦等方式增加的土地，或者有承包方依法、自愿交回的土地，应当先用这些土地解决无地农民的承包地问题。用于调整承包地或者承包给新增人口的土地具体包括：集体经济组织依法预留的"机动地"；依法开垦的新增耕地；承包方依法、自愿交回的土地；发包方依法收回的土地等4种情况。只有在没有这些土地的情况下，才可以对个别农户之间承包的耕地和草地进行适当调整。

5. 允许进行小调整的土地仅限于耕地和草地，对于林地，即使在上述特殊情形下，也不允许调整。因为林地的承包经营与耕地、草地的承包经营相比有其特殊性。林业生产经营周期长，收益慢，风险大，承包期也较长。稳定林地承包经营权，有利于调动承包方植树造林的积极性，防止乱砍滥伐，保护生态环境。林地一般作为农民增收的手段，不像耕地那样，具有农民基本生活保障的功能。因此，对林地承包经营权不适用耕地和草地有关调整的规定，应当确保林地承包经营权的长期稳定。否则会导致林权不稳，出现新的林地纠纷和争议，导致乱砍滥伐，破坏森林资源。因此，林地不能调整。

6. 调整还应当经过一定的法定程序，未经法定程序不得进行调整。具体的法定程序是："必须经本集体经济组织成员的村民会议2/3以上成员或者2/3以上村民代表的同意，并报乡（镇）人民政府和县级人民政府农业等行政主管部门批准。"

7. "本集体经济组织成员的村民会议"的含义是，指村集体范围内的村民会议，即由村集体经济组织成员组成的村民会议；如果土地是由村内各集体经济组织或者村民小组发包的，这里的"村民会议"应当指村民小组范围内的村民会议，即由村民小组成员组成的村民会议。村民会议2/3以上成员，应当指组成村民会议的全体成员的2/3以上成员；2/3以上村民代表，应当指由村民代表组成的村民会议的全体代表的2/3以上代表。

8. 因特殊情形需要对个别农户之间的承包地进行调整，而承包合同中又约定不得调整的，按照其约定。即如果承包合同中约定不得调整的，也不得调整。这样规定既符合承包方的意愿，也有利于维护承包关系的长期稳定。当然，如果发包方和承包方尤其是承包方自愿协商变更的，可以按照变更后的承包合同办理。

（五）承包方可以自愿放弃承包土地

《农村土地承包法》规定，承包期内，承包方可以自愿将承包地交回发包方。承包方自愿交回承包地的，应当提前半年以书面形式通知发包方。承包方在承包期内交回承包地的，在承包期内不得再要求承包土地。

承包期内，承包方享有对土地的承包经营权。土地承包经营权是一种支配权，具有排除任何组织和个人干涉的效力，是一种物权，承包方可以自己行使，可以依法流转，也可以放弃，即自愿将承包地交回发包方。

承包方一般是在已有稳定的非农职业或者稳定的收入来源，不再依赖土地生活的情况下，才可能自愿将承包地交回发包方。如承包方在农村兴办乡村企业、进入城镇从事非农职业、老年人进城投靠子女等。是否交回承包地，何时交回承包地是承包方的权利，以承包方自愿为原则。但承包方自愿交回承包地的，应当提前半年以书面形式通知发包方。法律规定了自愿交回承包地的通知义务，主要是考虑能够让发包方对交回的土地做出使用上的安排，避免因承包方自愿交回而造成土地闲置。如果不规定承包方的通知义务，允许承包方可以随时交回承包地，假如承包方选择在农耕季节时交回，发包方就很难及时、有效地组织起生产，也很难及时将交回的土地再发包出去，就可能错过农耕季节，造成土地荒芜，浪费土地资源。规定承包方提前半年的通知义务，就给了发包方一个合理的准备期限，在此期限内，发包方可以根据实际情况选择集体经营，或者将土地发包给其他农户。规定承包方以书面形式通知发包方，有利于贯彻承包方"自愿"交回的原则，也可以避免事后发生纠纷。

承包方在承包期内交回承包地，也就是放弃了自己已经享有的土地承包经营权，在承包期内，承包方不得再要求承包土地。因此，承包方在交回承包地前，应当慎重考虑，只有在有了稳定的非农职业或者稳定的收入来源，确实不再需要依赖土地的情况下，才可以交回承包地。交回承包地后，如果因特殊情况失去了非农职业或者其他收入来源，需要耕种土地的，应当通过土地流转等方式解决，而不能再要求承包土地。

（六）家庭承包的继承

从我国的实际情况出发，为缓解人地矛盾、体现社会公平，对因承包人死亡、承包经营的家庭消亡的，《农村土地承包法》第三十一条规定：承包人应得的承包收益，依照继承法的规定继承。林地承包的承包人死亡，其继承人可以在承包期内继续承包。也就是家庭承包耕地草地的承包经营权不发生继承关系，其承包地不允许继承，应当由集体经济组织收回，并严格用于解决人地矛盾。但承包人应得的经营收益，如已收获的粮食、未收割的农作物等，作为承包人的个人财产，则应当依照继承法的规定继承。承包林地的承包人死亡后允许继承承包。

允许林地继承，与规定林地不得收回和调整的原因一致，主要是考虑到林地的承包经营与耕地、草地的承包经营相比有其特殊性。由于林业生产经营周期和承包期长、投资大、收益慢、风险大，也由于林木所有权的继承与林地不能分离，如果不允许林地继承，不利于调动承包人的积极性，还可能出现乱砍滥伐、破坏生态环境的情况。而且，承包人可能对林地做了长年、大量的投入，在刚刚开始获得收益时去世，不允许其继承人继承，也是不合理的。因此，林地承包人死亡的，其继承人可以在承包期内继续承包。林地的继承也应当按照继承法的规定继承。无论继承人另有林地承包经营权，或是在另一农村集体经济组织落户，还是取得城市户口、在城市就业，在承包期内都有权继承。应当注意的是，同耕地和草地一样，集体经济组织内部人人有份的林地承包也是以户为生产经营单位的，家庭中部分成员死亡的，也不发生继承的问题，应由家庭中的其他成员继续承包。

继承开始后，按照法定继承办理：有遗嘱的，按照遗嘱继承或者遗赠办理；有遗赠扶养协议的，按照协议办理。法定继承的，继承开始后，由第一顺序继承人继承，包括配偶、子女、父母，第二顺序继承人不继承。没有第一顺序继承人继承的，由第二顺序继承人继承，包括兄弟姐妹、祖父母、外祖父母。继承人可以是本集体经济组织的成员，也可以不是本集体经济组织的成员。承包人应得的承包收益，自承包人死亡时开始继承，而不必等到承包经营的家庭消亡时才开始继承。

三、承包方的土地承包经营权

(一) 土地承包经营权的内容

土地承包经营权是承包方依法享有的一项最重要的权利，其内涵是十分丰富的。根据《农村土地承包法》第十六条第二款的规定，承包方享有的土地承包经营权具体包括下列各项权利：使用承包地的权利；组织生产经营的自主权和处置产品的权利；获得经营收益权的权利；流转土地承包经营权的权利。

1. 依法对承包地享有使用的权利

农村土地承包经营权设立的目的，就在于让承包人在集体的土地上进行耕作、养殖或者畜牧。因此，承包人在不改变土地用途的前提下，有权对其承包的土地进行合理且有效的使用，并有权获取土地的收益。从事农业生产的方式、种类等均由承包人自行决定，其他任何第三人都无权进行干涉。对承包土地的使用不仅仅表现为进行传统意义上的耕作、种植等，对于因进行农业生产而修建的必要的附属设施，如建造沟渠、修建水井等构筑物，也应是对承包土地的一种使用。所修建的附属设施的所有权应当归承包人享有。

2. 依法获取承包地收益的权利

收益权就是承包方有获取承包地上产生的收益的权利，这种收益主要是从承包地上种植的农作物以及养殖畜牧中所获得的利益，例如，果树产生的果实，粮田里产出的粮食。无论是从土地利用效率的角度，还是从生存保障的角度，承包方对承包地享有的收益权，都是农村集体土地家庭承包制度的重要内容。

3. 自主组织生产经营和处置产品的权利

自主组织生产经营是指农户可以在法律规定的范围内，决定如何在土地上进行生产经营，如选择种植的时间、品种等；产品处置权是指农户可以自由决定农产品是否卖，如何卖，卖给谁等。发包方和相关的行政管理部门，可以对农户的生产提供指导性的建议或者提供各种生产、技术、信息等方面的服务，但应当尊重承包方的生产经营自主权，不得干涉承包方依法进行正常的生产经营活动，不得违背农民意愿强制农户种植某种作物。

4. 依法进行土地承包经营权流转的权利

承包方对土地承包经营权依法进行流转，是承包方对承包地权利的一个重要体现，这有利于农村经济结构的调整，也有利于维护农村土地承包关系的长期稳定。国家保护承包方依法、自愿、有偿地进行土地经营权的流转。任何组织或个人不得强迫或者阻碍承包方进行土地承包经营权的流转。承包期内，发包方不得以单方面解除承包合同，或者假借少数服从多数强迫承包方放弃或者变更土地承包经营权，而进行土地承包经营权流转，不得以划分"口粮田"和"责任田"等为由收回承包地搞招标承包，不得将承包地收回抵顶欠款。

（二）发包方有义务维护承包方的土地承包经营权

1. 发包方的义务

一是维护承包方土地承包经营权，不得非法变更解除承包合同。国家实行农村土地承包经营制度，这是一项基本国策。法律保护农民的承包经营权，我国民法通则、农业法、土地管理法等法律，对农民的土地承包经营权的保护都做了规定。任何组织和个人，不得剥夺和非法限制农村集体经济组织成员承包土地的权利。农村集体组织成员依法享有的土地承包经营权，是通过签订土地承包合同来体现的。因此，发包方有义务维护承包方的土地承包经营权，不得非法变更、解除承包合同。

二是尊重承包方的生产经营自主权，不得干涉承包方依法进行正常的生产经营活动。生产经营自主权是承包方自主安排生产、自主经营决策的权利，是承包权的最重要的内容。发包方有义务尊重承包方的生产经营自主权，不得干涉承包方依法进行的正常的生产经营活动。

三是依照承包合同约定为承包方提供生产、技术、信息等服务。我国实行的以家庭经营为基础、统分结合的双层经营体制，"统"的含义就是要求集体经济组织要做好为农户提供生产、经营、技术等方面的统一服务。发包方有义务帮助承包方搞好生产经营，提供生产、技术、信息服务。单独的农户在水利排灌、农机推广、机械作业（大型播种、收割机械作业等）、生产资料（化肥、种子等）、道路设施、农业技术等方面的信息来源渠道少，也没有足够的能力去解决。集体统一运作更符合规模效应。在农村推广土地承包制度以来，由于土地承包到户了，有些村集体原来掌握的机械、排灌设施等集体资产或者分掉了，或者闲置起来了。由于人均土地较少，承包户一般不需要大型农业机械。随着农村经济的发展，一些农民购置了小型机械，也不依赖村集体。现实中自给自足、生产率低下的小农经济仍大量存在。这种状况不利于农业生产力水平的提高和农村经济的发展。农村基础设施建设、大型机械的采用和科学种田，对提升农业经济发展水平是必须的。而且，村集体经济组织也有条件提供服务。因此，非常有必要由发包方发挥统的功能作用，来解决规范服务和科学经营问题。

四是执行县、乡（镇）土地利用总体规划，组织本集体经济组织内的农业基础设施建设

农业基础设施建设与土地利用总体规划有关，但又是一个相对独立的问题。农业基础设施建设一般包括农田水利建设，如防洪、防涝、引水、灌溉等设施建设，也包括农产品流通重点设施建设，商品粮棉生产基地，用材林生产基地和防护林建设，也包括农

业教育、科研、技术推广和气象基础设施等。农业基础设施建设对于农业的发展意义重大，也是"统一经营"的重要内容之一，并且与承包方有密切关系，农村集体经济组织有义务，组织本集体经济组织内的农业基础设施建设。

五是农业法、土地管理法、森林法、草原法等法律以及国务院的行政法规法律、行政法规规定的其他义务。

2. 发包方的权利

发包方依法承担维护承包方的土地承包经营权的义务，当然也享有法律规定的权利。根据《承包法》第十三条的规定，农民集体经济组织、村民委员会或者村民小组作为农村土地的发包方，应当享有法律赋予的发包权、监督权和制止承包方损害承包地及农业资源行为的请求权。发包方行使这些权利：一方面是维护集体土地所有权，保护农民集体所有的土地资源；另一方面也可以认为是维护本集体经济组织其他承包方的土地承包经营权。具体规定如下：①依法发包本集体所有的或者国家所有依法由本集体使用的土地；②监督承包方依照承包合同约定的用途合理利用和保护土地；③制止承包方损害承包地和农业资源的请求权；④发包方享有的其他权利。

（三）任何人都有义务维护承包方的土地承包经营权

根据我国《物权法》和《民法通则》的规定，农民的土地承包经营权是农民的一项财产权利，这就赋予了土地承包经营权的性质。根据物权法的一般理论，物权具有保护的绝对性的特点，即物权属于可以要求一切人对其标的物的支配状态予以尊重的权利，是一种绝对权或者对世权。因此，在承包方依法享有的土地承包经营权范围内，非经承包方的同意，任何人都不得非法干预承包方行使自己的权利。

《农村土地承包法》除了对发包方维护承包方的土地承包经营权作了明确的规定外，还对国家机关及其工作人员维护承包方的土地承包经营权作了明确规定。《农村土地承包法》第二十二条规定，国家机关及其工作人员不得利用职权非法干预农村土地承包或者变更、解除承包合同。违反规定变更、解除承包合同的，应当按照《农村土地承包法》第六十一条的规定承担法律责任。

（四）承包方的其他法定权利

承包方依照《农村土地承包法》第十五条的规定，除依法享有土地承包经营权外，还享有以下两项权利：①根据《农村土地承包法》第十六条第二款的规定，承包地被依法征用、占用的，承包方有权获得相应的补偿；②法律、行政法规规定的其他权利。

案例连接 3：

调整土地不能依照"村规民约"

案情概述

2007 年 8 月，某村赵某等村民上访，反映该村按照"增人增地、减人减地"的村规民约进行土地调整，侵犯了村民的土地承包经营权，要求依法保留或取得承包地。他们的具体问题是：

村民赵某甲反映：其母 2003 年去世，其女 2004 年迁入户口。要求其母亲的承包地不能退，其女儿应分得土地。

村民郑某甲反映：儿子 2004 年去世，儿媳 2005 年改嫁迁出，孙女 4 岁未得到土地。要求其儿子的承包地不能退，其孙女应分得土地。

村民赵某乙反映：儿子 2004 年 9 月参加工作。要求其儿子的承包地不能退。

村民郑某乙反映：其父 2005 年因车祸伤亡，同年又生一个孩子。要求其父亲的承包地不能退，新添孩子应分得土地。

村民王某反映：其女 2000 年与某农场职工结婚，至今在外地打工，户口始终未迁出。要求其女儿的承包地不能退。

村民贺某反映：其女 2006 年与外村村民结婚，户口虽然迁出，但在对方没有取得承包地。要求其女儿的承包地不能退。

以案说法

《农村土地承包法》第十四条规定，发包方应维护承包方的土地承包经营权，不得非法变更、解除承包合同；第二十条规定，耕地的承包期为 30 年；第二十七条规定，承包期内，发包方不得调整承包地。《山东省实施中华人民共和国农村土地承包法办法》第十二条规定：承包期内，妇女结婚，在新居住地未取得承包地的，发包方不得收回其原承包地；妇女离婚或者丧偶，仍在原居住地生活或者不在原居住地生活，但在新居住地未取得承包地的，发包方不得收回其原承包地。发包方不得以村规民约为由侵犯妇女的土地承包权益。

村规民约必须建立在国家法律法规的基础上。显然，该村依据村规民约进行土地小调整，不仅侵犯了农民土地承包经营权，而且影响了农村社会的稳定，违反了农村土地承包相关法律法规，该村做法是错误的，应予纠正。

处理结论

当地镇政府及时组成工作组，反复进行调解，稳定了村民的情绪，并在县经管办的指导下，依据农村土地承包的法律法规，针对村民反映的问题，逐一进行了深入调查和处理。

一、村民赵某甲：其母亲在土地承包期内死亡，属于家庭成员自然减少，不收回承包地；其女儿在《中华人民共和国农村土地承包法》实施之后户口迁入本村，因村集体无地可调暂不分承包地。

二、村民郑某甲：其儿子在土地承包期内死亡，属于家庭成员自然减少，不收回承包地；其儿媳再婚后已于 2006 年在新居住地取得承包地，其承包地依法收回；收回的土地由其孙女承包。

三、村民赵某乙：其儿子虽然已经就业，但是根据《农村土地承包法》立法精神，承包地不予收回。

四、村民郑某乙：其父亲在土地承包期内死亡，属于家庭成员减少，不收回承包地；新添 2 个孩子 2004 年以后出生，因村集体无地可调，暂不分承包地。

五、王某：其女儿虽然 10 年前外出，但户口始终未迁出，且在新居住地未取得承包地，其女儿承包地不予收回。

六、贺某：其女儿因结婚虽然户口已经迁出，但是在新居住地没有取得承包地，其女儿的承包地不予收回。

案例连接 4：

村委收回农户家庭承包地应当依法纠正

案情概述

某村李先生等人上访反映，该村抽回村民延包 30 年的承包地 200 亩，重新发包给其他人经营，并收取承包费。

李先生要求：将 200 亩土地返还给村民承包经营。

以案说法

《农村土地承包法》第十四条规定，维护承包方的土地经营权，不得非法变更、解除承包合同。承包方依法承包后，取得的土地承包经营权，是承包方享有的一项独立的权利，受到国家法律保护。发包方不得侵犯承包方的土地经营权。

第二十六条规定"承包期内，发包方不得收回承包地。"发包方有义务维护承包方的土地经营权，不得非法解除、变更土地承包合同。第五十四条："违犯本法规定收回、调整承包地应当承担停止侵害、返还原物、恢复原状、排除妨害、赔偿损失等。"

处理结论

一、该村将延包 30 年的承包土地收回作为机动地，重新发包收取费用的做法，违反了《农村土地承包法》和《山东省实施〈农村土地承包法〉办法》的有关规定，必须依法纠正。

二、鉴于现在承包农户已种上了农作物，待收获季节过后，将抽回的 200 亩土地严格按法律法规退回给原承包户。

三、对于村委收取的承包费，按实收数退还给原土地承包户。

第三节　农村土地发包

一、农村土地发包主体

农民集体所有的土地依法属于村农民集体所有的，由村集体经济组织或者村民委员会发包；已经分别属于村内两个以上农村集体经济组织的农民集体所有的，由村内各该农村集体经济组织或者村民小组发包。村集体经济组织或者村民委员会发包的，不得改变村内各集体经济组织农民集体所有的土地的所有权。

国家所有依法由农民集体使用的农村土地，由使用该土地的农村集体经济组织、村民委员会或者村民小组发包。

（一）农民集体所有土地发包方的确定

一是农民集体所有的土地，依法属于村农民集体所有的，由村集体经济组织或者村民委员会发包。

这里的"村"指行政村，即设立村民委员会的村，而不是指自然村。农民集体所有的土地，依法属于村农民集体所有是指属于行政村农民集体所有。

农民集体所有的土地，由村集体经济组织或者村民委员会发包。这是因为我国实行农村土地承包经营制度以后，有些村没有集体经济组织，难以完成集体所有土地的发包工作，需要由作为村民自治组织的村民委员会来行使发包土地的职能。因此，如果该村有集体经济组织，就由集体经济组织发包；如果没有集体经济组织，则可以由村民委员会发包。

二是已经分别属于村内两个以上农村集体经济组织的农民集体所有的，由村内各该农村集体经济组织或者村民小组发包。这里的村民小组是指行政村内由村民组成的组织，它是村民自治共同体内部的一种组织形式，相当于原生产队的层次。已经分别属于村内两个以上农村集体经济组织的农民集体所有的土地，是指该土地原先分别属于两个以上的生产队，现在其土地仍然分别属于相当于原生产队的各该农村集体经济组织或者村民小组的农民集体所有。

已经分别属于村内两个以上农村集体经济组织的农民集体所有的，由村内各该农村集体经济组织或者村民小组发包。这也是根据谁所有谁发包的原则确定的。目前，有许多村民小组并没有设立集体经济组织，则可以由村民小组发包。

三是村集体经济组织或者村民委员会发包的，不得改变村内各集体经济组织农民集体所有的土地的所有权。

这里的"村内各集体经济组织农民集体所有的土地"，指的是前面提到的"已经分别属于村内两个以上农村集体经济组织的农民集体所有的"土地。按照谁所有谁发包的原则，应当由村内各该农村集体经济组织或者村民小组发包。但是，许多村民小组也不具备发包的条件，或者由其发包不方便，实践中由村集体经济组织或者村民委员会代为发包。虽然由村集体经济组织或者村民委员会代为发包，但并不能因此改变所有权关系。

（二）国家所有依法由农民集体使用的农村土地

国家所有依法由农民集体使用的农村土地，虽然所有权不属于使用该土地的农民集体，由于是作为农村土地由农民集体使用从事农业生产的，法律规定也实行承包经营。此类土地由国家发包没有必要，也不现实，因此规定由农村集体经济组织、村民委员会或者村民小组发包。具体由谁发包，应当根据该土地的具体使用情况而定。由村农民集体使用的，由村集体经济组织发包，村集体经济组织未设立的，由村民委员会发包。由村内两个以上集体经济组织的农民集体使用的，由村内各集体经济组织发包，村内各集体经济组织未设立的，由村民小组发包。村内各集体经济组织或者村民小组发包有困难或者不方便的，也可以由村集体经济组织或者村民委员会代为发包。

二、农村土地家庭承包合同

1. 合同条款

发包家庭承包地，发包方应当与承包方签订书面承包合同。一般包括以下条款：第一，发包方、承包方的名称，发包方负责人和承包方代表的姓名、住所；第二，承包土地的名称、坐落、面积、质量等级；第三，承包期限和起止日期；第四，承包土地的用途；第五，双方的权利和义务；第六，违约责任。

2. 农村土地家庭承包合同特征

一是合同的主体是法定的。发包方是与农民集体所有土地范围相一致的农村集体经济组织、村委会或者村民小组。土地依法属于村农民集体所有的，由村集体经济组织或者村民委员会发包；已经分别属于村内两个以上农村集体经济组织的农民集体所有的，由村内各该农村集体经济组织或者村民小组发包。国家所有依法由农民集体使用的农村土地，由使用该土地的农村集体经济组织、村民委员会或者村民小组发包。承包方是本集体经济组织的农户。二是合同内容受到法律规定的约束，有些内容不允许当事人自由约定。如：对于耕地的承包期，法律明确规定为30年。再如：对于承包地的收回等，法律都有明确规定。这些内容都不允许由当事人自由约定。三是土地承包合同是双务合同。发包方应当尊重承包方的生产经营自主权，为承包方提供生产、技术、信息等服务，有权对承包方进行监督等；承包方对承包地享有占有、使用、收益和流转的权利，应当维持土地的农业用途，保护和合理利用土地等。四是合同属于要式合同。双方当事人签订承包合同应当采用书面形式。

3. 家庭土地承包合同的形式

家庭土地合同的形式，是指当事人订立合同所采取的形式，包括书面形式、口头形式和其他形式。民法通则规定，民事行为可以采取书面形式、口头形式或者其他形式。法律规定用特定形式的，应当依照法律规定。合同法规定，当事人订立合同，有书面形式、口头形式和其他形式。法律、行政法规规定采用书面形式的，应当采用书面形式。当事人约定采用书面形式的，应当采用书面形式。我国有的法律中明确规定合同采用书面形式。土地承包经营权是我国农民的最重要的权利之一，涉及亿万农民的切身利益，关系到农业、农村经济发展和农村社会稳定。而且目前侵犯土地承包经营权的情况比较多。采用书面形式明确肯定，有据可查，有利于明确双方的权利义务，有利于防止争议和解决纠纷，也有利于对农村土地承包的规范和承包合同的管理。在现实中，农村土地承包合同普遍采用书面形式订立。书面形式一般指以文字等可以有形地再现内容的方式达成的协议。

4. 家庭土地承包合同规定的用途

承包土地只能用于农业。对于"农业"的范围，农业法中规定：农业所包括的概念内容具体指种植业、林业、畜牧业和渔业。土地管理法规定，农民集体所有的土地由本集体经济组织的成员承包经营，从事种植业、林业、畜牧业、渔业生产。因此，承包土地只能用于从事种植业、林业、畜牧业和渔业生产。

三、农村机动地

1. 农村机动地管理使用现状

机动地是在《农村土地承包法》实施以前，一些地方在第一轮土地承包中为解决人地矛盾、减少土地承包次数或解决村集体经济组织开支需要等问题，而由村集体经济组织在按户发包之外而预留的部分耕地。这部分耕地自留取以来，一直成为农村土地承包管理的焦点之一。近年来，各地较为突出的问题：机动地预留面积过大，发包不公平、不透明，将机动地用于抵顶干部工资或进行集体举债，长期限、高价发包，用于商业与金融抵押，导致农村机动地管理难、使用乱等问题。对于发生这些问题的根本原因，比较统一的认识是在于人们对其本质作用，缺乏正确认识和深层分析，操作安排上缺乏正确目标和规范机制，在有意或无意中造成了不应有的问题。

2. 农村机动地的本质作用

国家对农村机动地问题一直极为重视和关注。中央在 20 世纪 90 年代中期开始部署二轮土地承包，1997 年，以中办发〔1997〕16 号文件对农村机动地继续认同，但同时提出了必须严格控制的要求，即严格控制在总耕地总面积 5% 的限额之内，并严格用于解决人地矛盾。2002 年，全国人大颁布的《农村土地承包法》第六十三条，对各地已留存机动地的现状又予以了法律确认，并进一步规定了两个"不得"：原来预留比例不足 5% 的，"不得再增加机动地"；原来未留的"本法实施后不得再留机动地"。从中央认同留存机动地到《农村土地承包法》确认可以看出，国家对农村机动地的要求是管理逐步严格、用途具体明确，已经把机动地的本质作用界定为"严格用于解决人地矛盾"，以保证未来新增人口的基本生活与生存需要。《农村土地承包法》第二十八条规定，集体经济组织依法预留的机动地，应当用于调整承包土地或者承包给新增人口。该条规定说明，预留机动地的初衷在于应对因人口变化、征占土地、自然灾害等各种特殊情形发生时，而导致的人地矛盾问题。这一作用的界限有着比较明确的内涵：已均分延包到户的土地用来保证现有人口的基本生活与生存需要，而机动地则是用来保证未来新增人口（包括新出生人口、婚嫁迁入人口、外部返乡人口等符合集体组织承包主体资格人员）的基本生活与生存需要，管理上具有明显的储备特征。延包到户土地与机动地的基本区别主要在于，能否事先确定发挥作用的时间。据此分析，目前许多地方在机动地管理使用上的上述种种处置，都是与国家法律规定的实质内涵相违背的：将机动地用于抵顶干部工资和集体债务，似乎暂时解决了集体开支与偿债压力，但改变了本质用途，破坏了机动地的安排秩序，导致依法补地人口不能按时取得土地承包经营权；用于长期限高价发包，虽然能给集体带来一定的经济收益，但不仅改变了本来用途，而且还忽视了机动地作为未来新增人口的基本保障手段，所具有的储备性特征使机动地失去了预留的社会价值。2004 年 7 月，山东省人大在《山东省实施〈农村土地承包法〉办法》第十五条规定中，要求机动地在未用于调整之前，对外承包期不得超过 3 年，实际上就是对机动地本质作用而作出的时限保证，是对机动地在规范使用与灵活管理上的最长时间底线。

3. 机动地规范管理要求

加强对机动地的规范管理，不仅是今后农村土地承包管理工作的重要任务，而且受到诸多因素的干扰。从各地实践看，主要应在法规制度、发包规范、登记管理等几个环节上很下工夫：一是细化明确机动地的法定作用。以农村机动地的本质作用为根本依据，依法细化相关的使用范围、承包增补办法、量化的标准、界限等管理规范。对依法留取但增补剩余的，各发包主体应结合未来新增人口增长速度，制定列出今后增补人口承包地或依法进行个别调整的时间表，明确临时发包的程序规则，保证新增人员随补随用。对二轮延包以来已经安排使用的，应按使用安排情况进行全面或部分核实检查，认真纠正存在的偏差，改进管理使用规范。二是依法严格控制机动地的规模比例。只能在耕地承包中保留机动地，并主要用于解决人地矛盾，保留比例必须控制在耕地总面积的5%之内，超出的部分要按公平合理的原则分包到户，其他的发包地一律不得保留。三是严格机动地发包规范。对原来已发包机动地，大多数农民满意的，应当维持原合同不变。大多数农民有意见的，应由农村土地承包合同主管部门，配合同级人民政府进行调查核实。确实存在问题的，应按相关规定修订承包合同，理顺承包关系，完善承包规范。机动地发包使用必须符合各项相关的法律规定，如：全部实行公开竞价发包，原则上一年一发包，农户承包的机动地不得再转包，同等条件下要优先发包给本集体经济组织成员，保证农村机动地的经营用途，承包户承包后只能用于农业生产经营，不得从事非农建设或经营等。四是建立使用管理登记台账。在人地矛盾集中明显的地区，以及城郊建设与农村经济发展结合地区，人们对机动地问题普遍的关注和敏感，为防止发生经常性的误会、矛盾或纠纷，村集体或村委会应当建立完善"机动地发包、调整销号登记簿"，按年度记录机动地储备数量、临时发包、调整增补等管理使用状况。同时，将机动地管理运行信息作为村务公开的重要内容，及时向群众进行民主公开。五是逐步淡化机动地概念。留取机动地是各地在农村土地延包过程中，为缓解人地矛盾而采取的权宜之计，随着承包关系的规范完善及农村社会经济的稳定发展，其初衷的作用将渐进消失，且在实践操作中，国家法律亦不坚定支持，最终方向是自行终止。因此，在《农村土地承包法》实施以来，或者今后继续开展第二轮土地延包的（整改扫尾工作），按规定要求，不得以任何理由和任何方式变相再留取机动地，在这些地方和这些情况下，不再考虑安排机动地事宜，不再产生或强化"机动地"概念。从源头上消除全社会对当前机动地的认识解读和打算安排，彻底净化我国法定的农村土地承包关系。六是继续依法开发农村土地承包专项治理。2007年，国务院转发农业部国土资源部等七部委《关于开展全国农村土地突出问题专项治理的通知》，提出八项治理重点，检查机动地发包与民主管理情况是其中重要一项。但有些地方至今没有开展或开展的效果、力度不明显，这在很大程度上影响了农村机动地管理工作的正常运行。因此，凡是目前没有开展专项治理或没有认真组织专项治理的地方，都应根据国务院《通知》要求，继续依法按程序进行治理整改。通过专项治理，切实纠正整改各项明显违法行为和现实性问题，充分保证和不断提高政府、相关部门以及农村基层干部在农民群众中的公信力。

案例连接 5：

适宜家庭承包的"四荒地"到期后应视作机动地

案情概述

某村部分村民到市反映：村委会 2001 年 9 月，将本村 400 多亩荒碱地以公开招标的方式，承包给 50 余户村民。2011 年 9 月合同到期后，村委会向承包户下达交回承包地的书面通知，将收回的土地进行了重新招标承包。其中，200 多亩地以每亩每年 800 斤小麦的底价，承包给一名外地人员，用于林木种植项目；另外 200 多亩地在村内进行了招标承包，并与承包户签订了合同。

上访村民要求：把 400 多亩地按人均分到户。

以案说法

一、《农村土地承包法》第三条规定，国家实行农村土地承包经营制度。农村土地承包采取农村集体经济组织内部的家庭承包方式，不宜采取家庭承包方式的荒山、荒沟、荒丘、荒滩等农村土地，可以采取招标、拍卖、公开协商等方式承包。

根据上述规定，适宜家庭承包的土地，应采取农村集体经济组织内部的家庭承包方式承包，不适宜家庭承包的"四荒地"等，可以采取招标等其他承包方式承包。该村 2001 年招标发包的 400 多亩荒地，经过承包户 10 年的开发，已经成为可种植粮食作物的耕地，且成方连片、面积较大，适宜家庭承包，合同期满应由村集体依法收回并实行家庭承包。

二、《农村土地承包法》第六十三条规定："本法实施前已经预留机动地的，机动地面积不得超过本集体经济组织耕地总面积的 5%。不足 5% 的，不得再增加机动地。《农村土地承包法》实施前未留机动地的，实施后不得再留机动地"。

该村将收回的承包地再次招标承包，与国家土地承包政策不符。

三、《山东省实施〈中华人民共和国农村土地承包法〉办法》第十五条规定：下列土地应当用于调整土地或者承包给新增人口：

（一）集体经济组织依法预留的机动地；

（二）集体经济组织通过依法开垦、复垦等方式增加的；

（三）承包方依法、自愿交回的；

（四）发包方依法收回的。

前款所列土地的调整，必须经过本集体经济组织成员的村民会议 2/3 以上成员或者 2/3 以上村民代表的同意。

按照上述规定，该村依法收回的承包地应当用于调整承包土地或者承包给新增人口。

处理结论

1. 该村将依法收回的适宜家庭承包的土地进行招标承包的行为，违反了国家土地承包法律法规，应予纠正。

2. 该村合同期满收回的400多亩土地，应按《中华人民共和国农村土地承包法》第三条和《山东省实施〈中华人民共和国农村土地承包法〉办法》第十五条规定，实行家庭承包的方式，用于调整承包土地或者承包给新增人口。土地的调整，必须经过村民会议2/3以上成员或者2/3以上村民代表的同意。

案例连接6：

依法处理专业承包已到期土地的确权

案情概述

2008年某村部分村民反映：村集体以承包地到期为由，要收回承包地另行分配。村民要求村委终止其行为。

事实是该村于20世纪80年代末，统一规划上了一片梨树，原本按人分配，但有的农民因水果不挣钱，不愿承包，因此由部分村民承包经营。但在经营过程中，不少村民将果树砍掉种植了粮食作物，个别的改种了苹果树。2008年合同到期，村民要求重新割分土地，但这部分经营户不同意，因此提起上访。

以案说法

《农村土地承包法》实施后，在历次的检查中，发现不少村存在这种情况。《山东省实施〈中华人民共和国农村土地承包法〉办法》第十三条规定"发包方预留的机动地面积超过本集体经济组织耕地总面积的百分之五的，应当自本办法实施之日起一年内调整至百分之五；不足百分之五的不得再增加机动地"。第三十三条进一步规定：以家庭承包方式发包农村土地，未按照本集体经济组织成员人数平均分配、发包到户的，责令其限期改正。

处理结论

（1）村委在合同到期后，对村以其他方式承包的超标机动地进行整改，应予以支持。

（2）在进行整改时，要做好原经营户的工作，大力宣传国家的法规政策。

（3）在土地进行重新分配时，要充分考虑以不破坏生产力为前提，对土地可按粮田、果园进行分类确权。对粮田可直接分包到户（包括给新增人口补地），而对果园则可协调有关农户通过土地流转，解决享有土地承包权的农户与现实经营户的利益平衡问题，达到效益的最大化。

第四节 其他方式的承包

一、家庭承包与其他方式承包的区别

根据承包地的基本功能不同和其他方面的区别,《农村土地承包法》将农村土地承包分为两类,即家庭承包和其他方式的承包。其中,以集体经济组织内部的农户为承包方,按照统一安排进行的人人有份的土地承包,属于家庭承包;以招标、拍卖等其他各种方式进行的承包,属于其他方式的承包。将农村土地承包区分为家庭承包与其他方式的承包,是《农村土地承包法》的一个重要特征。准确理解这种区分,也是理解该法的关键之一。

家庭承包与其他方式的承包,存在如下区别。

一是承包方不同。家庭承包的承包方只能是本集体经济组织内部的农户,并且以户为单位进行承包。

二是承包的对象和功能不同。家庭承包的对象主要是耕地、林地和草地,家庭承包地在今后都将具有强烈的福利和社会保障功能,是承包户最可靠的生活保障。其他方式承包的对象,主要是不适宜实行家庭承包的土地,包括不宜实行家庭承包的"四荒"(荒山、荒沟、荒丘、荒滩)以及果园、茶园、桑园、养殖水面以及其他小规模的零星土地,承包的土地通常不具有福利和社会保障功能。

三是承包土地的具体方法和原则不同。家庭承包在具体承包土地时,通常根据本集体经济组织的土地、人口数量确定该农户应当承包的土地面积,以户为单位进行承包。承包的基本原则是公平,本集体经济组织成员人人有份。其他方式的承包不是人人有份的平均承包,而是将不适宜家庭承包的土地,通过招标、拍卖、公开协商等更市场化的方法,选择最有经营能力的人承包,承包的原则是效率优先,兼顾公平。

四是确定当事人权利义务的方式不同。家庭承包不仅要按照法律规定的方式确定双方当事人权利义务,而且发包方、承包方的权利义务的具体内容,也不能任由双方当事人协商确定,而必须遵守法律的具体规定,即《农村土地承包法》第十三条、第十四条和第十六条、第十七条的规定,当事人不能通过协商变更这些内容。其他方式的承包,双方当事人可以按照法律规定的方式,通过平等协商达成一致,确定双方的权利义务、承包期限等具体内容。因此,不同承包方的权利和义务各不相同;承包期有长有短,既有长期承包(如承包期为 50 年),也有一些短期、临时性承包(3 年、一年等)。

五是权利的保护方式不同。对家庭承包取得的土地承包经营权,按照物权方式予以保护,法律不仅明确规定了双方当事人的权利义务,并且规定,在承包期内,发包方原则上不得调整、收回承包地;承包方取得的土地承包经营权可以依法、自愿、有偿流转;侵害土地承包经营权的,应当依法承担停止侵害、返还原物、恢复原状况、消除危险、赔偿损失等民事责任。对其他方式承包,则按照债权方式予以保护,承包方通常只享有债权请求权,请求损害赔偿。

二、其他方式承包合同

其他方式承包的主要特点是，承包方是本集体经济组织成员，也可以是本集体经济组织以外的单位和个人，同等条件下本集体经济组织成员享有优先权；承包合同的主要内容包括双方当事人的权利义务、承包期限、承包费等，由双方当事人协商确定。《农村土地承包法》主要针对这些特点进行规范，其他方面依据一般法律规定。

（一）承包方

根据《农村土地承包法》第四十八条的规定，以其他方式承包"四荒"等农村土地，主要是本集体经济组织成员，但经过本集体经济组织大多数成员同意，也可以承包给本集体经济组织以外的单位和个人。因为在有些地方，本集体经济组织成员没有足够的资金、技术、劳动力承包其他土地，由集体经济组织以外的单位和个人承包经营，可以尽快进行治理和开发利用，避免"四荒"等土地资源长期闲置浪费。

（二）承包合同的形式

根据《农村土地承包法》第四十五条的规定，以其他方式承包农村土地，应当签订承包合同。一般来说，双方当事人应当签订书面承包合同，确定当事人的权利和义务，明确承包期限、承包费等。不过，在实际工作中，有些农民短期或者临时承包小鱼塘、小块荒地等土地时，没有签订书面承包合同，口头合同也是合法有效的。当然，当发生合同纠纷时，请求保护的一方当事人要有坚实的证据。

（三）承包合同的主要内容

与家庭承包不同，以其他方式承包农村土地是平等的民事主体之间的民事法律行为，双方当事人地位平等。因此，双方当事人的权利和义务、承包期限等，均由双方当事人协商确定。以招标、拍卖方式承包的，承包费通过公开竞标、竞价确定；以公开协商等方式承包的，承包费由双方议定。采用其他方式承包农村土地签定承包合同，须符合国家法律规定，不能随意进行；否则，所签订的承包合同无效。一般来讲具有下列情况之一的承包合同属无效合同：属于违反国家法律、行政法规强制性规定的；违背自愿原则的，采取欺诈、胁迫或其他不正当手段签订的；恶意串通损害国家、集体利益、第三人利益和社会公共利益的；发包方案未经民主程序决议通过并报乡镇人民政府备案的，以及发包人无权发包的。

（四）本集体经济组织成员享有优先承包权

《农村土地承包法》第四十七条规定：以其他方式承包农村土地，在同等条件下，本集体经济组织成员享有优先承包权。这是因为"四荒"等土地资源属本集体经济组织的全体成员所有，再加上山区丘陵地区耕地面积小，"四荒地"等土地又是广大农民赖以生存和发展的基本资源和物质基础。所以，为了维护本集体经济组织成员的权益，以其他方式承包的"四荒地"等农村土地的，在同等条件下，即在资金、技术、承包费和其他条件大体相当的情况下，本集体经济组织成员应当享有优先权，优先于本集体经济组织以外的单位和个人承包土地。

所谓同等条件，即本集体经济组织内部成员和外部竞包者同时参与承包权的竞争，在两者管理水平、技术力量、资金状况、信誉状况、承包费用等条件相当的情况下，本集体经济组织内部成员优先取得该土地的承包权。在两者资信、技术等条件有所差异的情况下，当然应采取择优选用的标准，而绝不是当然的将土地包给条件处于劣势的本集体经济组织内部成员。否则就违背了招标、拍卖、公开协商所强调的公开性、公正性和程序性的原则。因此，不能简单地认为在以其他方式承包土地的情况下，本集体经济组织内部成员一定享有优先权，这里的优先是以"同等条件"为前提的。在与本集体经济组织外的单位或个人竞争承包权时，本集体经济组织内部成员与外部竞争者，具有同等的竞争条件时，发包方才可将土地优先承包给本集体经济组织内部成员。

三、"四荒"承包治理

"四荒"承包治理是其他方式承包的主要内容，各地在"四荒"承包实践中已经积累了比较丰富的经验，国务院分别于1996年和1999年专门要求，对"四荒"承包治理加以规范和引导。《农村土地承包法》对"四荒"土地承包也作出了原则性规定。

1. "四荒"的范围

1999年国务院办公厅发布《关于进一步做好治理开发农村"四荒"资源工作的通知》明确，"四荒"是指荒山、荒沟、荒丘、荒滩，包括荒地、荒沙、荒草和荒水等，并且进一步指出："四荒"必须是集体经济组织所有的、未利用的土地；耕地、林地、草地以及国有未利用土地，不得作为农村"四荒"土地；自留地等属于林地，不在"四荒"之列；"四荒"的承包不包括属于国家所有的地下资源（如矿产）和埋藏物。

2. "四荒"承包的具体方法

根据《农村土地承包法》第四十六条的规定，"四荒"承包可以采取两种具体办法，可以直接承包，也可以先将土地承包经营权折成股分给本集体经济组织成员，然后再实行承包经营或者股份合作经营。

3. "四荒"承包合同的一般条款

根据一些地方开展"四荒"承包治理的经验，"四荒"承包合同一般包括下列条款：①发包方的名称，发包方代表人或负责人的姓名、住所；②承包方的姓名、住所，联户承包的，应分别写明各户代表的姓名、住所；③承包土地的情况，包括土地的位置、面积和四至界限等；④承包的具体方式，如招标、拍卖或者公开协商；⑤承包土地的用途（即承包治理的内容）和治理的进度；⑥双方当事人的权利和义务；⑦承包费的数额及支付的时间、方式；⑧承包合同期满后地上附着物和治理成果的处置方式，包括承包人继续承包的权利或者优先承包权；⑨违约责任及纠纷的处理方式；⑩双方当事人约定的其他事项。

4. "四荒"承包应当防止水土流失、保护生态环境

根据《农村土地承包法》第四十六条第二款的规定，承包"四荒"进行开发治理的，双方当事人应当遵守有关法律、行政法规的规定，防止水土流失，保护生态环境。

四、其他方式承包的继承

《农村土地承包法》对家庭承包和其他方式承包的继承也做出了不同的规定。家庭

承包的承包方是集体经济内部的农户，以户为单位进行承包，农户的土地承包经营权一般不发生继承问题。其他方式的承包通常是以个人名义承包的，即使在形式上是以家庭为单位进行承包，也不属于《农村土地承包法》定义的家庭承包。这两种情况下的继承问题分别适用不同的规定，家庭承包适用第三十一条，其他方式承包适用第五十条的规定。《农村土地承包法》第五十条规定：以其他方式进行的承包，土地承包经营权通过招标、拍卖、公开协商等方式取得的，该承包人死亡的，其应得的承包收益，依照继承法的规定继承；在承包期内，其继承人可以继续承包。

案例连接7：

未参加"二轮延包"者的家庭承包地应有条件解决

案情概述

某村在1999年开展了土地延包工作。2004年秋，该村根据本村实际进行了土地小调整，增加人口的农户向村里提出承包土地的申请，村里根据情况进行审核，确定是否为本村集体经济组织成员，从而决定是否发包给土地。

本村学生李某于1998年考入省属一所中专学校读书，并将户口迁出转为非农业户口，在1999年进行土地延包时，没有得到承包土地，2001年李某毕业后没有找到工作，又将户口迁回本村。2004年秋该村对土地进行小调整时，李某没按村里要求提交申请，村里就没有分配给他土地。2004年冬李某结婚，其对象户口迁入本村时，已超过了该村调整土地户口截止日期，也没有得到土地承包经营权。2006年李某女儿出生，户口随父母落本村，也没有得到承包土地。此后，该村没有再进行过土地小调整。

2009年7月，李某向村里提出申请，要求一家三口人得到土地承包经营权，村里以无土地可调为由，拒绝了李某的要求，双方发生了纠纷。

以案说法

《农村土地承包法》对承包土地人口规定，"农村集体经济组织成员，有权依法承包由本集体经济组织发包的农村土地。"山东省实施《农村土地承包法》条例对农村集体经济组织成员也作了具体界定。该村在1999年进行土地延包时，李某属于村集体经济组织成员，有权依法承包土地，但当时《农村土地承包法》和《山东省实施〈农村土地承包法〉条例》均未出台，多数村未将在校大中专学生作为村集体经济组织成员。土地承包的相关法律法规出台后，多数村已完成土地延包，不便再将土地发包给这部分人员，李某就属于这种情况。

同时，《农村土地承包法》规定"承包期内，发包方不得调整承包地"。用于调整承包土地或者承包给新增人口的土地：集体经济组织依法预留的机动地；通过依法开垦等方式增加的；承包方依法、自愿交回的土地。李某要求一家三口人得到土地承包经营权时，村里已没有用于可调整的土地。

《国务院办公厅关于妥善解决当前农村土地承包纠纷的紧急通知》（国办发明电〔2004〕21号）规定："对外出农户中少数没有参加二轮延包、现在返乡要求承包土地的，要区别不同情况，通过民主协商，妥善处理。如果该农户的户口仍在农村，原则上应同意继续参加土地承包，有条件的应在机动地中调剂解决，没有机动地的可通过土地流转等办法解决。"

处理结论

在充分调查了解的基础上，对该村和李某纠纷案进行了调解：李某的要求合理、合法，但2004年秋未按村里要求及时提交申请，致使失去了土地承包经营权，负有部分责任。鉴于村里暂时没有土地可调整，待本村有可供调整的土地时，村里要按照国家政策和法律法规规定，分配给李某一家三口承包土地。双方对此意见均无异议。

案例连接8：

子女以家庭成员身份继续承包父母
生前承包地不是继承问题

案情概述

某村村民张某反映：张某共有家庭成员4人：张某父亲、张某母亲、张某本人及妹妹（以下依次简称张父、张母、张某、张妹）。1999年，张某所在村开展第二轮土地延包，全村人均1.1亩承包地。张某与张父分别与村委会签订第二轮土地承包合同：张某承包合同中承包人为张某、张妻2口人，承包土地共计2.2亩，承包期限为1999年9月30日至2029年9月30日；张父承包合同中承包人为张父、张母、张妹3口人，承包土地共计3.3亩，承包期限为1999年9月30日至2029年9月30日。

2004年8月，张妹结婚，随夫将户口迁入一县政府驻地镇居住。

2005年1月，张父、张母遇车祸死亡，之后张父所承包土地3.3亩由张某耕种。

2008年初，村委会以张父、张母死亡，张妹将户口迁出为由要求收回张父一家三口人3.3亩的承包地。

张某、张妹称国家土地承包30年不动，拒绝交回，要求继续耕种张父张母及张妹三口人的承包地。

以案说法

自1999年我国开展第二轮土地延包工作至今，已经有十多年的时间，期间承包方成员因各种原因发生变动是不可避免的，在农村因为承包方成员增减变动频繁调整土地的现象时有发生，在一定程度上损害了农民群众的合法权益。个别家庭成员死亡，其他家庭成员能否继续耕种死者的土地份额，户口迁出后能否继续享有土地承包经营权的问题，一度成为广大农民群众关心、关注的热点。本案例探讨的焦点有以下三个：

第一，家庭承包的土地承包经营权不发生继承问题，但可由承包方其他成员继续承包到承包期满。

2007年3月16日颁布实施的《中华人民共和国物权法》将土地承包经营权归属为用益物权，这种用益物权能否继承，《中华人民共和国继承法》的遗产范围中没有规定，《农村土地承包法》也只规定了"承包人应得的承包收益，依照继承法的规定继承"。但要注意农村土地承包经营权作为用益物权，是村集体经济组织内部成员以农户为承包单位，通过家庭承包方式承包土地而取得的一种物权，这种物权属家庭成员共同所有，这是以共同关系存在为前提的，个别或部分成员的死亡，并没有导致这种家庭关系的消亡，作为承包方的"户"仍然存在，死者的土地份额应当由家庭其他成员承包至承包期满为止。《山东省实施〈中华人民共和国农村土地承包法〉办法》第十一条规定，"承包期内，承包方家庭成员全部死亡的，发包方依法收回承包地。"这说明只有在家庭成员全部死亡的，土地承包经营权才会消灭，才能由发包方收回承包地。

第二，张某不享有张父一户取得的家庭承包地经营权。本案中张某单独与村委签订土地承包合同，在家庭承包的法律关系上已经不属于张父家庭成员，故不能继续承包张父、张母及张妹的承包地。

第三，张妹作为家庭承包的一员享有张父承包的土地经营权。因为张妹属于张父所签订承包合同时的家庭成员，虽然张父、张母死亡，张妹还是该家庭承包时的成员，应视为该承包户继续存在。另外，张妹虽然迁入县城居住，但依据《土地承包法》第二十六条规定"承包期内，发包方不得收回承包地。承包期内，承包方全家迁入小城镇落户的，应当按照承包方的意愿，保留其土地承包经营权或者允许其依法进行土地承包经营权流转。承包期内，承包方全家迁入设区的市，转为非农业户口的，应当将承包的耕地和草地交回发包方"，张妹将户口迁入县政府驻地镇居住的行为，属于法律规定的全家迁入小城镇不得收回承包地的情况，应当继续享有张父承包地的经营权。另外，《中共中央、国务院关于促进小城镇健康发展的若干意见》（中发〔2000〕11号）提出，落户小城镇农民可以保留农村的承包地。《国务院批转公安部关于推进小城镇户籍管理制度改革意见的通知》（国发〔2001〕6号）也对小城镇的范围和内容提出了具体实施意见："小城镇户籍管理制度改革的实施范围是县级市市区、县级人民政府驻地镇和其他建制镇"、"对批准在小城镇落户的人员，不再办理粮油供应关系手续，根据本人意愿，可保留其土地承包经营权，也允许依法有偿转让"。为准确执行上述政策规定，应当依2000年元月1日为界，凡是在此之前将户口迁入小城镇的农民，村集体不管收没收回土地，按照国发〔1997〕20号文件的规定，都不再享有农村土地承包经营权。而在此之后将户口迁入小城镇的农民，应当按照本人意愿允许保留农村承包地。张妹是2004年8月迁入县政府驻地镇居住的，张妹不同意交回承包的3.3亩土地，该村委就无权收回张父家庭承包的3.3亩土地，张妹可以家庭成员资格继续承包张父承包的土地至承包期满。

处理结论

张某、张妹对张父土地承包经营权都不发生继承关系，但张妹可继续承包经营张父家庭原来承包的 3.3 亩土地至承包期满，而张某对张父承包的 3.3 亩土地不享有土地承包经营权。

经调解，张某所在村同意不再收回原来张父承包的 3.3 亩承包地，并明确该 3.3 亩土地由张妹承包到 2029 年 9 月 30 日。因张妹长期在县城居住，不便精心耕种 3.3 亩承包地，因此同意继续将该 3.3 亩土地交由张某代为耕种。为避免日后发生纠纷，在当地农业部门的指导下，张妹与张某签订了 3.3 亩地的土地流转转包合同。

第五节　农村土地承包经营权流转

一、农村土地承包经营权流转的意义

农村土地承包经营权流转（简称农村土地流转），就是指农民可以将自己承包的村（组）集体土地部分或全部采用一定的方式转移给第三方经营，原承包方或第三方向村（组）集体履行原承包合同的行为。通俗地讲，就是承包农户对自己家庭所承包的土地，如果自己不愿意直接经营，可以按自己的意愿与他人协商达成协议，将所承包的土地部分或全部再次转交给其他人耕种，自己可以从中取得一定的收益。

农村土地的流转是实现农业现代化的重要途径。通过土地流转有利于促进农业结构调整，实现农业的规模化、集约化经营和专业化生产；有利于土地、资金、技术、劳动力等生产要素的优化重组；有利于加快城乡一体化建设，推动城乡经济的协调发展，同时土地流转还为第二、三产业的发展和农村劳动力转移提供了广阔的空间。具体表现：一是有利于完善农民土地承包经营权能，发展好实现好农民土地承包权益；二是有利于合理配置和充分利用土地资源，促进适度规模经营和现代农业发展；三是有利于解除农村劳动力非农就业的后顾之忧，促进农村劳动力转移；四是有利于提高农业效益，促进农民增收。

二、土地承包经营权流转的主体和客体

《农村土地承包法》第三十四条规定，土地承包经营权流转的主体是承包方，也就是说农村集体经济组织的成员是农村土地承包经营权的主体。基于成员权，每个村民对集体所有的土地都享有承包经营权。承包方享有的这种承包经营权可以自主的进行流转，这是法律赋予农民的基本权利，也是农民享有土地承包经营权的重要体现。

农村土地承包经营权的客体是农村土地使用权。承包经营的土地属于农民集体所有，或者属于国家所有而由农民集体长期使用。农村集体经济组织将自己所有的土地或者国家所有依法由自己使用的土地发包给村民，村民就对这些土地享有使用权。

三、土地承包经营权流转的原则

1. 农村土地承包经营权流转的基本原则

（1）坚持依法、自愿、有偿的原则。依法是前提，自愿是核心，有偿是关键。所谓依法，就是要依据《农村土地承包法》和农业部《农村土地承包经营权转管理办法》

等法律法规，保持现有土地承包关系稳定并长久不变，始终坚持土地所有权性质不能变、土地的农业用途不能变、家庭承包经营制度不能变。要坚持规范的流转程序，流转的期限不得超过承包期的剩余期限。所谓自愿，就是"农民自愿"，就是要尊重农民意愿，在双方自愿的基础上流转，确实保障农民长远利益。这是中央关于推进农村土地流转强调的基本精神。能否尊重农民的意愿，是能否顺利推进土地流转的关键。土地是农业中最基本的生产资料，是农民生产与生活赖以存在的基础，要充分尊重农民的选择，绝不可以用强制的办法迫使农民离开土地。所谓有偿，就是流转的收益归拥有承包经营权的农户，任何组织和个人不得截留。

（2）土地流转必须坚持"与农业劳动力转移进程相适应"的原则。农业土地流转主要受两个方面因素制约，一是要有合理的农地流转制度，二是要有农业剩余劳动力转移的就业空间。在一定意义上，即使具备了合理的农地流转的制度，但没有农业剩余劳动力转移的空间，也无法完成土地的流转；即使以强制方式实现了流转，也会以农民流离失所和社会动荡为代价。

农业土地流转是一个实现农村人口城市化的过程，是一个农业比重不断减少、非农产业比重不断提高的过程。推进农村土地流转，必须以农村剩余劳动力转移为前提。

（3）土地流转必须坚持"保护耕地"的原则。推进土地流转的目的是要实现农业规模经营，提高农业效率，建设现代农业。因此，流转出的土地必须保证其农业用途不变。我国是世界上人均耕地资源最少的国家之一，伴随着工业化和城市化的进程，耕地数量不可逆转地要发生减少的趋势。如何控制我国耕地减少的趋势，是保证未来我国粮食安全的一个重要的政策命题。提高农产品供给总量，一是要保证农产品生产所需要的生产要素的有效供给，二是要依靠农业科技进步。由于土地在农业生产中不可替代的特征，使农业耕地成为农业生产中最为稀缺的要素，保护农业耕地资源是保证农产品供给能力最基本的条件。因此，必须保证在不改变耕地用途的前提下实现土地的流转。

（4）要坚持从实际出发因地制宜的原则。从实际出发，以工业化、城镇化发展水平和农村劳动力转移状况、农业产业发展规划为基础，与当地第二、三产业发展水平相适应，兼顾基本农田保护、新农村建设总体规划，因地制宜、分类指导，积极稳妥地开展农村土地流转。既要不失时机积极引导，做好农村土地流转的指导和服务工作，又要坚决反对违背农民意愿，强迫农民流转土地。

2. 具体原则

一是不改变土地所有权的性质和土地的农业用途的原则。土地承包经营权流转，不得改变土地所有权的性质，也不得改变土地的农业用途。二是流转的期限不得超过承包期剩余年限的原则。土地承包经营权流转是有期限的，该期限不得超过土地承包经营权的剩余期限。三是受让方须有农业经营能力的原则。受让方应当具有从事农业生产的能力，这是对受让方主体资格的要求。倘若其不能从事农业生产，就不能承受土地承包经营权的流转。四是本集体经济组织成员优先原则。土地承包经营权流转中，在同等条件下，本集体经济组织的成员要比外部的单位和个人，享有取得流转土地的优先权。

四、关于土地承包经营权流转的方式

《农村土地承包法》第三十二条明确规定，以家庭承包方式取得的承包经营权，可以采用转包、出租、互换、转让等方式流转。而对于以其他方式承包取得的土地经营权，除允许进行转包、出租、转让外，还可以进行抵押。

1. 转包、出租

所谓转包，主要是指承包方把自己承包期内承包的土地，在一定期限内全部或者部分转交给本集体经济组织内部的其他农户耕种。

所谓出租，主要是指农户将土地承包经营权，租赁给本集体经济组织以外的人。出租人是享有土地承包经营权的农户，承租人是承租土地承包经营权的外村人。出租是一种外部的民事合同。承租人通过租赁合同取得土地承包经营权的承租权，并向出租农户支付租金。农民转包或者出租土地承包经营权无需经发包人许可，但出租合同需向发包人备案。

2. 互换

互换是农村集体经济组织内部的农户之间为方便耕种或适用经营的各自需要，对各自的土地承包地块进行交换。互换是一种互易合同，互易后，互换的双方均取得对方耕种地块的使用权，丧失自己原耕种地块的使用权。互换是农户在自愿的基础上，在同一集体经济组织内部，对人人有份的承包地块进行的交换。这种交换改变了原有土地的位置，所以，双方农户在达成互换协议后，各自还应与发包方变更原土地承包合同，变更土地经营权证书的登记。

3. 转让

转让是指农户将土地承包经营权转移给他人。转让将使农户丧失对土地的使用权，因此，对转让必须严格条件。按照土地承包法律规定，转让必须经发包方同意，并与发包方废止承包合同，终止双方的权利义务。这一规定的目的就是让发包方对转让土地的农户日后收入来源及其有无可靠的生活保障等条件进行审查，并明确转达在承包期内无权再承包集体土地的规定。

4. 入股

入股是指承包方将自己的土地承包经营权作价为股份，进行股份制或者股份合作制经营，以入股的土地承包经营权作为分红依据。

在这里需要指出，以家庭承包的土地承包经营权入股必须是"承包方之间发展农业经济，自愿联合将土地承包经营权入股，从事农业合作生产"。而对其他方式承包取得的土地承包经营权，入股没有这种条件限制。主要是考虑到通过招标、拍卖、公开协商等方式取得的土地承包经营权一般是有偿取得的，可以用作承担民事赔偿责任。而家庭承包的土地具有保障功能，其承包经营权不能用作承担民事赔偿责任。

5. 抵押

抵押是指土地经营权人将自己拥有的集体土地的经营权，抵押给银行或者其他金融机构作为贷款的担保。如果超过还款期限仍不能还款，银行有权将该土地合同约定的使用权拍卖，用所得款项优先抵顶贷款。

按照我国《担保法》规定，实行家庭承包方式获得的土地承包经营权，不能用作抵押。不宜采取家庭承包方式的荒山、荒沟、荒丘、荒滩等农村土地的承包经营权，可以用作抵押。在这里需要指出的是，抵押物实际上是个人对"四荒"土地资源投资经营所积累的价值，不包括"四荒"地的所有权价值。

五、土地承包经营权流转合同

《农村土地承包法》第三十七条规定，土地承包经营权流转应当签订书面合同，以明确双方的权利义务、减少可能发生的纠纷。农业部根据《农村土地承包法》，专门制定下发了《农村土地承包经营权流转管理办法》，规定承包方流转农村土地承包经营权，应当与受让方在协商一致的基础上签订书面流转合同。

农村土地承包经营权流转合同一式四份，流转双方各执一份，发包方和乡（镇）人民政府农村土地承包管理部门各备案一份；承包方将土地交由他人代耕不超过一年的，可以不签订书面合同；承包方委托发包方或者中介服务组织流转其承包土地的，流转合同应当由承包方或其书面委托的代理人签订。

农村土地承包经营权流转合同一般包括以下内容：双方当事人的姓名、住所；流转土地的四至、座落、面积、质量等级；流转的期限和起止日期；流转方式；流转土地的用途；双方当事人的权利和义务；流转价款及支付方式；流转合同到期后地上附着物及相关设施的处理；违约责任。流转合同文本格式由省级人民政府农业行政主管部门确定。

六、土地承包经营权流转的登记

《农村土地承包法》第三十八条规定，土地承包经营权采取互换、转让方式流转，当事人要求登记的，应当向县级以上人民政府申请登记。未经登记，不得对抗善意第三人。

对土地承包经营权的流转进行登记，是指流转土地承包经营权的当事人，向国家有关登记部门提出申请，将土地承包经营权互换、转让的事项记载于不动产登记簿上。登记的主要目的在于将土地承包经营权变动的事实予以公示，使他人明确土地承包经营权的权利人。

《农村土地承包法》将登记的决定权交给农民，当事人要求登记的，可以登记。不过，未经登记，不能对抗善意第三人。土地承包经营权的受让人为更好地维护自己的权益，要求办理土地使用权的流转登记比较可靠。

七、土地承包经营权流转的补偿

《农村土地承包法》第四十三条规定，承包方对其在承包地上投入而提高土地生产能力的，土地承包经营权依法流转时，有权获得相应的补偿。对承包地的投入，包括为增加地力进行土壤改良，为方便灌溉而修渠、打井、安置喷灌设施，为种植蔬菜搭建大棚等。对承包地的投入补偿多少、以什么方式补偿可以由流转双方协商确定。

土地承包经营权流转的流转费，包括转包的转包费、出租的租金、转让的转让费，具体数额应当由流转方和受流转方在流转合同中协商确定。双方商定的流转费归流转方所有。任何组织和个人不得擅自截留和扣缴。

最后，以家庭承包方式的合同一经签定，承包方即取得土地承包经营权，并可以依法流转，没有规定前提条件；而以其他方式签订的承包合同，按照第四十九条的规定，还必须经过依法登记，取得土地承包经营权证或林权证书后，土地承包经营权才能进行流转。因此，依法登记取得证书，是采用其他方式承包土地进行土地流转的前提条件。

八、土地流转的发展模式

交易平台推动。政府投资建立农村土地承包经营权流转有形市场，通过建立流转信息收集、整理和发布体系，健全管理机制，规范市场交易程序，从而为农村土地流转供求双方搭建交易平台。

财政扶持促进。政府财政设立农村土地流转专项扶持资金，并配合各种政策鼓励农民成片流转土地，实现土地规模化经营。

专业大户带动。种粮能手、种养大户等专业能人利用自身的技术、资金等优势，对农村土地实现集中连片流转和开发，形成规模经营。

龙头企业拉动。农业龙头企业为保证原料供应的数量和质量的稳定，从当地农村基础条件出发，以各种方式整合农村承包土地，实现土地流转和规模化经营。

农民专业合作社发动。以各种农民专业合作社为依托，通过对土地承包经营权进行评估，折合为股份，吸收农民以土地入股，实现统一规模经营，或直接向农户转包、租赁土地，实现规模经营。

这几种模式往往可以结合在一起，共同推动流转，实现分散的家庭承包土地向规模化、统一化经营发展。

九、推进农村土地流转应处理的关系

1. 正确认识和处理好流转与坚持农村基本经营制度的关系

坚持农村基本经营制度，是土地承包经营权流转的重要前提和制度保障。只有坚定不移地坚持农村基本经营制度，赋予农民更加充分而有保障的土地承包经营权，农民才有可能充分行使好土地承包经营权流转权利，从根本上消除流转的后顾之忧。同样，也只有依法、自愿、有偿地流转土地承包经营权，建立符合农民意愿、符合法律政策规定和适应农村生产力发展要求的土地承包经营权流转制度，才能进一步巩固家庭承包经营的基础地位，进一步完善农村基本经营制度。要把二者很好地统一起来，在坚持农村基本经营制度的前提下开展农村土地承包经营权流转。

2. 正确认识和处理好流转与发展现代农业的关系

土地承包经营权流转是发展规模经营和现代农业的一个途径，但绝不是唯一途径。在我国人多地少、农村人口占多数的基本国情下，将农户组织起来发展多种形式的联合与合作，特别是通过发展专业合作实现规模经营更为现实。为了提高农业集约化水平和组织化程度，最重要的是家庭经营要向采用先进科技和生产手段的方向转变，统一经营要向发展农户联合与合作，形成多元化、多层次、多形式经营服务体系的方向转变。发展规模经营是一个长期的过程，不能脱离实际、盲目追求土地流转的速度和规模。

3. 正确认识和处理好流转中政府与市场的关系

土地承包经营权流转本质上是一种市场行为，要明确流转的主体是农户而不是干部，流转的机制是市场而不是政府。土地是否流转和以什么方式流转，都应尊重农民的意愿，由农民自己做主，任何组织和个人都不得强迫或者阻碍流转。政府是公共服务的提供者，也是市场的监管者。没有政府管理和服务的市场最终只能是无序和混乱的，而政府干预过度，只能扭曲市场。要防止和纠正采取下指标、定任务的方式强行要求乡村组织流转农户承包地的做法。当然，对土地承包经营权流转放任自流、疏于管理，也是不正确的。应当因势利导，充分发挥市场机制的基础作用，顺应农业和农村经济发展的要求，引导而不干预，服务而不包办，放活而不放任。

4. 正确认识和处理好国家、承包者和经营者的利益关系

土地承包经营权流转要依法进行，统筹协调国家粮食安全利益、承包者权益和经营者收益，不得改变土地用途，鼓励和支持流转土地发展大宗粮食生产。

案例连接9：

农民索要口头转让的家庭承包地应支持

案情概述

某村孙某甲、孙某乙到农业部门反映：2000年该村进行二轮土地延包，每人一类地0.55亩，二类地0.65亩。孙某甲家4口人、孙某乙家3口人与本村花某家3口人联户，由花某抓阄，共分得一类地5.5亩、二类地6.5亩，共计12亩土地。因孙某甲、孙某乙在民营企业上班，除孙某甲将0.55亩的一类地由其母亲耕种外，两户的其余土地均由花某耕种，上交税费由花某负担，未签订书面协议。2002年村签订30年承包合同时，花某到村委讲孙某甲、孙某乙两户不要地了，将地给了他家。村委便与花某签订了12亩地30年期限的土地承包合同。到2003年，孙某甲、孙某乙回家向花某要回土地时，花某以其持有合同并缴纳相关税费为由拒不归还。

现孙某甲、孙某乙要求花某归还其按人分配的土地。

以案说法

第一，《农村土地承包法》第二十九条规定：承包期内，承包方可以自愿将承包地交回发包方。承包方自愿交回承包地的，应当提前半年以书面形式通知发包方。承包方在承包期内交回承包地的，在承包期内不得再要求承包土地。第三十七条规定：土地承包经营权采取转包、出租、互换、转让或其他方式流转，当事人双方应当签订书面合同。采取转让方式流转的，应当经发包方同意；采取转包、出租、互换或者其他方式流转的，应当经发包方备案。第四十一条规定：承包方有稳定的非农职业或者有稳定的收入来源的，经发包方同意，可以将全部或者部分土地承包经营权转让给其他从事农业生

产经营的农户，由该农户同发包方确立新的承包关系，原承包方与发包方在该土地上的承包关系即行终止。

第二，《最高人民法院关于审理涉及农村土地承包纠纷案件适用法律问题的解释》（法释〔2005〕6 号）第十条规定：承包方交回承包地不符合农村土地承包法第二十九条规定程序的，不得认定其为自愿交回。

第三，《国务院办公厅关于妥善解决当前农村土地承包纠纷的紧急通知》（国办发明电〔2004〕21 号）规定：对外出农民回乡务农，只要在土地二轮延包中获得了承包权，就必须将承包地还给原承包农户继续耕种。如果是长期合同，可以修订合同，将承包地及时还给原承包农户；或者在协商一致的基础上，通过给予或提高原承包农户补偿的方式解决。

第四，《山东省农村集体经济承包合同管理条例》第十三条第二项规定：损害国家、集体、第三人利益和社会公共利益的承包合同无效。

本案例中，孙某甲、孙某乙①没有放弃承包地的书面证明；②其家在农村，在民营企业打工没有稳定的职业，不符合转让的条件；③没有与花某签订书面的流转合同。村委仅凭花某的口头表述，就将孙某甲、孙某乙两户按人分配的承包地签入了花某的承包合同，其做法是侵犯了孙姓两户的土地承包经营权。

处理结论

一、村委会与华某签订的承包合同，违反了国家和山东省有关土地承包的法律法规规定，其所签合同无效，必须依法纠正。

二、将花某所占有的孙姓两户的承包地归还原户，村委与各户的承包合同重新签订。

案例连接10：

发包方可择期收回以其他方式发包的无期承包地

案情概述

1997 年 7 月，某村为发展蔬菜大棚生产，经农户同意，从农户承包地中抽出 53.21 亩土地用于大棚生产。8 月 8 日，村委（作为甲方）与村民张某（作为乙方）签订了大棚承包合同，约定合同承包面积 4.17 亩，未注明承包期限、承包费用，违约责任中注明："承包期内乙方擅自改变种植作物、用途的，甲方有权终止合同……"。2007 年 8 月 15 日，村委通知所有大棚承包户，决定收回大棚地（实物大棚已不存在）。但张某以此土地是人均承包地为由，拒不退出土地。为此，村委会将张某诉讼至当地县人民法院。

以案说法

本案双方争议的焦点：大棚种植合同所涉及的土地是何种承包方式。

法院认为，根据《中华人民共和国农村土地承包法》的规定，国家实行农村土地承包经营制度，并明确了农村土地承包的两种形式，即"家庭承包"和"其他方式的承包"。根据该法的规定，两种不同形式的承包，在法律性质、条件、当事人权利义务以及权利保护方式上有严格区别。"家庭承包"是基于集体经济组织成员的权利、人人有份的家庭承包经营形式，它具有强烈的社会保障功能。"其他方式的承包"是基于公开协商的方式，在双方协商一致的情况下签订合同，不存在人人有份的情形。本案中，村民张某建大棚时通过协商签订了没有约定期限及承包费的大棚承包合同，该合同虽然在条款上有瑕疵，但系双方真实意愿的表示，且双方已履行，应为有效合同。从实际情况看，张某所在村民小组人均土地 0.82 亩，张某家庭 7 口人，实际已有承包地 5.84 亩，所以张某已享有了"人人有份"的家庭承包地。因此，本案所涉及的 4.17 亩大棚地，是以"其他方式承包"的，依法可以由村集体收回重新发包。

处理结论

根据《中华人民共和国农村土地承包法》，县人民法院判决张某交还大棚承包地 4.17 亩。张某不服，上诉到市中级人民法院，经审理，市中级人民法院依法驳回上诉，维持原判。

第六节　农村土地承包法律法规的使用

近 10 多年来，随着我国社会经济的发展和各方利益碰撞，引发了许多错综复杂的农村社会经济纠纷，这就需要我们在掌握相关法律法规的基础上，切实搞清相关法规的立法本意，准确地使用法律法规才能有效化解。

一、法律法规的一般适用原则

由于我国区域辽阔，地区间社会经济发展又很不平衡，引发的社会经济矛盾也不尽相同，因此公平化解这些矛盾的方法也不可能一样。同时，加上不同的法律法规，在思考解决矛盾的角度方面有所不同，这就难免造成不同法律法规之间存在不尽相同的规定。如何正确适用这些法律法规之规定，是集中体现我们每位同志政治业务水平的重要标志。正确使用法律法规分析解决各类矛盾和纠纷，应该本着这样一个法规适用原则，即下位法服从上位法、普通法服从专业法、政策服从法规、在不违背法规政策的前提下执行乡规民约。在充分熟悉相关法律法规及其政策的基础上，按照这样一个法规适用原则分析和解决矛盾，就能做到使用法规得当准确。

二、家庭承包关系在纠正违法过程中的稳定

《农村土地承包法》围绕赋予农民长期而有保障的土地使用权这个核心，从保护农

民承包土地的权利，保证农村土地承包关系的长期稳定，保护承包方在土地承包经营权流转中的主体地位、规范土地承包经营权的流转、规定严格的法律责任等方面，对切实保障农民的土地承包经营权作了周密的制度安排。例如《农村土地承包法》在第五、十五、十八三个法条中，都对"按户承包，按人分地"作了相应的规定。集体发包不宜采取家庭承包方式的荒山、荒沟、荒丘、荒滩等农村土地时，应当通过招标、拍卖、公开协商等方式承包。发包给本集体经济组织以外的单位或者个人承包的，事先还应当经"村民会议三分之二以上成员或者三分之二以上村民代表同意，并报乡（镇）人民政府批准。"同时，第六十三条还规定，已留机动地面积不得超过本集体经济组织耕地总面积的5%，不足5%时也不得再增加等规定，目的都是保障农民对集体土地的承包权益不受侵害。山东省《实施办法》第三十三条也规定，对各种违法问题必须限期纠正。但是，由于种种原因，有些地方对农村土地承包管理规范中，出现的各种实际问题，至今没有完全纠正到位。要纠正这些违法问题，都是需要调整土地的，那么在调整土地时如何确保土地承包关系的稳定呢？对此，《中共山东省委、山东省人民政府关于稳定完善农村土地承包经营制度的意见》（鲁发〔2003〕17号根据《承包法》的相关规定提出：纠正"两田制"时，可在稳定"口粮田"的基础上，单独对"责任田"按现有人口均分到户，实行家庭承包；超5%的预留机动地，应在满足新增人口的基础上，将剩余的机动地按人均分到户；实行增人增地的地方，也应当拿出一个有截止日期的土地调整方案，可在按人均田到户承包的基础上公布今后不再执行"增人增地"的约定。需要指出的是，对绝大多集体在第二轮土地承包时已"按户承包，按人分地"，并且一直执行30年承包期内"增人不增地"规定的，一定要继续坚持已有的做法，稳定现有的家庭承包关系。

在纠正违法的过程中需要调整土地时，村民一般会出现两种声音，一种是人均家庭承包地多的农户会提出坚持"30年不变"的家庭承包政策，另一种是家庭人均土地少的农户要求继续实行"增人增地"的办法。对此，比较科学的办法应当是按照《实施办法》第三十三条规定，按照现有人口均分集体土地到户，并公布家庭承包地"30年不动"的规定。

对有些"出嫁女"按已有的政策规定，索要家庭承包地的，应区分两种情况处理：一是在这些政策规定出台前"出嫁女"没有取得承包地，目前才提出来要地的，只要集体有机动地或其他可动用的土地，都应及时按规定调给土地，若集体无其他可动用土地，"出嫁女"只有等待候地，并且不支持她们请求损失的补偿；二是在这些政策出台后因集体没有按规定分给承包地，目前提出要地的，集体应当设法给予调地，若不能调给土地的，应自该"出嫁女"提出要地之日起，由集体按其应当享有的土地承包收益给予补偿。

三、农村土地征占补偿费的分配使用问题

农户家庭承包地被征收或征用后，其补偿安置费如何分配使用，是有关地方的干部和群众都关心的问题。现实存在的问题是，当被征土地补偿和安置补偿费高的时候，被征地农户要钱而不要集体给调地，而未被征用其承包地的农户则不同意，往往提出土地

是集体的，土地补偿应当人人有份，提出将未被征地户的家庭承包地，调补给被征地农户，由大伙均分征地补偿安置费。如何按照现有的法律规定处理这一问题？在实践中可坚持按以下规定公平处理。

1. 根据《中华人民共和国土地管理法》第四十七条规定，严格区分补偿安置费的性质及份额，即征收耕地的补偿费用包括土地补偿费、安置补助费以及地上附着物和青苗的补偿费。征收耕地的土地补偿费，为该耕地被征收前 3 年平均产值的 6～10 倍。征收耕地的安置补助费，按照需要安置的农业人口数计算。需要安置的农业人口数，按照被征收耕地数量除以征地前被征收单位平均每人占有耕地的数量计算。每一个需要安置的农业人口的安置补助费标准，为该耕地被征用前 3 年平均年产值的 4～6 倍。但是，每公顷被征用耕地的安置补助费，最高不得超过被征用前 3 年平均年产值的 15 倍。

2. 为了最大限度地保护被征占承包地农户的利益，根据《土地管理法》的上述规定，我省《实施办法》第十四条规定，承包期内，对因国家征收或者征用而失去耕地、放弃安置补偿费用，要求继续承包耕地的农户，经村民或村民代表三分之二以上多数成员同意的法定程序后，可以根据公平合理的原则在个别农户之间适当调整承包地。也就是说，被征地农户要安置补偿费还是要耕地，应尊重被征地农户的个人，如果要求继续承包耕地，要严格履行法定程序。同时要明确指出，要补偿费时只能要安置补偿费这部分，土地补偿费应归集体统一安排用于全体成员。

2010 年 8 月，我省出台了《山东省土地征收管理办法》（省政府令 226 号），自 2011 年 1 月 1 日起施行，其中第二十二条规定，农民集体所有的土地全部被征收或者征收土地后没有条件调整承包地的，土地征收补偿安置费的 80% 支付给土地承包户；否则，土地征收补偿安置费的分配、使用方案，由村民会议或者被征收土地农村集体经济组织全体成员讨论决定。

四、农村出嫁女及离婚丧偶妇女土地承包权益保护

农村"出嫁女"土地承包权益的保护，是一项涉及面广、政策性很强的重大问题。现实存在的主要问题是，在有些经济条件比较好的村，"出嫁女"一般不愿离开娘家去婆家生产生活，而娘家村民又不认同他们，于是村干部就采取各种措施让她们去婆家生产生活。但是，如果按照农村的传统习俗，妇女结婚必须去婆家生产生活，则对于独生女、嫁给丈夫户口在大城市等一些特殊情况下的"出嫁女"又有失公平。为了解决这个问题，2001 年中共中央办公厅、国务院办公厅下发了《关于切实维护农村妇女土地承包权益的通知》（中办厅字〔2001〕9 号），省委办公厅也以鲁厅字〔2001〕26 号文件进行了贯彻，自此对农村出嫁妇女的土地承包经营权益有了原则性的保护规定。

在实践中可以按照中办厅字〔2001〕9 号通知中，关于"妇女出嫁后一般在婆家生产和生活。因此，为了方便生产和生活，妇女嫁入方所在村应当优先解决其土地承包问题，在没有解决之前，出嫁妇女娘家所在村不得强行收回其原籍承包的"的规定执行，同时根据"通知"精神，对有女无儿、儿子没有赡养能力或某个女儿尽主要赡养义务的"出嫁女"，要求在原居住地生产生活的，一般确保其中一位享有原居住地村集体经济组织成员待遇；对独生子女以及嫁给城镇居民（不包括享有保留农村土地承包经营

权的人员）的妇女，结婚后要求在娘家生产生活的，也确认其原居住地集体经济组织成员待遇。而对其他"出嫁女"要求在原居住地生产生活的，除原居住地三分之二以上村民或村民代表同意外，一般不支持这些出嫁女的要求。

对按照上述文件规定享有娘家村集体经济组织成员待遇的妇女，她们的子女也随母享有同样的待遇。

对于离婚、丧偶的妇女，按中办厅字〔2001〕9号文件规定，不论是在嫁入地还是在嫁出地生活，户口未迁出的，原婚居地应当保证其有一份承包地。离婚或丧偶后不在原婚居住地生活，要确保其享有新居住地同等村民的待遇；其新居住地还没有为其解决承包土地的，原婚居住地所在村应保留其土地承包经营权。对于离婚、丧偶妇女再婚的，按照农村"出嫁女"的规定办理。

对与非农业户口人员结婚的妇女，根据山东省委办公厅 省政府办公厅2001年印发的《关于认真落实中共中央办公厅厅字〔2001〕9号文件精神切实维护农村妇女土地承包权益的通知》规定，应允许按本人意愿在娘家或婆家落户居住，并享有同等村民待遇。

另外，对于一些农村妇女的实际诉求，一定要按照《中共中央、国务院关于进一步加强新时期信访工作的意见》（中发〔2007〕5号）提出的"要坚持依法按政策办理，不能突破法律法规和政策规定，不能为求得一时一事的解决而引起攀比和新的矛盾"。

五、农转非人员的土地承包经营权

按照《中共中央、国务院关于促进小城镇健康发展的若干意见》（中发〔2000〕11号）的规定，从2000年起，"对进镇落户的农民，可根据本人意愿，保留其承包土地的经营权，也允许依法有偿转让"。也就是说，从2000年1月1日起，凡将户口迁入小城镇落户的农民，除正式进入国家机关和国有企事业单位等有社会生活保障工作者外，可根据本人意愿，保留其原集体经济组织成员的待遇。对之前落户小城镇的人员，应按照《国务院批转公安部小城镇户籍管理制度改革试点方案和关于完善农村户籍管理制度意见的通知》（国发〔1997〕20号）关于"经批准在小城镇落户人员的农村承包地和自留地，由其原所在的农村经济组织或者村民委员会收回，凭收回承包地和自留地的证明，办理小城镇落户的手续。"因此，他们自落户小镇之日起，就不再享有原集体经济组织成员的一切待遇，即使有些人没有按照国发〔1997〕20号文件的规定交出自留地或承包地，也应当认定其不再享有原村集体经济组织的一切待遇。

六、义务兵、大中专在校生的土地承包经营权

按照山东省农村土地承包法《实施办法》第七条的规定，解放军、武警部队的现役义务兵和符合国家有关规定的士官，以及高等院校、中等职业学校的在校学生，包括连续在读的研究生、博士生（未落实工作单位又继续深造的学生），在服役、上学期间，其户口已迁出，仍保留迁出地的农村集体土地承包经营权。同时，按照鲁公发〔2008〕269号文件的要求，1997年以来未落实工作单位的普通大中专院校农村生源毕

业生，凭毕业证、《就业报到证》、户口迁移证以及迁入地毕业生就业主管部门出具的《落户介绍信》，回家庭所在地公安派出所办理落户手续后，仍属于原村集体经济组织成员，依法享有农村土地承包经营权和村民的各项权利，履行各项村民义务。

案例连接11：

嫁给城镇居民的出嫁女在原籍的待遇不变

案情概述

崔老汉是某村一组村民，1999年土地延包时，其三女儿崔某尚未结婚，村集体给崔老汉家分得了4人的口粮田，计2.52亩，并与村委签订了土地承包合同，承包期限30年。后崔某于2000年4月与某社区的张某结婚，由于张某是非农业户口，崔某的户口一直没有迁出，并在婆家没有任何福利待遇。在2000年以后，村里实行招商引资，崔老汉一家所承包的口粮田全部被企业租赁，村里每年定期向企业收取土地流转费，然后按1 200元/亩，给村民发放土地流转费。2001年头半年，崔老汉领过包括崔某在内的4人土地流转费一次，以后村集体再没有发放给崔某的土地流转费。2004年崔老汉四女儿结婚，至2005年，崔老汉领取3人（不包括三女儿）土地流转费。2005年后，崔老汉只领取2人（不包括其三女儿及四女儿）的土地流转费。崔老汉曾多次找过市、镇、村领导，要求落实三女儿应分得的土地流转费，但村委以村委会、村民代表大会研究并形成村规民约为由，告之崔老汉说结了婚的不论户口是否迁走，都不给土地流转费，拒绝落实崔某应分得的土地流转费。

崔老汉在多次申诉未果的情况下，于2008年8月向仲裁委提出申请，要求仲裁支付土地流转费。

以案说法

对农村"出嫁女"土地承包权益的保护，是一项涉及面广、政策性很强的重大问题。现阶段由于政策等方面的限制，一些户口在农村的出嫁女，出嫁到城市及社区、村居，由于受户口等方面的限制，户口难以迁入，致使出嫁女户口难以迁出，由于户口未迁出，出嫁女在婆家难以享受待遇，娘家的村委又想甩包袱，以所谓的村规民约设置障碍，减少或剥夺她们的待遇，这部分人在多方诉求未果的情况下，要求维护其自身的权益，随参加仲裁或诉讼。

对该案而言，本案争议的焦点有两个：

第一，崔老汉的三女儿崔某是否是该村民小组集体经济组织的成员；

第二，该村就出嫁女待遇问题形成的村规民约有无效力。

按照《中共山东省委办公厅、省政府办公厅关于认真落实中共中央办公厅厅字〔2001〕9号文件精神，切实维护农村妇女土地承包权益的通知》（厅字〔2001〕26号），"对与非农业户口人员结婚的妇女，应允许按本人意愿在娘家或婆家居住，并享有同等村民待遇"的规定，崔某应当享有该村民小组集体经济组织成员资格。所以也自然享有土地流转费的分配资格。被诉人崔老汉所在村委会，由村民代表大会研究并形成"结了婚的不论户口是否迁走，都不给土地流转费"的所谓"村规民约"，既违背了男女平等的宪法原则，也违反了有关保护妇女权益的规定，应视为无效"约定"。

处理结论

市仲裁委依法受理并进行了调解，调解成功。由村委会与崔老汉协商，达成如下协议：

一、崔老汉自行撤诉，并放弃2006—2009年的土地流转费。

二、村委会在2009年10月30日之前，为崔老汉调上本人应享受的土地。如果到时未能调上土地，崔老汉有权追究2006—2009年的土地流转费。

三、本协议一经签订，任何一方不得违约。

案例连接12：

出嫁女在婆家未取得承包地前娘家村应保留

案情概述

2010年7月22日，某村村民赵某反映：2004年结婚，在婆家没有分配承包地，2010年5月娘家村把地收回，要求处理。村委以已出嫁为由，收回承包地。

赵某要求：娘家村集体保留自己的承包地。

以案说法

对农村"出嫁女"土地承包权益的保护，是一项涉及面广、政策性很强的问题。针对此类问题，中共中央办公厅于2001年以中办厅字〔2001〕9号文件的形式下发了《中共中央办公厅、国务院办公厅关于切实维护农村妇女土地承包权益的通知》，中共山东省委办公厅也以厅字〔2001〕26号文件的形式进行贯彻，自此对农村出嫁妇女的土地承包经营权益有了原则性的保护规定，这为广大农村解决这类问题提供了切实可行的依据，从而化解了很多矛盾。只是有些地方在执行上政策把握不到位，有的村还是采取要么将出嫁女一律撵走，要么一律"解决"的极端措施，致使这类矛盾不能得到妥善解决。对此，应按照中办厅字〔2001〕9号通知关于"妇女出嫁后一般在婆家生产和生活。因此，为了方便生产和生活，妇女嫁入方所在村应当优先解决其土地承包问题，在没有解决之前，出嫁妇女娘家所在村不得强行收回其原籍承包地"的规定执行，同时根据"通知"精神，对有女无儿、儿子没有赡养能力或某个女儿尽主要赡养义务的"出嫁女"，要求在原居住地生产生活的，一般确保其中一位享有原居住地村集体经济组织成员待遇；对独生子女以及嫁给城镇居民（不包括享有保留农村土地承包经营权的人员）的妇女，结婚后要求在娘家生产生活的，也确认其原居住地集体经济组织成员待遇。而对其他"出嫁女"要求在原居住地生产生活的，除原居住地三分之二以上村民或村民代表同意外，一般不支持这些出嫁女的要求。这样才能避免出现农村"出嫁女"相互攀比等不易解决的难题，从而避免了引发更加难以解决的矛盾。

同时，按照《中华人民共和国农村土地承包法》第三十条关于"承包期内，妇女结婚，在新居住地未取得承包地的，发包方不得收回其原承包地；妇女离婚或者丧偶，仍在原居住地生活或者不在原居住地生活但在新居住地未取得承包地的，发包方不得收回其原承包地"规定，应当保留马某本人在娘家村集体的承包地。

处理结论

赵某本人因出嫁，在婆家没有分得承包地，应依法保留其在娘家村集体的承包地。

赵某反映问题属实，按照《中共中央办公厅、国务院办公厅关于切实维护农村妇女土地承包权益的通知》（中办厅字〔2001〕9号）精神和《中华人民共和国农村土地承包法》、《山东省实施〈中华人民共和国农村土地承包法〉办法》规定，应当依法纠正。但鉴于所抽土地已分配给新增人口，经协调村委会与当事人协调同意，提出如下处理意见：该村今后再给新增人口分地时，优先分配给赵某。赵某表示同意。

第七节　农村土地承包的法律责任

一、土地承包经营纠纷的解决途径

《农村土地承包法》第五十一条规定，"因土地承包经营发生纠纷的，双方当事人可以通过协商解决，也可以请求村民委员会、乡（镇）人民政府等调解解决。""当事人不愿协商、调解或者协商、调解不成的，可以向农村土地承包仲裁机构申请仲裁，也可以直接向人民法院起诉。"这一规定对解决土地承包经营纠纷提供了以下途径。

一是协商。即当事人之间协商解决纠纷。

二是调解。即当事人可以请求村民委员会、乡（镇）人民政府等调解解决。《农村土地承包法》第五十一条将通过村民委员会、乡（镇）人民政府调解解决纠纷，作为一种纠纷解决的方式加以专门规定，主要是考虑到政府和村民委员会依法具有解决民间纠纷的职能，因为它熟悉情况，又具有一定的权威性，由其主持调解解决村民之间的土地承包经营纠纷，有利于纠纷合理、快速的解决，是一种方便农民群众的好办法。但是，村民委员会、乡（镇）人民政府调解解决土地承包经营纠纷，必须是在当事人自愿请求的前提下进行，绝不能强迫当事人接受他们主持的调解。

三是仲裁。当事人之间不愿协商，或者通过协商、调解方式不能解决纠纷时，可以向农村土地承包仲裁机构申请仲裁。

四是诉讼。如果当事人不愿协商，或者通过协商、调解方式不能解决纠纷，也不愿进行仲裁时，也可以选择直接向人民法院起诉。如果一方当事人选择了起诉，人民法院即应当受理，并应当以司法函告的形式通知有关仲裁机构，人民法院已经受理纠纷。但是，如果一方当事人申请了仲裁，另一方当事人做出答辩或者表示同意应诉后，又向人民法院起诉的，人民法院则不应当受理。此外，还应当注意的是，对于以招标、拍卖、公开协商等方式承包的"四荒"地，当事人可以在承包合同中约定纠纷的解决方式，以及管辖的仲裁机构或者法院，有关的仲裁机构与人民法院则应当尊重当事人的意愿，依法受理仲裁或者诉讼案件。

二、农村土地承包经营纠纷的仲裁

1. 农村土地承包经营纠纷的仲裁不适用《仲裁法》的规定

农村土地承包经营纠纷的仲裁，是一种特殊的经济纠纷仲裁，不同于《仲裁法》规定的一般经济纠纷的仲裁。我国于1994年制定的《仲裁法》第七十七条规定，"劳动争议和农业集体经济组织内部的农业承包合同纠纷的仲裁，另行规定。"这一规定，明确了农村集体经济组织内部的土地承包经营纠纷，不适用《仲裁法》的规定。《仲裁法》这一规定的理由是，农村土地承包经营纠纷面广量大，涉及广大农民的利益，《仲裁法》的一些原则、制度，难以适用于农村土地承包经营的仲裁。根据农村土地承包制度多年的实践和一些地方关于农村土地承包经营纠纷仲裁的规定，农村土地承包经营纠纷，与《仲裁法》规定的一般经济纠纷的仲裁不同点在于，仲裁的仲裁机构不同，仲裁申请程序不同，仲裁管辖制度不同，以及仲裁裁决的效力不同。

在《农村土地承包法》第五十一条中，有关农村土地承包经营纠纷当事人可以申请仲裁的规定，并没有区别是农村集体经济组织内部的土地承包，还是外来人员的土地承包，这个规定，实际上将所有的农村土地承包经营纠纷的仲裁都作为特殊的仲裁，排除了对《仲裁法》的适用。另外，根据下面提到的《调解仲裁法》第二条规定，因征收集体所有的土地及其补偿发生的纠纷，不属于农村土地承包仲裁委员会的受理范围，可以通过行政复议或者诉讼等方式解决。

2. 农村土地承包经营纠纷仲裁制度问题

我国关于农村土地承包经营纠纷仲裁的法律规定，在《农村土地承包法》实施初期除《仲裁法》第七十七条和《农村土地承包法》第五十一条、第五十二条的规定外，还没有一个全国使用的、全面的、统一的法律制度规定。为此，全国十一届人大第九次会议于2009年6月27日审议通过了《中华人民共和国农村土地承包经营纠纷调解仲裁法》（以下简称《调解仲裁法》），至此，有关农村土地承包经营权纠纷调解仲裁有了全面统一的法律制度规范。该法第十二条规定，"农村土地承包仲裁委员会在当地人民政府指导下设立"。同时提出，"根据解决农村承包经营纠纷的实际需要设立"。我省现行的农村土地承包经营纠纷仲裁规定，是1990年省政府颁布的《山东省农村集体经济承包合同纠纷仲裁办法》（以下简称《办法》）设定的。按照这个《办法》的规定，绝大多数县市都成立了合同纠纷仲裁机构，制定了仲裁制度。

一是仲裁机构。按照《办法》的规定，"县（市、区）设立农村集体经济承包合同仲裁委员会。""县（市、区）农村合作经济管理机构为仲裁委员会的办理机构，负责处理仲裁委员会的日常事务。"

二是仲裁协议。根据《农村土地承包法》第五十一条第二款的规定，农村土地承包经营纠纷的仲裁受理，不需要当事人达成仲裁协议，一方当事人申请，有关的仲裁机构即可受理。这一规定不同于《仲裁法》关于仲裁必须依据当事人之间的仲裁协议的规定，这与我省《办法》第三条的规定是一样的，即"根据一方当事人的书面申请受理"。

三是案件管辖。目前我省实行的是地域管辖，一般由发包方所在地的仲裁机构管辖，这与《调解仲裁法》第二十一条的规定相一致。

四是先予执行。为了保证农业生产的正常进行，我省的《实施办法》第三十二条规定，对"生产季节性强的种植业、养殖业等合同纠纷，仲裁机构可以裁定先行恢复生产"，然后解决纠纷。

五是仲裁裁决的效力。《农村土地承包法》第五十二条对农村土地承包仲裁机构仲裁裁决的效力作了规定，即"当事人对农村土地承包仲裁机构的仲裁裁决不服的，可以在收到裁决书之日起30日内向人民法院起诉。逾期不起诉的，裁决书即发生法律效力。"

六是申请执行。《调解仲裁法》第四十九条规定，当事人对发生法律效力的调解书、裁决书，应当依照规定的期限履行。一方当事人从逾期不履行的，另一方当事人可以向被申请人住所地或者财产所在地的基层人民法院申请执行。受理申请的人民法院应当依法执行。

三、关于法律责任

（一）侵害承包方的土地承包经营权的民事责任

1. 侵害承包方土地承包经营权的行为是一种侵害农民财产权的行为

《农村土地承包法》第五十三条规定，"任何组织和个人侵害承包方的土地承包经营权的，应当承担民事责任。"

《农村土地承包法》的立法从本意上讲，是要对农民的土地使用权给予物权法的保护，这种物权法保护的最重要的特征，就是承包方对其土地承包经营权的直接支配性和法律保护的绝对性。承包方对其土地承包经营权的直接支配，是指承包方可以按照自己的意志从事生产经营和处分，没有法律规定，任何人的意思与行为不得介入。对土地承包经营权的法律保护的绝对性，是指在法律规定的承包方权利范围内，不经承包方同意，任何人不得以任何形式干预承包方依法行使权利。

因此，侵害承包方土地承包经营权的行为，是一种侵权行为。

2. 侵害承包方的土地承包经营权的民事责任

民事责任，是指民事法律关系的主体没有按照法律规定履行自己的民事法律义务，侵犯他人的民事权利所应承担的法律后果。《农村土地承包法》第五十四条规定的民事责任，有6种形式：①停止侵害；②排除妨碍；③消除危险；④返还财产；⑤恢复原状；⑥赔偿损失。按照《民法通则》第一百三十四条第二款的规定，"以上承担民事责任的方式，可以单独适用，也可以合并适用。"

（二）发包方侵害承包方土地承包经营权的民事责任

1. 发包方侵害承包方土地承包经营权的行为

根据实践中经常发生的发包方侵害承包方土地承包经营权的情况，《农村土地承包法》第五十四条规定了7种典型的发包方侵害承包方土地承包经营权的行为。

一是干涉承包方依法享有的生产经营自主权的行为；

二是违反本法规定收回、调整承包地的行为；

三是强迫或阻碍承包方进行土地承包经营权流转的行为；

四是假借少数服从多数强迫承包方放弃或者变更土地承包经营权而进行土地承包经营权流转的行为；

五是以划分"口粮田"和"责任田"等为由收回承包地搞招标承包的行为；

六是将承包地收回抵顶欠款的行为；

七是剥夺、侵害妇女依法享有的土地承包经营权的行为。

2. 发包方侵害承包方土地承包经营权的法律责任

根据《农村土地承包法》第五十四条的规定，发包方侵害承包方土地承包经营权的，承担民事法律责任的方式是停止侵害、返还原物、恢复原状、排除妨害、消除危险、赔偿损失等六种方式。

（三）承包合同中的无效条款

根据《农村土地承包法》第五十五条规定，有以下2种条款如果约定在承包合同中是无效的。

1. 承包合同中违背承包方意愿的约定无效

农村土地承包合同是设定土地承包经营权的合同，是一种民事法律行为，承包方与发包方的权利义务应当依照法律、行政法规的规定来设定。对家庭承包而言，承包方与发包方的权利与义务在《农村土地承包法》中都已明确规定，承包合同不得违反。对于招标、拍卖、公开协商等其他方式的承包合同而言，合同条款应当是承包方与发包方依照法律、行政法规的规定协商一致的结果。由于在发包过程中，发包方作为控制土地资源的组织，相对于承包方而言处于优势地位，可以采取多种手段要求承包方签订违背真实意愿、同意发包方不公平要求的合同。《民法通则》第五十五条规定，民事法律行为应当具备"当事人意思表示真实"、"不违反法律或者社会公共利益"等条件，不具备这些条件的民事行为是无效或者可撤销的民事行为。同时在第五十八条第三项规定，一方以欺诈、胁迫的手段或者乘人之危，使对方在违背真实意思的情况下所为的民事行为无效。因此，为了保护承包方的合法权益，《农村土地承包法》规定，承包合同中违背承包方意愿的约定无效。

2. 违反法律、行政法规有关不得收回、调整承包地等强制性规定的约定无效

《农村土地承包法》第十四条第一项规定，在家庭承包中发包方"不得非法变更、解除承包合同"，除此之外，《农村土地承包法》对发包方不得收回、调整承包地的强制性规定还有4个条款：一是第二十六条第一款规定，"承包期内，发包方不得收回承包地"；二是第二十七条第一款规定，"承包期内，发包方不得调整承包地"；三是第三十五条规定，"承包期内，发包方不得单方面解除承包合同，不得假借少数服从多数强迫承包方放弃或者变更土地承包经营权，不得以划分'口粮田'和'责任田'等为由收回承包地搞招标承包，不得将承包地收回抵顶欠款"；四是第三十条还对妇女结婚、离婚、丧偶时，发包方不得收回承包地的情况作了规定。遵守上述条款是发包方履行

"维护承包方的土地承包经营权，不得非法变更、解除合同"义务的要求。因此，只要是违反有关不得收回、调整承包地等强制性规定的合同约定无效。需要指出的是，如果是承包合同的条款部分无效，并不影响承包合同其他条款的效力。承包方依然可以依据承包合同取得土地承包经营权。

（四）农村土地承包合同的违约责任

根据《农村土地承包法》第五十六条的规定，"当事人一方不履行合同义务或者履行义务不符合约定的，应当依照《中华人民共和国合同法》的规定承包违约责任。"这一条就是关于农村土地承包合同违约责任的规定。农村土地承包合同当事人的义务，对家庭承包而言，《农村土地承包法》第十四条规定了发包方的五项法定义务，第十七条规定了承包方的3项法定义务。《农村土地承包法》第二十一条还规定，承包方与发包方可以在承包合同中约定违约责任；对招标、拍卖、公开协商等其他方式的承包，第四十五条规定，承包方与发包方的权利义务，由双方协商确定。不论是家庭承包还是其他方式承包，当事人都应当认真、彻底地履行自己的义务，保证承包合同的执行。当事人若不能按照规定履行自己的义务，则应当按照本条的规定，承担相应的违约责任。

（五）强迫承包方进行的土地承包经营权流转无效

《农村土地承包法》第五十七规定，"任何组织和个人强迫承包方进行土地承包经营权流转的，该流转无效。"第五十四条规定了发包方强迫承包方，进行土地承包经营权流转、假借少数服从多数强迫承包方，放弃或者变更土地承包经营权而进行土地承包经营权流转的侵权责任，第五十七条的规定在第五十四条的基础上，进一步明确了"任何组织和个人"强迫承包方进行土地承包经营权流转的，该流转是无效的。应当注意，本条规定的违法行为的主体，是"任何组织和个人"，即不论是农村集体经济组织、村民自治组织、基层人民政府及其有关部门或者所属单位、国家公务人员、各种组织的工作人员、村民，强迫承包方进行土地承包经营权流转的，均属无效。

（六）擅自截留、扣缴承包方的土地承包经营权流转收益的处理

《农村土地承包法》第五十八条是关于擅自截留、扣缴土地承包经营权流转收益的责任规定。本条规定"任何组织和个人擅自截留、扣缴土地承包经营权流转收益的，应当退还"。

《农村土地承包法》第五十八条规定是针对"擅自"截留、扣缴的责任所作的规定，如果经过承包方的同意，有关组织和个人可以从承包方的流转收益中，扣缴相应的税费，或者扣除一部分收益抵顶承包方应当向其履行的支付义务。

（七）违反土地管理法规非法征用、占用承包土地的法律责任

根据《农村土地承包法》第五十九条的规定，违反土地管理法规，非法征用、占用土地，构成犯罪的，依法追究刑事责任；造成他人损害的，应当承担损害赔偿等责任。

（八）贪污、挪用土地征用补偿费用的法律责任

根据《农村土地承包法》第五十九条的规定，贪污、挪用土地征用补偿费用，构成犯罪的，依法追究刑事责任；造成他人损害的，应当承担损害赔偿等责任。

贪污、挪用土地征用补偿费，是指将农村集体经济组织或者土地承包方应得的土地征用补偿费用，不按照法律规定发放给应得的组织和个人，而非法据为己有或者挪作其他用途的行为。

（九）承包方违法将承包地用于非农业建设的法律责任

《承农村土地包法》第六十条第一款是对承包方违法将承包地用于非农业建设的处罚规定。"承包方违法将承包地用于非农建设的，由县级以上地方人民政府有关部门依法予以处罚。"

（十）承包方对承包地造成永久性损害的法律责任

《农村土地承包法》第六十条第二款是对承包方不能合理地利用承包地，对承包地造成永久性损害的法律责任的规定。"承包方给承包地造成永久性损害的，发包方有权制止，并有权要求承包方赔偿由此造成的损失。"

（十一）国家机关及其工作人员违法干预农村土地承包、侵害土地承包经营权的法律责任

《农村土地承包法》第六十一条规定了国家机关及其工作人员滥用职权，损害农村集体经济组织土地所有权和侵害承包方土地承包经营权，应当承担法律责任的4种行为：一是利用职权干涉农村土地承包，变更、解除承包合同；二是干涉承包方依法享有的生产经营自主权；三是强迫、阻碍承包方进行土地承包经营权流转；四是其他侵害土地承包经营权的行为。

如果国家机关及其工作人员滥用职权的行为给承包方造成损失的，应当承担损害赔偿等责任。这里规定的损害赔偿等责任，应当是《国家赔偿法》中规定的行政赔偿责任。

如果国家机关及其工作人员的违规行为，情节严重，还要由上级机关或者所在单位，给予直接责任人员行政处分；构成犯罪的，依照《刑法》第三百九十七条的规定，追究直接责任人员滥用职权罪的刑事责任。

案例连接 13：

未落实工作单位回原籍落户的农村生源大学生应给承包地

案情概述

某村民到农业部门反映：2002 年大学毕业后一直未落实工作单位，把户口迁回了村里。2006 年该村在调整耕地时，要求该村民缴纳给村集体 2 000 元钱，才能给其分配承包地。

该村民认为村集体给他分配承包地，不应该向他索要 2 000 元钱，要求村集体无偿分配给自己承包地。

以案说法

山东省公安厅、民政厅、农业厅、人事厅、教育厅、劳动和社会保障厅共同印发的《关于未落实工作单位普通大中专院校农村生源毕业生回原籍落户有关问题的通知》（鲁公发〔2008〕269号规定，回原籍落户的农村生源毕业生仍属于原农村集体经济组织成员，依法享有农村土地承包经营权和村民的各项权利，并履行各项村民义务。

这份文件还明确规定，未落实工作单位普通大中专院校农村生源毕业生，是指1997年以来未经毕业生就业主管部门派遣到工作单位的大中专院校农村生源毕业生。农村生源毕业生可凭毕业生证、就业报到证、户口迁移证以及迁入地毕业生就业主管部门出具的《落户介绍信》，回家庭所在地公安派出所直接办理落户手续。公安派出所为其出具《落户证明书》，由本人交本村村民委员会，村民委员会不得拒绝接收。

因此，该村民具有该村集体经济组织成员的资格，应依法享有土地承包经营权。

处理结论

按照鲁公发〔2008〕269号规定，该村民具有该村集体经济组织成员的资格，应依法享有土地承包经营权。要求该村在土地小调整或者有机动地时，应该按照规定给该村民无条件分配承包地。

案例连接14：

大中专院校毕业生回村落户要地应具备3个要件

案情概述

某村村民寇某反映：本人1999年7月考入大学学习，随将户口未迁出本村，当年10月，村里在进行第二轮土地延包时，按人均0.8亩标准分给本人及其父母2.4亩家庭承包地。2001年7月毕业后，因未找到工作单位将其人事档案暂存市人才交流中心。2002年3月，本人与一家合资企业签订劳动关系，并通过市人才交流中心办理了相关人事就业手续，同年该企业为本人办理了养老、医疗、住房等各种保险，但户口未迁出本村。2002年9月，村委将本人0.8亩承包地收回，作为新增人口补地，另行承包给了村民张某。2009年4月，本人因病停薪留职返回本村居住，要求村委分配给承包地，村委没有同意其要求。

现寇某以没有生活保障为由，要求村委分配给承包地。

以案说法

一、对于大中专在校生土地承包权益的保护，《山东省实施中华人民共和国农村土地承包法》第七条作了明确规定，"原户口在本村的下列人员，依法享有农村土地承包经营权：……（二）高等院校、中等职业学校在校学生"。对于在校大中专学生，不管户口是否迁出，都不能收回其承包地，因为在当前农村，在校农村大中专学生大多数还要依靠农村的土地收入支持来完成学业，所以必须保障这类人群的土地承包权益。

二、对大中专学生毕业后的土地承包权益的保护，2008年11月4日，山东省公安厅、民政厅、农业厅、人事厅、教育厅、劳动和社会保障厅以鲁公发〔2008〕269号，联合下发了《关于未落实工作单位普通大中专院校农村生源毕业生回原籍落户有关问题的通知》（简称《通知》），规定"回原籍落户的农村生源毕业生仍属于原农村集体经济组织成员，依法享有农村土地承包经营权和村民的各项权利，履行各项村民义务。"但需要注意的是并非所有的农村生源毕业生都可以按照《通知》要求享有农村土地承包经营权和村民的各项权利。农村大中专毕业生需要符合《通知》第一条，"未落实工作单位普通大中专院校农村生源毕业生，是指1997年以来未经毕业生就业主管部门派遣到工作单位的大中专院校农村生源毕业生"的要求，即要同时满足"1997年以后毕业"、"未经毕业生就业主管部门派遣到工作单位"、"大中专院校农村生源毕业生"3个要件。

另外，还要注意"经毕业生就业主管部门派遣到工作单位"分"初次派遣"和"二次派遣"两种情况。一是毕业生持《派遣证》直接派遣到就业单位的为初次派遣；二是毕业生持《派遣证》被派遣到毕业生就业主管部门，再由毕业生就业主管部门派遣到就业单位的为二次派遣（以上所指就业单位不分单位性质包括各类企事业单位及合资、独资企业等）。除此之外均属于"未经毕业生就业主管部门派遣到工作单位"的情况。满足上述3个要件的方可按照《通知》要求回原籍落户，并享有农村土地承包经营权和村民的各项权利，履行各项村民义务。

处理结论

寇某2002年3月通过市人才交流中心，被派遣到就业单位，属"经毕业生就业主管部门派遣到工作单位"的第二种情况，已经落实了工作单位，并办理了相关社会保险，不属于《通知》中未落实工作单位普通大中专院校农村生源毕业生的范围，不应当继续享有在原村继续承包土地的权利，该村村委在寇某2009年返乡时，不给其分配承包地的做法是有政策依据的。

经过对寇某和村委双方调解，并对寇某予以耐心解释相关法律政策，寇某不再要求村委分给其承包地。

第八节 农村土地承包经营权登记

一、农村土地承包经营权登记的背景

实施第二轮土地延包以来，各地人民政府陆续向承包方颁发了土地承包经营权证，确认了农民对承包土地的占有、使用和收益的权利。但由于第二轮延包工作始于20世纪90年代，农村税费改革尚未开始，土地承包法规还不健全，土地承包登记制度还不完善，各地不同程度存在确权登记发证不到位、变更登记不及时、经营权证书与实际面积不符、土地承包档案管理不规范、承包地块的空间位置模糊、土地承包经营权登记簿没有建立等问题。这既不利于稳定现有土地承包关系，又不利于农民依法维护土地承包权益，迫切需要健全完善土地承包经营权登记制度。因此，为进一步稳定农村土地承包关系，探索建立健全农村土地承包经营权登记制度，党的十七届三中全会明确要求要搞好农村土地确权、登记、颁证工作。2008 年以来，中共中央连续在多个 1 号文件中，对开展农村土地承包经营权登记试点工作作出明确部署。各地也根据《中华人民共和国农村土地承包法》《中华人民共和国物权法》《农村土地承包经营权证管理办法》和《关于开展农村土地承包经营权登记试点工作的意见》等相关法律、法规和文件规定，结合自身实际，作出了工作部署和业务安排。目前，有的地区正在进行试点，有的地区已在试点基础上全面铺开，有的地区已基本完成。

二、开展农村土地承包经营权登记重要意义

以家庭承包经营为基础、统分结合的双层经营体制是我国农村基本经营制度，是党的农村政策的基石。党和国家先后出台了一系列稳定农村土地承包关系的法律法规和政策，各地认真贯彻落实，依法确认了农民对承包土地的占有、使用、收益权利，广大农民获得了长期而有保障的土地承包经营权。由于特殊历史条件的限制，多数地方土地承包不同程度地存在地块不实、四至不清、面积不准等问题，导致不少争议和纠纷。通过登记，进一步完善土地承包管理工作，探索健全农村土地承包经营权登记制度，具有十分重要的意义。

一是健全社会主义市场经济体制的必然要求。归属清晰、保护严格、流转顺畅的产权制度是社会主义市场经济体制的基础。在坚持农村土地集体所有的前提下，依法赋予和保障农民的土地承包经营权，既是健全社会主义市场经济体制的重要内容，也是发展农村市场经济的基础。开展土地承包经营权登记，进一步探索依法确认农民对承包土地的占有、使用、收益权利的有效途径和办法，明晰土地承包经营权归属，强化物权登记管理，将为健全农村市场经济体制提供强有力的物权保障。

二是巩固农村基本经营制度的客观需要。巩固农村基本经营制度，关键是赋予农民更加充分而有保障的土地承包经营权，核心是保持现有土地承包关系稳定并长久不变。农村土地承包经营权登记，是国家明确土地承包经营权归属、保持现有土地承包关系稳定并长久不变的基本手段。开展土地承包经营权登记，探索对土地承包经营权的设立、变更、转让和灭失等进行登记管理，建立健全土地承包经营权登记簿，把承包地块、面积、空间位置和权属证书全面落实到户，强化承包农户的市场主体地位和家庭承包经营的基础地位，将为巩固农村基本经营制度提供强有力的制度保障。

三是维护农民土地承包合法权益的根本要求。承包地是农民最基本的生产资料和最可靠的生活保障，土地承包经营权是农民最重要的财产权利和物质利益。在城镇化、工业化深入推进的过程中，要防止侵害农民土地承包权益现象发生，避免给农村社会和谐稳定带来不利影响。土地承包经营权登记是明确土地承包经营权归属、定纷止争的根本措施；土地承包经营权登记文件是调处土地承包经营纠纷的关键证据。开展土地承包经营权登记，将为解决农村土地承包经营纠纷、维护农民土地承包合法权益提供强有力的

法定依据。

四是解决农村土地承包现实问题的紧迫需要。现有土地承包关系是在一轮承包基础上延包形成的，加上承包期内农村依传统习惯调整承包地和经济建设征占用承包地等，原确认的土地承包状况与实际土地承包情况存在一定误差。同时，受当时农民负担重等因素影响，还有少部分农民没有获得承包地或者被违法收回了承包地，少数城郊和征占地频繁的地方农民承包土地的权利没有落实。这些问题不解决，既影响国家土地承包确权颁证的权威，又给稳定现有农村土地承包关系并长久不变带来不利影响，迫切需要通过土地承包经营权登记把农民承包土地的各项权利落实到户。开展土地承包经营权登记，将为妥善解决农村土地承包现实问题提供必要的实践经验。

三、开展农村土地承包经营权登记的基本原则

一是保持稳定。在保持现有农村土地承包关系稳定和不影响正常农业生产经营的前提下，开展土地承包经营权登记试点，以已经签订的土地承包合同和已经颁发的土地承包经营权证书为基础，坚持"三不变，一严禁"：原土地承包关系不变；承包户承包地块、面积相对不变；二轮土地承包合同的起止年限不变；严禁借机违法调整和收回农户承包地。

二是依法规范。严格执行《物权法》、《农村土地承包法》、《土地管理法》、《农村土地承包经营权证书管理办法》、山东省《实施〈农村土地承包法〉办法》等有关规定，按照法定登记内容和程序开展土地承包经营权登记。

三是民主协商。要充分依靠农民群众，试点中的重大事项均应经本集体经济组织成员民主讨论决定。对土地清查、丈量、确权、登记的每个环节必须实行民主协商和民主决策。对于在试点中涉及的重大问题，必须要有群众共同参与，事先征求群众意见，取得群众理解支持，努力实现群众满意，对于大多数群众坚决反对的事情不得强行推动。

四是因地制宜。根据试点地方的土地承包实际，在不违反法律规定和现行政策的前提下，尊重历史，实事求是，缺什么补什么，完善确权登记颁证工作，妥善解决遗留问题。

五是各级分工负责。试点工作实行部、省统筹安排，设区的市负责指导，县级组织实施，强化部门协作，形成整体合力，确保试点任务顺利完成。

四、开展农村土地承包经营权登记的目标任务

严格执行农村土地承包法律、法规和政策，在农村集体土地所有权登记发证的基础上，进一步完善耕地和"四荒地"等农村土地承包确权登记颁证工作。以现有土地承包合同、权属证书和集体土地所有权确权登记成果为依据，查清承包地块的面积和空间位置，建立健全土地承包经营权登记簿，妥善解决承包地块面积不准、四至不清、空间位置不明、登记簿不健全等问题。把承包地块、面积、合同、权属证书全面落实到户，实现"四相符"和"四到户"：承包面积、承包合同、经营权登记簿、经营权证书相符合；承包地分配到户、承包地四至边界测绘登记到户、承包合同签订到户、承包经营权证书发放到户。

五、开展农村土地承包经营权登记的工作内容

（一）开展土地承包档案清理

全面组织清理土地承包档案，着重解决土地承包方案、承包合同、承包台账种类不齐全、管理不规范等问题。以二轮土地承包以来建立的农村土地承包档案为基础，对农村土地承包底册进行一次全面清理核实，进一步规范完善农村土地承包合同、土地承包经营权登记簿、土地承包经营权证及相关文件资料。严格执行土地承包档案管理规定，坚持分级管理、集中保管，建立健全整理立卷、分类归档、安全保管、公开查阅等制度。不具备保管条件的，要移交到具备条件的农村土地承包管理部门或者档案管理部门集中保管。

（二）查清承包地块面积和空间位置

准确把握土地承包经营权登记试点的关键环节，着重查清承包地块的面积、四至边界和空间位置。在对土地承包情况进行摸底调查的基础上，以第二次全国土地调查成果为基础，以已签订的土地承包合同、发放的土地承包经营权证书和集体土地所有权确权登记成果为依据，因地制宜开展土地承包经营权权属调查勘测，进一步查清承包地块面积、四至和空间位置。对与现有土地承包档案记载的土地承包状况，有较大误差且农民群众要求实测的，要以第二次全国土地调查成果为基础，采取科学简便的方式测量查实，查清承包地块面积和空间位置。地籍勘测的具体方法，可以采用 GPS 定位、人工测绘等方式进行。不论采取何种方式，关键是要有利于降低成本，方便易行，群众认可，并确保准确。实测结果经乡（镇）、村公示确认后，作为确认、变更、解除土地承包合同以及确认、变更、注销土地承包经营权的依据。

（三）建立健全土地承包经营权登记簿

县级人民政府农村土地承包管理部门，要依据《农村土地承包经营权证管理办法》和山东省《实施〈农村土地承包法〉办法》，建立土地承包经营权登记簿。已建立登记簿的，要结合试点工作进一步健全，充实完善承包地块的面积、四至、地类和空间位置；未建立的，要在现有土地承包合同、证书的基础上，结合依法确认的承包地块、面积和空间位置等登记信息，抓紧建立。按照不动产统一登记的原则，进一步完善土地承包经营权登记簿。在新一轮土地利用总体规划确定的乡镇或村庄，根据国土资源部门提供的基本农田有关信息，探索将基本农田标注到土地承包经营权证书上。

（四）加强土地承包经营权变更、注销登记等日常管理

在建立健全土地承包经营权登记簿的基础上，积极开展土地承包合同变更、解除和土地承包经营权变更、注销等日常管理工作，并对土地承包经营权证书进行完善，变更或者补换发土地承包经营权证书。承包期内，因下列情形导致土地承包经营权发生变动或者灭失的，根据当事人申请，县（市、区）农村土地承包管理部门依法办理变更、注销登记，并记载于土地承包经营权登记簿：一是因集体土地所有权变化的；二是因承包地被征占用导致承包地块或面积发生变化的；三是因承包农户分户等导致土地承包经营权分割的；四是因土地承包经营权采取转让、互换方式流转的；五是因结婚等原因导

致土地承包经营权合并的；六是承包地块、面积与实际不符的；七是承包地灭失或者承包农户消亡的；八是承包地被发包方依法调整或者收回的；九是其他需要依法变更、注销的情形。试点期间，凡申请登记、变更、注销土地承包经营权的，县（市、区）农村土地承包管理部门，应当对涉及的每宗承包地块实测确认，并向申请方提供书面证明。

（五）　对其他承包方式开展确权登记颁证

采取招标、拍卖、公开协商等方式承包农村土地的，当事人申请土地承包经营权登记，按照农业部《农村土地承包经营权证管理办法》有关规定办理登记。经县（市、区）农村土地承包管理部门审核，符合登记有关规定的，报请同级人民政府，依法颁发农村土地承包经营权证书予以确认。

（六）　做好土地承包经营权登记资料归档

要在档案管理部门的支持和指导下，做好土地承包经营权登记文件资料的归档工作。农村土地承包经营权登记档案，由土地承包经营权登记机关负责集中保管，并依法按期移交同级国家综合档案馆。不具备保管条件的，可提前移交同级国家综合档案馆。

（七）　实施农村土地承包信息化管理

进一步强化对农村土地承包和经营权流转的管理，全面实施土地承包管理微机化，将登记信息录入到计算机，实现农村土地承包合同、土地流转合同、土地承包经营权证、土地承包经营权登记簿的智能化管理。土地承包经营权登记信息资料实行有关部门共享。

（八）　建立和完善确权登记工作的相关制度

建立健全土地清查、经营权登记、土地承包经营权流转、纠纷调解仲裁以及档案管理等各项工作制度，探索形成一套完整的确权登记工作制度。

六、山东省农村土地承包经营权登记试点工作组织

2011 年 5 月，山东省农业厅、财政厅、国土资源厅、农工办、法制办、档案局联合印发了《山东省农村土地承包经营权登记试点工作方案》，要求切实加强组织领导，强化责任落实，细化保障措施，确保社会稳定和工作成效，具体要求如下。

（一）　建立工作机构

为确保此项工作顺利开展，省农业厅会同省财政厅、省国土资源厅、省委农工办、省政府法制办、省档案局成立农村土地承包经营权登记试点工作指导小组，按照各自职责统筹指导登记试点工作，办公室设在省农业厅经管处。各试点县（市、区）要加强组织领导，成立以政府主要领导为组长的试点工作领导小组，负责组织实施登记试点工作。农村土地承包管理部门承担领导小组的日常工作，负责编制实施方案，分解任务，落实责任，明确进度，定期检查，抓好落实。

（二）　强化部门责任

各试点县（市、区）农业局、农经局、财政局、国土资源局、农工办、法制办、档案局等有关部门要分工负责，密切配合，共同做好农村土地承包经营权登记试点工

作。农村土地承包管理部门承担领导小组的日常工作，负责编制实施方案，分解任务，落实责任，明确进度，定期检查，抓好落实。县级财政部门要做好土地承包经营权登记试点的经费保障工作；国土资源部门要免费提供第二次全国土地调查成果，用于土地承包经营权确权登记；农工办要搞好部门协调，帮助解决登记试点中遇到的困难和问题；法制部门要充分发挥职能作用，为土地承包经营权登记试点工作提供法制服务；档案管理部门要加强对土地承包档案管理工作的支持和服务，帮助搞好土地承包档案管理。其他相关部门要按照本部门的职责分工，积极参与此项工作，共同维护好农民的合法权益。

（三）认真制定试点工作实施方案

试点县（市、区）工作实施方案的制定，要根据当地实际充分考虑农时，科学设计登记试点内容和各阶段进度。可根据所辖乡（镇）的实际情况，分类确定登记试点的重点方向和进度计划。也可以选择基础工作较扎实的部分村先行试点，积累经验后再扩展到全县（市、区）面上铺开。要综合考虑各种条件因素，统筹规划，分类施策，增强工作实施方案的针对性、可操作性，确保试点工作顺利开展。

（四）准确把握政策界限

严格执行农村土地承包法规政策规定，在现有土地承包合同、证书和集体土地所有权确权登记成果的基础上，开展土地承包经营权登记试点。对实测面积，经公示后据实登记，作为确权变更依据。实测面积不与按延包面积确定的农业补贴基数挂钩，不与农民承担费用、劳务标准挂钩，严禁借机增加农民负担。对延包不完善、权利不落实和管理工作不规范的，予以依法纠正。对集体土地所有权、农户家庭承包经营权存在争议和纠纷的，先依法解决，再予以登记确权。

（五）妥善处理登记试点中出现的问题

对试点工作中遇到的问题要按照保持稳定、尊重历史、照顾现实、分类处置的原则依法妥善解决。各试点县（市、区）要组织力量对土地承包问题进行摸底排查，妥善解决可能影响土地承包经营权登记工作顺利开展的突出问题。凡是法律法规和现行政策有明确规定的，要严格按照规定处理；凡是法律法规和现行政策没有明确规定的，要依照法律法规和现行政策的基本精神，结合当地实际妥善处理。要认真开展信访稳定风险评估，制订切实可行的应急处置预案，实行全面参与、全程监控，对信访等问题按照属地化解原则，确保把矛盾解决在萌芽状态，解决在基层。要引导当事人依法理性反映和解决土地承包经营纠纷，通过协商、调解、仲裁、诉讼等渠道化解矛盾。

（六）落实工作经费

登记试点经费以地方为主纳入财政预算予以保障，试点县（市、区）试点经费存在缺口的，可由试点县（市、区）通过上级财政安排的转移支付统筹解决，切实保证试点工作顺利进行和试点任务按时完成。要保障资金及时足额到位，并采取有效措施加强管理和监督，确保资金使用安全高效。

（七）加强检查指导

农村土地承包经营权登记试点工作领导机构，要定期不定期对各个阶段的工作情况进行督促检查，适时进行情况通报，及时发现和解决工作中出现的新情况、新问题。对作风不实、措施不当、违背政策，导致农民集体上访、越级上访或发生群体性事件、其他恶性事件的，要严肃追究有关责任人责任。

七、山东省临沂市农村土地承包经营权确权登记工作情况

根据中央、省要求搞好农村土地确权、登记、颁证工作的部署，山东省临沂市于2012年5月启动农村土地承包经营权确权登记工作，自2012年5月开始到2013年6月，已完成两轮试点，共完成12个县区、68个乡镇、115个村的登记试点任务。试点工作的做法和经验，得到省委省政府领导的充分肯定，并在全省予以推广。中央电视台《聚焦三农》栏目等对我市农村产权制度改革做了专题报道。在两轮试点的基础上，于2013年9月份进入全面推开阶段，全市第一批153个乡镇2007个村已基本完成。自2013年底以来，大部分县区打破批次，压茬推进，经过各级政府、部门和广大干部群众的一致努力，目前，全市已基本完成农村土地承包经营权确权登记工作。通过确权登记，主要解决了过去面积不准、四至不清、空间位置不明、登记簿不健全等问题。具体抓了以下几个方面的工作。

（一）各级领导重视，推动有力

自开展确权登记颁证工作以来，临沂市委市政府高度重视，多次召开市委常委会、市政府常务会议研究确权登记工作，市委、市政府主要领导同志多次调度情况、作出批示，要求把确权登记及农村产权制度改革，作为当前和今后一个时期推动"三农"工作的重要抓手，切实加快农村产权制度改革步伐，工作要做到位，确保有法律效力，积极稳妥推进，推进城乡发展一体化进程。

2014年9月17日，市委、市政府召开了全市农村产权制度改革工作推进会议，总结前两轮试点工作，对全面推开确权登记工作做了动员部署。印发了《关于推进农村产权制度改革的实施意见》，明确要求自2013年9月开始确权登记及产权制度改革全面启动，到2014年底基本完成，农村产权交易、融资两项配套改革同步安排、同步推进。建立了由市委副书记牵头的联席会议制度，成立以分管副市长为组长的农村土地承包经营权登记工作推进小组，并抽调素质良好、作风严谨、业务精干的工作人员，组成改革推进办公室。同时还建立了工作督导机制，成立了市领导督导组、效能督察组、业务指导组，做到领导力度到位、组织机构到位、人员队伍到位。市委、市人大、市政府、市政协的市级领导每人联系2~3个县区；由市纪委、纠风办组成的效能督察组，不定期督导县区推进情况，实施效能督查；由业务主管部门组成的业务指导组，加强具体业务的指导和工作督导。

为确保确权登记工作的顺利实施，市委、市政府研究决定，由市财政拿出一定资金对各县区给予奖补。奖补数额根据各县区实际完成情况和支出情况，按三分之一的比例确定，根据市里的统一部署，各县区、乡镇都分别成立了相应工作机构，从人财物方面提供有力保障，确保确权登记及产权制度改革稳步推进。

（二）坚持质量第一，稳步推进

临沂市农村土地承包经营权确权登记工作，始终把质量放在第一位，坚持时间服从

质量，在保证质量的前提下，扎实推进，不捂"盖子"、不避矛盾、不发纠纷证、不留后遗症，确实权、颁铁证，切实保护农民利益。

2014年以来，市委市政府已两次召开大型现场推进会和工作调度会，强力推进确权登记工作。2014年3月7日，在郯城召开了全市农村产权制度改革现场推进会，各县区委副书记、分管副县长等参加了会议，时任市委副书记李峰、市委常委副市长尹长友及市人大、政协等领导出席会议，尹长友主持、李峰作重要讲话。李峰书记从认识、基础工作、矛盾化解、工作质量、工作进度、指导督导六个方面深刻剖析存在的问题，提出对已经进行和正在进行的村庄普遍开展一次"回头看"活动，存在问题的立马叫停彻底整改，什么时候整改好了，什么时候再继续推进，坚持时间服从质量，防止走过场。2014年5月9日，再次召开全市农村产权制度改革调度会，李峰书记作重要讲话。重点解决好八个方面的问题：一是对工作推进不快、质量不高、没有明显改进的县区，市里将开现场督导会；二是由市县宣传部门牵头，在广播电视、报纸等媒体开设专栏专刊进行宣传，把改革精神传达到千家万户；三是要推广看得懂、易上手的菜单式培训，把村书记、村会计全部轮训一遍，确保一片一个乡镇工作人员、一村一个熟悉业务的村级工作人员；四是要按需定人，该调的调、该补的补、该专的专，人员只能加不能减、不得换人；五是要"把地量准、把图画准、把权属关系对应准"，加强日常监督，对违背测绘原则、不符合测绘要求的，限期改正，必要时取消合同、追究责任；六是实行工作人员包村责任制，逐村逐户看图对图，凡出现问题的村居，追究包村人员的责任；七是2014年底前全面完成任务；八是要围绕工作进度、工作规范、存在问题等关键环节开展督导，对存在问题的立马叫停整改。

根据市的统一部署，各县区对已开展确权登记工作的所有乡村、测绘公司全面开展了自查整改，由分管县区长主持，选取有代表性的二三个村庄，对工作中的每个环节进行深刻剖析，认真查找问题，分析问题存在的原因，弄清是村的责任还是测绘公司的责任，拿出切实可行的整改方案，是谁的责任就由谁来完成整改，在剖析典型、找出问题和解决办法的基础上，举一反三，面上推广。通过"回头看"活动，对过去存在的问题，特别是测绘质量问题得到了彻底纠正，全市的确权登记工作质量得到保证。

（三）部门工作到位，措施有力

一是总结试点经验，优化工作方案。全市确权登记工作全面推开后，进一步改进工作方法，调整优化工作方案。在广泛考察论证的基础上，确定在大面积推开中充分利用国土二调的有关影像资料和现代航空影像技术，采用图解法配合局部实测矫正的方法进行测绘，提高工作效率，降低测绘成本。二是抓好业务培训，确保工作质量。根据工作进展情况和不同阶段存在的实际问题，及时召开业务培训会议，传达贯彻上级精神和市委市府工作部署，邀请测绘公司对具体业务进行培训，选取工作做得好的县区对开展工作的具体做法、方法步骤、工作流程等作详细讲解。通过交流和培训，统一了工作标准和做法，保证了确权登记工作不出现偏差，不出现后遗症。三是加强工作指导，确保工作顺利进行。市农业局成立了主要领导为主任的"农村土地承包经营权确权登记工作办公室"，将工作落实到岗位和人员。成立了由副县级干部为组长、相关科室负责人和具体工作人员参加的四个业务指导组，坚持每周督导一次。印发了《农村土地承包经营权确权登记工作业务督导要点》，制作了村级工作进度台账，明确了督导方法和督导内容。各业务指导组，每周到分工县区督导一次，通过听取汇报、召开座谈会、走村入户等形式，了解具体工作开展情况，听取县区意见和建议，探讨工作推开面临的困难和问题，进行相关业务指导。工作中，注意加强信息交流，实行周调度、周通报制度。及时将各县区工作情况、经验做法等编发信息简报，分发市县分管领导、领导小组办公室成员单位等。各试点县及时向市领导小组办公室报送工作情况，对试点中遇到的重大问题随时报告，确保了市县镇村四级信息畅通。

（四）积极探索，搞好配套改革

根据市委市政府的统一部署，在搞好确权登记的同时，对产权交易及融资等配套改革，由市政务大厅、金融办同步推进，农业部门配合进行，以市、县公共资源交易中心为依托，分级建立了"农村综合产权交易中心"，以乡镇（街道）公共资源交易中心为依托，建立了"农村综合产权交易服务中心"，建立完善了市、县、乡三级的农村产权交易市场体系。在制定完善交易制度、交易规则的基础上，研发了"临沂农村综合产权交易系统"软件，建立了覆盖市县乡三级的"临沂农村综合产权交易管理平台"，实现了交易审核、信息发布、业务管理、网络竞价等功能。

截至 2015 年初，全市有 145 个乡镇全面完成土地承包经营权确权登记工作，占总乡镇数的90%；共有 6 699 个村开展农村土地承包经营权确权登记工作，占总村数的95.5%；有 6 665 个村完成测绘公示，占总村数的95.06%，有 6 650 个村、230.7 万户完成合同签订，有 6 524 个村、227.9 万户完成颁证工作；有 6 562 个村建立登记簿，完成登记合同面积868.56 万亩、实测确权颁证面积94.43 万亩。

案例连接15：

机动地应当用于新增人口的土地承包需求

案情概述

2009 年9 月，某村村民石某等 7 人到县反映：该村有机动地面积131 亩，因家庭新增人口无承包地，要求为新增人口分配土地。

以案说法

《中华人民共和国农村土地承包法》第二十八条规定：下列土地应当用于调整土地或者承包给新增人口：（一）集体经济组织依法预留的机动地；（二）通过依法开垦等方式增加的；（三）承包方依法、自愿交回的。

山东省实施《中华人民共和国农村土地承包法》办法第十五条规定：下列土地应当用于调整土地或者承包给新增人口：　（一）集体经济组织依法预留的机动地；（二）集体经济组织通过依法开垦、复垦等方式增加的土地；（三）承包方依法、自愿交回的土地；（四）发包方依法收回的土地。前款所列土地的调整，必须经过本集体经济组织成员的村民会议三分之二以上成员或者三分之二以上村民代表的同意。前款所列土地在未用于调整之前，应当采取招标、公开协商等方式承包。承包期不得超过 3 年。本集体经济组织成员在同等条件下享有优先权。同时该办法第十三条规定：发包方预留的机动地面积，超过本集体经济组织耕地总面积的 5% 的，应当自本办法实施之日起一年内调整至 5%；不足 5% 的，不得再增加机动地。《中华人民共和国农村土地承包法》实施前未留机动地的，该法实施后不得再留机动地。

中共山东省委、山东省人民政府《关于稳定完善农村土地承包经营制度的意见》：对超过集体经济组织耕地总面积 5% 限额多留的机动地，要按照公平合理的原则分包到户。

《中华人民共和国农村土地承包法》（以下简称《承包法》）第十八条规定土地承包应当遵循以下原则：（一）按照规定统一组织承包时，本集体经济组织成员依法平等地行使承包土地的权利，也可以自愿放弃承包土地的权利；（二）民主协商，公平合理；（三）承包方案应当按照本法第十二条的规定，依法经本集体经济组织成员的村民会议三分之二以上成员或者三分之二以上村民代表的同意；（四）承包程序合法。第十九条规定土地承包应当按照以下程序进行：（一）本集体经济组织成员的村民会议选举产生承包工作小组；（二）承包工作小组依照法律、法规的规定拟订并公布承包方案；（三）依法召开本集体经济组织成员的村民会议，讨论通过承包方案；（四）公开组织实施承包方案；（五）签订承包合同。

处理结论

一、该村依法预留的 51.2 亩机动地，应当全部分配给新增人口。

二、根据《承包法》第十八、十九之规定召开村民会议，经三分之二以上成员或三分之二以上村民代表同意，选举产生承包工作小组、拟定并公布承包方案经村民同意后，将超限额多留的 79.8 亩机动地，按现有人口均分到户。

案例连接 16：

新增人口要求落实土地承包经营权应有条件落实

案情概述

某市村民孔某反映：本人 2005 年结婚，2008 年其儿子出生后，户口落在本村，但一直没有分得土地。

孔某要求新增人口应该分配承包地。

以案说法

山东省实施《中华人民共和国农村土地承包法》办法第六条规定，符合下列条件之一的本村常住人员，为本集体经济组织成员：（一）本村出生且户口未迁出的；

（二）与本村村民结婚且户口迁入本村的；（三）本村村民依法办理领养手续且户口已迁入本村的子女；（四）其他将户口依法迁入本村，并经本集体经济组织成员的村民会议三分之二以上成员或者三分之二以上村民代表的同意，接纳为本集体经济组织成员的。第十五条规定，下列土地应当用于调整土地或者承包给新增人口：（一）集体经济组织依法预留的机动地；（二）集体经济组织通过依法开垦、复垦等方式增加的；（三）承包方依法、自愿交回的；（四）发包方依法收回的。前款所列土地的调整，必须经过本集体经济组织成员的村民会议三分之二以上成员或者三分之二以上村民代表的同意。

处理结论

经调查了解孔某所反映的新增人口，属于上述法律中规定的集体经济组织成员资格。但孔某所在的村，自 1998 年开展第二轮土地承包时，就已将土地按人口全部分配到户，没留机动地，目前也没有可用于人口增补调整的土地。

将来该村依法有可用于调整的土地时，可按照法定程序给新增人口调地。

第三章 农民合作社

第一节 农民合作社概述

一、农民合作社的概念

《中华人民共和国农民专业合作社法》对农民专业合作社的定义："农民专业合作社是在农村家庭承包经营基础上，同类农产品的生产经营者或者同类农业生产经营服务的提供者、利用者，自愿联合、民主管理的互助性经济组织"。这一定义包含着三方面的内容：第一，农民专业合作社坚持以家庭承包经营为基础；第二，农民专业合作社由同类农产品的生产经营者或者同类农业生产经营服务的提供者、利用者组成；第三，农民专业合作社的组织性质和功能是自愿联合、民主管理的互助性经济组织。2013年中央一号文件把农民专业合作社称为农民合作社，并给予了很高的发展定位，提出：农民合作社是带动农户进入市场的基本主体，是发展农村集体经济的新型实体，是创新农村社会管理的有效载体。

二、农民合作社的基本特征

自愿、自治和民主管理是合作社制度最基本的特征。农民专业合作社作为一种独特的经济组织形式，其内部制度与公司型企业相比有着本质区别。股份公司制度的本质特征是建立在企业利润基础上的资本联合，目的是追求利润的最大化，"资本量"的多寡直接决定盈余分配情况。但在农民专业合作社内部，起决定作用的不是成员在本社中的"股金额"，而是在与成员进行服务过程中，发生的"成员交易量"。农民专业合作社的主要功能，是为社员提供交易上所需的服务，与社员的交易不以盈利为目的。年度经营中所获得的盈余，除了一小部分留作公共积累外，大部分要根据社员与合作社发生的交易额的多少进行分配。实行按股分配与按交易额分配相结合，以按交易额分配返还为主，是农民专业合作社分配制度的基本特征。农民专业合作社与外部其他经济主体的交易，要坚持以营利最大化为目的市场法则。因此，其基本特征表现如下。

一是在组织构成上，农民专业合作社以农民作为合作经营与开展服务的主体，主要由进行同类农产品生产、销售等环节的公民、企业、事业单位联合而成，农民要占成员总人数的80%以上，从而构建了新的组织形式；二是在所有制结构上，农民专业合作社在不改变家庭承包经营的基础上，实现了劳动和资本的联合，从而形成了新的所有制结构；三是在盈余分配上，农民专业合作社对内部成员不以盈利为目的，将可分配盈余大部分返还给成员，从而形成了新的盈余分配制度；四是在管理机制上，农民专业合作社实行入社自愿、退社自由、民主选举、民主决策等原则，构建了新的经营管理体制。

三、发展农民专业合作社的必要性

总的来说，在我国目前的社会经济制度和当前的生产力条件下，从事专业生产经营的农民，通过办专业合作开展生产经营活动，能够扩大生产经营规模，增加农产品和服务的总量。能够实行标准化生产，保障农产品质量安全，提高产品品质，获得更好的效益，提高农民的市场竞争能力和谈判地位。能够享受更广泛更优质的技术服务、市场营销和信息服务，也便于农民更直接有效享受国家对农业、农村和农民的扶持政策。发展农民专业合作社，是新形势下实现农业增收增效的必由之路，是走中国特色农业现代化道路的必然选择，是全面建设小康社会、推进我国社会主义事业不断发展的必然要求。

具体地讲，当前，我国农民在农业生产与农村经济发展中，正面临着大市场与小生产的发展矛盾。从大环境看，市场物流快速膨胀，全国甚至全世界的东西都可以到处流动。而在一家一户的生产经营形式下，农民在面对市场出售农产品、购买生产资料、寻求技术服务时，由于量小而且分散，产品售价相对较低，生产资料购买价格相对较高，享受技术服务相对较难，因此，无论生产规模、经营效益，不是市场优势，都将受到进一步扩大和提高的限制，前景越来越难。对于普通农民来说，要改变这种状况，现实的选择就是以合作的方式，生产、销售同样的产品，联合采购生产资料和集中接受技术服务，甚至自己发展一些初级的加工生产，通过合作来形成相对大的生产经营规模，增强自己讨价还价的能力，提高产品销售价格，降低生产资料采购价格，更方便地获得技术服务，从而增加自己的收入。实际意义表现如下。

一是发展农民专业合作社，能够稳定完善农村基本经营制度。以家庭承包经营为基础、统分结合的双层经营体制，是农村的基本经营制度，必须长期坚持。但在农业农村发生深刻变革的背景下，家庭经营也遇到了一些困难和问题。在坚持家庭承包经营不动摇的基础上，加快发展农民专业合作社，扩大农户间的合作与联合，逐步形成多元化、多层次、多形式的经营体系，可以有效地为农民提供产前、产中、产后各个环节的服务，解决一家一户办不了、办不好、办了不合算的问题。

二是发展农民专业合作社，能够解决现代农业发展在人力资源上受到的约束。随着农村青壮年劳动力向城镇转移，农业从业人员老龄化和农业兼业化、副业化将更加普遍，转变农业发展方式、建设现代农业面临的人力资源制约将日益突出，"谁来种地"、"地怎么种"等问题，不仅是当前的现实问题，更是走中国特色农业现代化道路绕不过的课题。加快发展农民专业合作社，既能为农户提供低成本、便利化、专业化的生产经营服务，解决农户劳动力、技术、产品销售等方面的困难，又能为有文化、有技能的青壮年农民在农村发展创业提供平台。

三是能够提高农民组织化水平，促进生产发展、农民增收致富。建设社会主义新农村最关键的是发展农村生产力，增加农民收入。这是农民提高生活水平、生活质量，改善村容村貌，促进乡风文明的物质基础。但在市场经济条件下，农民单家独户的小规模分散经营，种养面积小，产量低，农业生产成本高，难以形成规模优势，加上信息不灵，科技含量低，经济实力弱，农业经济效益并不明显。农民专业合作社作为一种由农民互助合作性质的经济组织，通过联合生产，规模经营，可以有效地将分散的资金、劳动力、土地和市场组织起来，解决市场"小农户"和"大市场"的对接和适应问题，以较低的交易成本进入市场，降低交易费用，提高农副产品的附加值，实现农民持续增收、生活富裕的目的；也有利于解决稳定家庭联产承包责任经营与扩大规模经营的矛盾、农户与龙头企业之间的矛盾，促进农业产业化经营，增强农户和农业的市场竞争能力，逐步提高在市场竞争中的谈判地位。

四是能够促进农业科技推广、培养新型农民、提高农民素质。农民是农村的主人，是建设社会主义新农村的主要力量。建设新农村，应当重视农村人力资源的开发利用，强化农村劳动力的科学技术和职业技能培训，提高农民科技文化素质，培养造就一批有文化、懂技术、会经营的新型农民。而搞好农业科技培训，提高农民专业合作社成员的科技文化技能，则是农民专业合作社为成员提供服务的主要职能之一。农民专业合作社的培训，往往结合合作社经营的项目，根据实际生产的需要和农时的特点，通过室内讲授、科学示范与现场指导等方式，传播新技术、新信息、新成果，解决生产经营中的现实问题，有很强的针对性和时效性，容易引起农民浓厚的学习兴趣，既有效地提高农民的生产技能和综合素质，也促进了农业科技新成果的普及、推广和应用。同时，农民专业合作社也为广大农民学习经营管理、市场营销、法律等方面知识提供了平台，可以使农民在科技推广、分工协作、组织管理、市场营销、对外联系等方面得到锻炼，有利于增强农民的科技意识和合作精神，提高适应市场经济、接受新事物的能力。

五是能够有效促进民主管理、民主监督，培养农民民主意识与合作意识。农民专业合作社是在农村家庭承包经营基础上，同类农产品的生产经营者或者同类农业生产经营服务的提供者、利用者，自愿联合、民主管理的互助性经济组织，其最大的特点是"民办、民管、民受益"，实行自愿加入，民主管理。每个专业合作社都要求制定合作社章程，制定理事会、监事会职责，社员代表大会职责，以及培训、财务管理、分配等制度，对规范社员行为、实行民主集体管理起到积极作用。特别是农民专业合作社与社员之间的经济利益密切相关，每个农民都有根据自己的经济目标要求等，参与民主决策和民主监督的主观愿望，这种内在积极性，使得广大社员在直接参与合作经济组织的生产、经营、管理和监督实践中，得到民主管理的锻炼，逐步增强参与意识、民主意识和监督意识。可以说农民专业合作社是农民进行自我教育，加强民主管理，实行民主自治的学校，是提高农民素质的根本途径。

六是发展农民专业合作社，还有利于推动农村综合改革，更好地解决农业投入机制、土地规模经营、集体经济管理、农村基层组织建设等诸多问题。各地在施行《农民专业合作社法》和落实国家有关促进农民专业合作社发展政策措施的过程中，都因地制宜，充分利用当地的传统优势、资源优势，围绕当地的特色优势产业和主导产品，科学选择农民专业合作社的发展项目和发展方向，努力营造农民专业合作社良好的发展条件和政策环境，从而促进了农民专业合作社的健康发展。

四、农民合作社的基本原则

1844 年，英国罗虚代尔镇，28 名纺织工人组建了世界上第一个合作社——罗虚代尔公平先锋社。罗虚代尔公平先锋社每个人出 1 英镑股金，同意采购面包等生活必需品，为大家提供服务。到 20 世纪 30 年代，罗虚代尔先锋社成员发展到 4 万多人，创办了屠宰场、加工厂，拥有上百家分店。罗虚代尔先锋社的成功，主要归功于其章程规定的成员入社、退社自由、管理充分民主、按成员的交易额分配盈余等原则，同时也激发了欧美其他地区劳动者创办合作社的积极性，罗虚代尔原则也被各国合作社所采纳，形成了国际公认的合作社原则。

2006 年，我国颁布《农民专业合作社法》，其明确规定农民专业合作社应当遵循的基本原则：成员以农民为主体；以服务成员为宗旨，谋求全体成员的共同利益；入社自愿，退社自由；成员地位平等，实行民主管理；盈余主要按照成员与农民专业合作社的交易量（额）比例返还。该五项基本原则贯穿于《农民专业合作社法》的各项规定之中。

1. 成员以农民为主体。为坚持农民专业合作社为农民成员服务的宗旨，发挥合作社在解决"三农"问题方面的作用，使农民真正成为合作社的主人，《农民专业合作社法》规定，农民专业合作社的成员中，农民至少应当占成员总数的 80%，并对合作社中企业、事业单位、社会团体成员的数量进行了限制。

2. 以服务成员为宗旨，谋求全体成员的共同利益。农民专业合作社是以成员自我服务为目的而成立的。参加农民专业合作社的成员，都是从事同类农产品生产、经营或提供同类服务的农业生产经营者，目的是通过合作互助提高规模效益，完成单个农民办不了、办不好、办了不合算的事。这种互助性特点，决定了它以成员为主要服务对象，决定了"对成员服务不以营利为目的、谋求全体成员共同利益"的经营原则。

3. 入社自愿、退社自由。农民专业合作社是互助性经济组织，凡具有民事行为能力的公民，能够利用农民专业合作社提供的服务，承认并遵守农民专业合作社章程，履行章程规定的入社手续的，都可以成为农民专业合作社的成员。农民可以自愿加入一个或者多个农民专业合作社，入社不改变家庭承包经营；农民也可以自由退出农民专业合作社，退出时，农民专业合作社应当按照章程规定的方式和期限，退还记载在该成员账户内的出资额和公积金份额，并将成员资格终止前的可分配盈余，依法返还给成员。

4. 成员地位平等，实行民主管理。《农民专业合作社法》从农民专业合作社的组织机构和保证农民成员对本社的民主管理两个方面作了规定：农民专业合作社成员大会是本社的权力机构，农民专业合作社必须设理事长，成员达 150 人以上的，也可以根据自身需要设成员代表大会、理事会、执行监事或者监事会；成员可以通过民主程序直接控制本社的生产经营活动。

5. 盈余主要按照成员与农民专业合作社的交易量（额）比例返还。盈余分配方式的不同，是农民专业合作社与其他经济组织的重要区别。为了体现盈余主要按照成员与农民专业合作社的交易量（额）比例返还的基本原则，保护一般成员和出资较多成员两个方面的积极性，可分配盈余中按成员与本社的交易量（额）比例返还的总额不得低于可分配盈余的60%，其余部分可以依法以分红的方式，按成员出资额和在合作社财产中所享有的份额比例分配给成员。

农民专业合作社的基本原则体现了合作社的价值，是合作社成立时的主旨和基本准则，也是对农民专业合作社进行定性的标准，体现了农民专业合作社与其他市场经济主体的区别。只有依照这些基本原则组建和运行的合作经济组织才是《农民专业合作社法》调整范围内的农民专业合作社，才能享受《农民专业合作社法》规定的各项扶持政策。这些基本原则贯穿于《农民专业合作社法》的各项规定之中。也就是说，只有按照《农民专业合作社法》的各项规定兴办合作社，才能算得上是坚持了合作社原则，合作社才能实现健康发展。

五、农民专业合作社与家庭承包经营的关系

农民专业合作社坚持以家庭承包经营为基础。农民参加专业合作社，每个农户还是独立核算、自负盈亏的经营主体，土地家庭承包关系不变，对家庭个人财产的处置权更没有变。农民专业合作社根据成员的生产、生活需要，建设一些统一的基础设施和企业项目。不仅没有削弱家庭承包经营制度，而且可以进一步发挥家庭承包经营的潜力。生产上的事情由农户家庭自主解决，与之相关的各项服务活动则由合作社帮助办理。

六、农民合作社成员的财产权利与债务责任

根据《农民专业合作社法》的规定，成员在农民专业合作社中的财产权利，主要体现在以下几个方面。

第一，成员对合作社的出资和公积金份额享有包括收益权在内的完全的所有权。成员出资和公积金份额的收益权，表现在年终盈余分配时，可以获得股金分红。当然，合作社作为一个市场主体，也存在经营风险，为此成员也可能存在出资风险。成员出资和公积金份额的所有权，表现在成员退社时可以带走。《农民专业合作社法》明确规定："农民专业合作社应当按照章程规定的方式和期限，退还记载在该成员账户内的出资额和公积金份额。"这些制度可以使农民不用担心加入合作社后自己的财产无条件或无偿"归大堆"，消除农民加入合作社的后顾之忧。

第二，成员对国家财政直接补助和他人捐赠形成的财产享有受益权。《农民专业合作社法》规定，本社接受国家财政直接补助和他人捐赠形成的财产平均量化到成员的份额，是成员参与盈余分配的依据之一。

第三，成员对合作社的财产具有管理权。按照民主管理原则，成员参与合作社财产的管理，以保障合作社财产的保值增值，进而实现服务成员和谋求全体成员共同利益的目标。

第四，农民专业合作社的债权人不能直接追究合作社成员的责任，但成员对合作社要承担债务责任。《农民专业合作社法》规定，成员对合作社债务只承担有限责任，具体以其成员账户内记载的出资额和公积金份额为限，对农民专业合作社承担责任。也就是说，除了成员账户内记载的出资额和公积金份额外，成员不再对合作社债务承担其他的清偿责任。农民专业合作社成员以其账户内记载的出资额和公积金份额为限对农民专

业合作社承担责任。因此，合作社成员对合作社承担的责任，依法属于有限责任形式，即成员在其出资和公积金份额以外，对合作社债务不再承担其他清偿责任。

采取有限责任的形式，符合我国农民专业合作社发展的现状，也体现了法律对其保护的宗旨。由于目前我国农民专业合作社总体上多处于起步发展过程中，农民成员是主体部分，采取有限责任形式，有利于促进广大农民群众积极建立或者加入合作社，从而以合作方式从事生产经营，有利于今后的大力发展和规范提升。

七、农民合作社的财产权利与债务责任

《农民专业合作社法》规定："农民专业合作社对由成员出资、公积金、国家财政直接补助、他人捐赠以及合法取得的其他资产所形成的财产，享有占有、使用和处分的权利，并以上述财产对债务承担责任。"这一规定包括了以下几方面的内容：第一，农民专业合作社拥有能够独立支配的财产。农民专业合作社作为法人，拥有独立的财产，对这些财产实行统一占有、使用和依法处分，来解决一家一户办不了、办不好的问题，实现服务成员和谋求全体成员的共同利益的目标；第二，农民专业合作社对其独立财产，可以以合作社的名义独立支配安排，但必须以合作社章程的规定和成员大会（成员代表大会）的授权为依据；第三，农民专业合作社以所拥有的独立财产对外承担责任的，包括成员的出资、公共积累、政府扶持的资金和社会捐助；第四，农民专业合作社所拥有的财产，只享有占有、使用和处分的权利，也就是说只有支配权，而没有收益权。独立财产支配使用中，所产生的各种收益，分别或共同属于入社成员所有。

八、农民合作社基础管理

合作社基础性管理工作包括以下 4 项。

第一，是自觉接受农业行政主管部门、工商行政管理部门等的指导、管理，按要求向有关部门报送相关材料。从事经营活动的农民专业合作社，还要依法按时向税务部门纳税。我国农民专业合作社还处于发展的初始阶段，客观上需要政府组织有关部门和单位为其建设和发展提供指导、扶持和服务。鼓励和引导农民专业合作社健康发展是各级政府的一项经常性的工作。各级人民政府应当依照《农民专业合作社法》规定，围绕农民专业合作社的建设和发展，组织农业行政主管部门和其他有关部门及有关组织，为农民专业合作社提供指导、扶持和服务，并做好督促和落实工作。

当农民专业合作社有困难、有问题需要政府解决时，要让群众知道可以找政府哪个部门帮助协调，而不能让群众摸不着门，因此，需要有一个明确的政府部门承担更多的责任。现实工作中，各级政府农业行政主管部门与农业生产和农民群众联系更多、更密切，对生产生活中的一些政策和技术性问题，农民群众一般也是主动与政府农业部门联系。因此，在这方面，《农民专业合作社法》规定了农业行政主管部门更重的责任和更高的要求。

2003 年 9 月，中共临沂市委、临沂市人民政府印发《关于加快农民专业合作组织的意见》（〔2003〕24 号）提出，各级农业行政主管部门，特别是农村经济经营管理部门，要切实履行职责，加强对专业合作经济组织的指导与管理。明确了在全市范围内，

包括农民合作社在内的各类农业合作经济组织的政府主管部门。

　　需要指出的是，任何部门、组织和个人都不得借指导、扶持和服务的名义，改变农民专业合作社"民办、民有、民管、民受益"的性质和特征，强迫农民建立或者加入合作社，或者干预农民专业合作社的内部事务。政府部门提供的指导、扶持和服务，必须始终坚持尊重农民的意愿和选择，采取农民群众欢迎的方式方法，因地制宜，分类指导，真正做到引导不强迫、支持不包办、服务不干预。必要的、恰当的辅导和指导可以有效培养农民的合作意识，激发群众的合作热情，提升农民专业合作社的发展质量。国家通过给予农民专业合作社必要的、适度的财政金融扶持、税收优惠等扶持政策，提高其在市场中的谈判地位，符合市场经济公平竞争的原则，也符合国际惯例。政府各有关部门应当依照法律规定，进一步整合各种支农资源，鼓励支持符合条件的农民专业合作社参与申报和实施有关支农资金和支农项目，充分发挥农民专业合作社在发展现代农业、建设社会主义新农村、构建农村和谐社会中的积极作用。

　　第二，是要明晰资产。明晰资产包括两个方面的含义。一方面是明晰内部成员的资产份额。农民专业合作社是由全体社员或部分社员投资形成的生产经营单位，在原始资本的基础上形成的合作社独立资产归属于全体社员。因此，农民专业合作社在建立之初就应明确各入社农户的投资份额，以投资份额确定今后生产经营中的增值权益。另一方面，要明晰合作社的总资产量。参加农民专业合作社入社的成员有农户、有企业、有社会团体、有事业单位，在核定合作社独立资产总量时，应根据章程的规定，在明确每个社员投资额的基础上，核定出农民专业合作社总资产。不能把团体社员的企业资产和农户社员的个人资产等，笼统的"归大堆"，全部核算为合作社总资产。

　　第三，是要加强经济核算。按国家专业财务会计制度配备相应机构与人员队伍，及时加强财务与会计核算。

实践连接：

临沂市兰山区鲁蒙蔬菜种植合作社

　　2008 年 9 月 3 日，临沂市兰山区鲁蒙蔬菜种植农民专业合作社，在兰山区农业局的大力支持下，经临沂市工商行政管理局兰山分局注册登记运营，注册资金 60 万元人民币。由发起人张金全、王立东等 19 人发起设立，经选举张金全担任理事长并任法人代表。主要从事为本社成员提供大蒜、青葱、胡萝卜、甘蓝等农产品的种植、加工和销售服务。

　　该合作社位于的义堂镇小义堂村，其土地平坦，土壤肥沃，水源充足，民风淳朴，交通便利。全村共有 676 户，耕地 3 758 亩，主要种植玉米、小麦等农作物，是传统的农业村。2008 年 5 月，在上级领导的具体指导和小义堂村支两委大力支持下，通过召开村民大会、举办专栏、印发明白纸等形式，大力宣传建立合作社的意义及好处，使农民从思想上提高了认识，激发了入社的积极性和自觉性。按照合作社组建的程序，2008年 5 月 20 日召开了全体社员大会，符合入社条件的村民均积极报名参加，并以无记名投票的方式选出了理事会成员和监事会成员，通过了合作社章程和规章制度。2009 年底，社员总数为 340 人，社员入社每一亩作为一股，每亩每年付保本金 600 元，现金入股的每 1 000 元为一股。共吸纳土地股 600 股、现金股 300 股，总计 900 股。在具体分配中扣除每亩 600 元的保本金、生产支出、用工支出等其他费用后的净收入部分，按 60% 以现金形式分配到社员，40% 留作公积金、风险金等，并明细到社员账户，实现一年一结算，及时张榜公布。

合作社从 2008 年创办以来，经过滚动式发展，规模由小到大，已完成了资本的初期积累。截至目前，示范带动当地农民 1 600 余户，年种植面积 2 000 亩。2013 年，合作社按"统一生产、统一指导、统一收购、统一销售、统一结算"的生产经营方式和"利益共享、风险共担"的分配原则，销售大蒜、青葱、胡萝卜等 8 000 余吨，实现销售收入 2 000 余万元，实现利润 260 万元，社员年人均纯收入 22 000 多元，高出当地未入社农民人均纯收入 2 000 多元。

该农民专业合作社的成立，极大地推动了当地蔬菜产业的发展，有效地解决了农业社会化服务体系滞后和农民进市场难等问题，使农业生产实现了标准化、信息化、规模化，促进了农业生产由数量型向效益型的转变。通过合作社的技术指导、产品销售、品种改良，特别是农产品产后的一整套商品化处理过程，使蔬菜种植业形成了产、加、销一体化格局，有效地解决了小生产与大市场的对接，降低了农民进入新产业和市场的交易成本；通过合作社的统一收购、统一加工、统一销售、统一结算，调整和整合生产与加工和销售的关系，产生了规模效益，进而提高了农产品的经营效益，使农民获得一部分市场利润，增加了农民的收入；通过合作社的品种引进和技术推广，加快了品种的更新，为农民的丰产丰收奠定了基础。几年来，该合作社举办大蒜、青葱、胡萝卜、农产品质量管理等内容的技术培训班 13 次，培训农民达 3 800 余人次，发放技术手册 7 200 多册，为合作社的长远发展铺设了牢固的科技平台，从整体上提高了蔬菜种植业的水平。合作社能够保障农用生产资料的供应。为了保障农业生产的顺利进行，也为了保证产品质量，合作社统一购入种子、农药、农膜、化肥等农业生产资料，统一供给社员及农民；为了帮助社员及农民解决"春种、田管"资金不足，合作社还开展了农业生产资料的赊销。2013 年，合作社统购统供化肥、农药、种子等农业生产资料 260 吨，其中赊销给社员的生产资料达到了 60 吨。这样既减少了支出、降低了成本，又使肥料的使用、药物的喷洒更趋于合理，有力地保证了产品的质量。

今后，该蔬菜种植合作社将以临沂市兰山区义堂镇 2 000 亩蔬菜为基地，以市场需求为导向，不断地扩大自己的业务，广开、多开销售渠道，全方位为农服务、为农解难、带农致富、促农增收，真正起到"建一个组织、兴一个产业、活一方经济、富一方农民"的作用。

第二节　农民合作社设立

一、设立农民专业合作社的程序

首先，要做好精心细致的筹备工作，包括进行成立合作社和主导产业等方面的可行性、有效性及合理性分析、发动农民参加、筹集资金、起草章程；其次，在精心细致筹备的基础上，召开设立大会和向工商行政管理机关申请登记；第三，在登记获得批准后，农民专业合作社就可以按照工商部门登记的经营业务范围，开始从事生产经营活动。具体组建时按以下七步程序进行：发起，进行可行性分析论证，确定合作社名称，起草合作社章程，吸收社员，召开设立大会，注册登记后取得法人资格。

二、农民专业合作社经营业务

农民专业合作社生产经营业务的范围，不仅要写入章程，而且也要由工商部门登记予以确认。农民专业合作社要在符合国家产业政策和章程规定的前提下，根据成员生产发展的需要，结合当前及以后的实际发展情况，确定经营服务的内容，并逐步扩展合作社对成员服务的功能。一般来说，农民专业合作社最主要的生产经营业务：农业生产经营中的技术培训、新品种引进，提供农业生产资料的购买服务，农产品的贮藏、运输与销售服务，产品加工增值，信息服务等。

尽管农民专业合作社可从事的经营业务较广泛，但具体到某个农民专业合作社在确定生产经营业务时，需要注意到，农民专业合作社是从事专业化生产的经济组织。农民专业合作社能否实现发展，关键是所确定的生产经营业务是否符合成员的需要，是否可以发挥当地自然、经济、社会等方面的优势。

三、农民专业合作社发展目标

一般来说，农民专业合作社包括经济和社会两个方面的发展目标。经济目标以为成员提供技术、信息、农产品销售、生产资料购买以及资金等服务为手段，促进成员生产的发展，提高成员的经济收入。社会目标是在经济目标的基础上，追求合作社的理念和价值，实现社会公正与共同致富，这是农民专业合作社的可贵特质。农民从合作社切实可行的发展目标中，可以看到兴办合作社给自己带来的好处，才会考虑是否加入合作社。

农民专业合作社的发展目标，不能凭一时的热情和主观愿望来确定，而是需要进行可行性、有效性和合理性等方面的分析，从实际出发，根据各种外部经济环境条件、成员需要和发展的可能等因素来确定。农民专业合作社的互助性特点，决定了它的发展目标必须由成员来共同确定。

四、农民专业合作社的名称确定

农民专业合作社的名称，是指合作社经登记机关依法登记，并用以相互区别的固定称呼，是合作社人格特定化的标志，也是农民专业合作社设立、登记，并开展经营活动的必要条件。一般来说，农民专业合作社的名称可以由地域、字号、产品、组织形式"专业合作社"字样依次组成。名称中的行政区划，是指农民专业合作社住所所在地的县级以上（包括市辖区）行政区划名称。名称中的字号应当由两个以上的汉字组成，可以使用农民专业合作社成员的姓名作字号，不得使用县级以上行政区划名称作字号。名称中的行业用语，应当反映农民专业合作社的业务范围或者经营特点。名称中的组织形式应当标明"专业合作社"字样。名称中不得含有"协会"、"促进会"、"联合会"等具有社会团体性质的字样。组织形式标明"专业合作社"字样，主要是为了区别于其他类型农民专业合作组织的名称，也区别于各类企业的名称，有利于公众识别农民专业合作社这类新的市场主体。

农民专业合作社依法享有名称权，并以自己的名义从事生产经营活动，其名称受到相关法律保护，任何单位和个人不得侵犯。农民专业合作社只准使用一个名称，在登记机关辖区内不得与已登记注册的同行业农民专业合作社名称相同。

五、农民专业合作社住所确定

农民专业合作社的住所，是指法律上确认的农民专业合作社的主要经营场所。住所是农民专业合作社注册登记的主要事项之一，合作社变更住所，也必须办理变更登记。经工商行政管理机关登记的农民专业合作社的住所只能有一个，其住所可以是专门的场所，也可以是某个成员的家庭住址，这也是农民专业合作社的组织特征和服务内容所决定的。农民专业合作社的住所应当在登记机关管辖区域内。

六、发动农民入社

组织和发动农民入社，是设立农民专业合作社的重要工作。在发动农民加入农民专业合作社时，一方面，要通过认真学习国家的法律法规，正确认识什么是农民专业合作社，让农民了解参加合作社会有什么好处；另一方面，还要宣传成为合作社成员的条件及权利、义务。通过这些工作，使农民对合作社有一个正确的认识和心理准备，并通过自己的判断，自主做出是否加入合作社的决定。也只有这样，农民专业合作社的发展才会有一个良好的开端。

七、农民专业合作社章程

加入农民专业合作社的成员，必须遵守农民专业合作社章程。农民专业合作社章程是农民专业合作社，在法律法规和国家政策规定的框架内，由全体成员根据本社的特点和发展目标制定的，并由全体成员共同遵守的行为准则。制定章程是农民专业合作社设立的必要条件和必经程序之一。首先，制定章程要遵守法律法规，在国家相关法律法规规定的框架内制定。其次，农民专业合作社制定的章程应当符合本社的实际情况，起草章程时可以参照示范章程，但是注意不能简单地照搬照抄示范章程。

根据《农民专业合作社法》第十一条和第十四条的规定，农民专业合作社的章程由全体设立人制定，所有加入该合作社的成员都必须承认并遵守。可见，农民专业合作社章程是由全体设立人共同参与制定的，正是由于制定章程是多数人的共同行为，所以，必须经全体设立人一致通过，才能形成章程。章程应当采用书面形式，全体设立人在章程上签名、盖章。农民专业合作社的章程是农民专业合作社，自治特征的重要体现，因此，对于农民专业合作社的重要事项，都应当由成员协商后规定在章程之中。

修改章程要经成员大会作出修改章程的决议，并应当依照《农民专业合作社法》的规定，由本社成员表决权总数的三分之二以上通过。章程也可以对修改章程的程序、表决权数做出更严格的规定。这也是为了保证章程的相对稳定。

农民专业合作社章程是其自治特征的重要体现，在农民专业合作社的运行中具有极其重要的作用。首先，章程规定了某个合作社的具体制度，这些制度不仅涉及每个成员的权利和义务，更是决定了一个农民专业合作社是否能够生存和实现发展这一重大问题。其次，章程有公示作用，有利于债权人、社会公众、政府等利益相关方，对农民专业合作社进行必要的了解，有利于农民专业合作社接受外界的监督和服务。第三，制定章程和按照章程兴办农民专业合作社，是合作社享受国家有关优扶持、惠政策的一项重要依据。因此，制定好章程，并按照章程办事，是办好一个农民专业合作社的关键。

八、农民专业合作社章程的主要内容

按照《农民专业合作社法》的规定，农民专业合作社章程至少应当载明下列事项：①名称和住所。任何农民专业合作社都必须有自己的名称，且只能使用一个名称。农民专业合作社的名称应当体现本社的经营内容和特点，并应当符合《农民专业合作社法》及相关法律和行政法规的规定。住所是农民专业合作社注册登记的事项之一，农民专业合作社变更住所，必须办理变更登记。经登记机关登记的农民专业合作社的住所只能有一个。农民专业合作社的住所应当在登记机关管辖区域内。住所地的确定，需要由农民专业合作社的全体成员通过章程自己决定。从农民专业合作社的组织特征、服务内容出发，其住所可以是专门的场所也可以是某个成员的家庭住址。②业务范围。即章程中应当明确农民专业合作社经营的产品或者服务的内容。这也是进行工商登记时确定农民专业合作社经营范围的依据。③成员资格及入社、退社和除名。具有民事行为能力的公民，以及从事与农民专业合作社业务直接有关的生产经营活动的企业、事业单位或者社会团体，能够利用农民专业合作社提供的服务，承认并遵守农民专业合作社章程，履行章程规定的入社手续的，可以成为农民专业合作社的成员。农民专业合作社章程可以根据本社的实际情况，在符合法律规定的前提下，对本社成员的资格、入社、退社和除名做出更为具体、更为明确的规定。④成员的权利和义务。根据国家法律规定的成员权利和义务，结合本社的实际情况加以具体化，系统规定适应本社需要的权利和义务。⑤组织机构及其生产办法、职权、任期、议事规则。是否设立理事会，是否设立执行监事或者监事会等，由章程决定。理事长或者理事会、执行监事或者监事会的职权，他们的任期以及议事规则也由章程规定。如果设立成员代表大会，成员代表的产生办法和任期、代表比例、代表大会的职权、会议的召集等也要由章程规定。⑥成员的出资方式、出资额。成员具体的出资方式、出资期限、出资额，由章程决定。国家没有法定最低出资额，但是，当期农民专业合作社的出资总额，要记载在章程内。⑦财务管理和盈余分配、亏损处理。章程应当对本社的财务管理制度以及盈余分配和亏损处理的办法、程序作出规定。农民专业合作社应当按照国务院财政部门印发的《农民专业财务会计制度》，制定好本社的财务管理制度，加强财务管理工作。⑧章程修改程序。修改章程要经成员大会讨论，并应经成员表决权总数的三分之二以上通过。章程可以对修改章程的表决权数做出更高的规定。同时，修改章程的具体程序，也须在章程中明确规定。⑨解散事由和清算办法。当法定事由出现或者法定及约定的解散条件成熟时，农民专业合作社即应解散，如约定存在期间届满或者约定的业务活动结束等。解散时对合作社的财产及债权债务应当依法妥善处置。因此，章程对于解散的事由要加以明确规定，并依据相关法律规定，对清算办法作出规定。⑩公告事项及发布方式。为保证农民专业合作社的成员和交易相对人及其他利害关系人及时了解其生产经营以及其他重要情况，章程应当根据本社的业务特点和成员、债权人分布等情况，对有关情况的公告事项和方式作出规定。⑪需要规定的其他事项。农民专业合作社还可以根据本社具体情况，在上述事项以外作出其他规定。

《农民专业合作社法》把能由章程规定的事项都交给章程来规定，充分体现了让农民在发展专业合作社中自主自治的原则，给农民专业合作社的自治留下了较大的空间。在农民专业合作社运作的实践中，还会遇到一些事项，例如：《农民专业合作社法》或其他法律法规没有对其作出具体规定，或没有作出禁止性规定。为实现农民专业合作社运作的制度化，对法律法规没有做出具体规定的事项，农民专业合作社还应当根据自身需要，在国家法定的要求框架内，于章程中作出相应的规定。同时，农民专业合作社在发展过程中，会不断遇到许多新的问题，也需要通过章程做出规定，不断完善相关制度。章程中对这些内容进行规定，能够使农民专业合作社的具体制度更加完善。

九、制定农民专业合作社章程需要注意的问题

凡是办得好的农民专业合作社，都是因有一个符合实际的好章程，并坚持按照章程的规定办事。因此，制定好农民专业章程，对今后的发展建设极其重要。农民专业合作社的章程，可以因为产业不同、产品不同、地区不同而有所差异。2007年6月29日，农业部颁布了《农民专业合作社示范章程》，对指导实际发挥着明显的作用，各农民专业合作社在制定章程时可以直接参考以提高工作效率。但在参照这个《农民专业合作社示范章程》的同时，还需从本社实际出发，并注意以下几点。

第一，章程的制定要遵守法律法规。如果章程的内容与相关法律法规矛盾，则章程无效，不仅如此，还会给农民专业合作社的发展、成员的利益带来负面影响。

第二，章程的制定必须充分发扬民主，由主体成员共同讨论形成。章程应当是全体设立人真实意思的表示。在制定过程中，每个设立人必须充分发表自己的意见，每条每款必须取得一致。只有充分发扬民主制定出来的章程，才能对每个成员起到约束作用，才能很好地得到遵循，也才能调动各方面参与农民专业合作社的管理与发展的积极性。

第三，章程的内容要力求完善。农民专业合作社如何设立，设立后如何运作，如何实现民主管理，该规定的事项应尽量规定，这样，才可以在出现问题后有章可循，防止一个人说了算的现象发生。强调农民专业合作社章程的完善，并不是强调章程要事无巨细地作出规定，而是就重大事项进行原则性规定。同时，章程要完善也有一个过程，可以在发展中逐步完善。

第四，章程的制定修改必须按法定程序进行。为保证章程的稳定性和严肃性，《农民专业合作社法》规定，章程要由全体设立人一致通过。为保障全体设立人在对章程认可上的真实性，还应当采用书面形式，由每个设立人在章程上签名、盖章。章程在农

民专业合作社的存续期内并不是一成不变的,是可以逐步完善的,但是,修改章程要经由成员大会作出修改章程的决议。

第五,调整理顺管理规范。要参照《示范章程》的文本要求,调整和理顺当前没有规范到位的管理方式和运行机制,补充制定有关的规范性要求,建立健全各项管理制度,切实把整套管理规范统一到全国性的法律要求上来。

十、农民专业合作社章程贯彻执行

章程作为农民专业合作社依法制定的重要的规范性文件、作为农民专业合作社的组织和行为基本准则的规定,对理事长、理事会成员、执行监事或者监事会成员等合作社的所有成员都具有约束力,必须严格遵守执行。

农民专业合作社的章程一般是原则性规定。在合作社的兴办过程中,还可以根据发展的实际需要,制定若干个专项管理制度,对某个方面的事项做出具体规定,进而把章程的规定进一步细化和落到实处。一般而言,农民专业合作社可以制定成员大会、成员代表大会、理事会、监事会的议事规则,管理人员、工作人员岗位责任制度,劳动人事制度,产品购销制度,产品质量安全制度,集体资产管理和使用制度,财务管理制度,收益分配制度等专项制度。这些制度的制定,有的需要由理事会研究决定,有的还需要成员大会研究通过,并向成员公示,以便成员监督执行。

需要指出的是,章程作为农民专业合作社的内部规章,其效力仅限于本社和相关当事人。章程是一种法律以外的行业规范,由农民专业合作社自己来执行,无需国家强制力保证实施,当出现违反章程的行为时,只要该行为不违反法律,就由农民专业合作社自行解决。

十一、农民专业合作社设立大会

设立农民专业合作社应当召开由全体设立人参加的设立大会。设立时自愿成为该社成员的人为设立人。设立大会是设立农民专业合作社程序上的要求。只有召开由全体设立人参加的设立大会,农民专业合作社才可能成立。

设立大会作为设立农民专业合作社的重要会议,其法定职权,包括以下几项:第一,设立大会应当通过本社章程,章程应当由全体设立人一致通过;第二,选举法人机关和法人代表,如选举理事长;第三,审议其他重大事项。由于每个农民专业合作社的情况都有所不同,需要在设立大会上讨论通过的事项也有所差异,所以国家法律没有为设立大会的职权作统一性规定。

设立大会和成员大会发生的阶段不同。设立大会发生于农民专业合作社成立之前,成员大会则存在于农民专业合作社存在发展的整个过程中。没有依法有效的设立大会就不会有农民专业合作社的成立,也就不会有成员大会。设立大会是农民专业合作社尚未成立时设立人的议事机构,而成员大会则是农民专业合作社存续期间合作社的权力机构,在农民专业合作社内部具有最高的决策权。

实践连接：

临沂市罗庄区东开种养殖专业合作社

罗庄区东开种养殖专业合作社，位于临沂市罗庄区高都街道办事处中坦村，2009年 3 月 17 日，建立有机蔬菜基地总规划占地 370 亩，拥有半地下瓜果蔬菜温室 12 座、钢结构地上春秋棚 19 座。辐射带动当地发展蔬菜大棚 5 000 余个，带动农户 5 000 余户从事有机蔬菜的种植。基地主要应用秸秆生物反应堆技术，在种植中不使用农药、化肥、激素、转基因产品。实施国家号召的秸秆还田，以秸秆代替化肥，将秸秆埋置在地下 30 厘米，在秸秆上均匀撒上秸秆发酵菌种、疫苗，加上腐熟的豆饼，应用秸秆发酵过程中转化来的抗病孢子提高作物抗病力和免疫力；在畦上均匀打上排气孔，利用秸秆反应排出的二氧化碳，有效促进作物的生长，大大抑制病虫害的孳生，有效避免了农药的使用。在管理中辅以防虫网、黏虫板，从而种植出优质、高产、有机的瓜果蔬菜。经过对比，该有机蔬菜基地现在种植的蔬菜，无论从外观颜色还是内在品味，都达到了纯天然的品质，得到了各级领导的认可，受到了广大临沂市民的青睐。

基地自成立以来，省、市、区各级领导多次亲临基地指导，对基地的发展给予了充分的肯定和高度的评价。2009 年底，基地的蔬菜还被省委领导带到了国务院，受到了国家领导人的赞赏，给广大成员很大的鼓舞。2009 年，该合作社还成立了集科研、生产、销售、果蔬加工于一体的"临沂市天园有机果蔬研究所"、罗庄区有机蔬菜协会，研发的产品申请了"高都"牌商标，生产的圣女果、黄瓜、香瓜等 7 个品种的瓜果蔬菜都取得了有机认证证书，自主设计了蔬菜防伪标识、蔬菜包装托盘、精美手提礼品箱。产品现已成功进入临沂桃源超市、银座超市、沂蒙百货大楼等高档超市及高档酒店，真正实现了农超对接。在各级政府的支持下，该合作社获得了山东省星火计划项目、临沂市先进农民专业合作社、民革临沂市蔬菜示范基地、临沂市优质农产品示范基地、临沂市优秀妇女专业合作组织、罗庄区消费投诉和解联络单位、罗庄区科学技术进步奖、罗庄区优质农产品示范基地等。合作社法人李士超获得了全国"三农"科技服务金桥奖先进个人、罗庄区科技工作先进个人、罗庄区专利工作先进个人、罗庄区工商局 315 志愿者等多项荣誉称号。《临沂农村工作》第 11 期以"先进实用型科技助力高效果蔬基地"为专题，向省委市委各县区委领导做了介绍报道。2011 年，从美国、泰国、以色列、日本等国家引进 23 个优质品种进行试验推广种植，黑金刚西葫芦、绿丰苦瓜、博粉四号西红柿、雪红香瓜等 10 余个品种的产品将在年初同步上市临沂各大超市有机专柜。

今后，将对入社社员提供更加优惠的服务：无偿提供技术、协调资金、统一垫资配送农资、统一垫资提供种苗、回收所有产品。一年内将投资建设多项辅助配套项目：扩大蔬菜包装车间、扩建成品库，绿化规范完善半地下温室示范园，建设钢结构地上示范棚 18 座、配备化验室、育苗室、建立健全培训会议室，建设沼气站，筹备瓜果蔬菜恒温库。为合作社下一步更好地带动农民致富打下坚实的基础。

第三节　农民专业合作社注册登记

一、农民专业合作社法人资格

《农民专业合作社法》规定，农民专业合作社依照本法登记，取得法人资格。未经依法登记，不得以农民专业合作社名义从事经营活动。取得法人地位不仅是农民专业合作社对外开展经营活动的前提，也是其合法权益得以保护的基础。农民专业合作社按照《农民专业合作社法》规定，注册登记并取得法人资格后，即获得了法律认可的独立的民事主体地位，从而具备法人的权利能力和行为能力，可以在日常运行中，依法以自己的名义登记财产（如申请自己的名号、商标或者专利）、从事经济活动（与其他市场主体订立合同）、参加诉讼和仲裁活动，并且可以依法享受国家在财政、金融、税收等方面依法给予的扶持政策。

二、农民专业合作社取得法人资格的条件

根据《农民专业合作社法》规定，农民专业合作社要依法取得合作社法人资格，应当具备下列条件：一是有 5 名以上符合该法规定的成员；二是有符合该法规定的章程；三是有符合该法规定的组织机构；四是符合法律、行政法规规定的名称和章程确定的住所；五是有符合章程规定的成员出资。农民专业合作社经登记机关依法登记，领取农民专业合作社法人营业执照，取得法人资格，其合法权益才能得到保护。

三、农民专业合作社登记机关

农民专业合作社的登记，就是通过在工商部门登记获得法人资格。登记，也可以通俗地理解为"上户口"。2007 年 5 月，国务院颁布了《农民专业合作社登记管理条例》。根据该条例规定，农民专业合作社的登记机关为工商行政管理部门。

国家工商总局对贯彻实施《农民专业合作社法》及《登记条例》非常重视，提出四点明确要求：一是要加强学习，充分认识这部法律对促进农民增收、推动农业产业化和维护改革发展稳定大局的重大意义。深刻领会这部法律的精神实质，增强做好农民专业合作社登记管理工作的责任感、使命感和自觉性。二是要广泛宣传，鼓励、引导农民群众自主兴办农民专业专业合作社。自主地运用这部法律改善市场地位，提高参与市场竞争的能力。三是要尽职尽责，依据《农民专业合作社法》的规定，将登记服务和管理工作落到实处。要按照以适度规范促进发展、在发展中逐步规范的要求，认真执行《农民专业合作社法》及登记管理条例中的各项规定。在登记注册场所公示登记的条件、程序、时限等具体规定，设立专门的咨询服务窗口和农民专业合作社登记"绿色通道"，为申办农民专业合作社免费提供登记辅导、政策咨询。对符合条件的及时依法办理登记，并依法免收登记费用。要利用信息化手段，尽快将农民专业合作社登记管理信息，纳入市场主体登记管理数据库，提高登记管理效能和注册服务水平，促进农民专业合作社健康发展，为促进社会主义新农村建设作出应有的贡献。四是加强与财政部门

的沟通协调，积极争取财政上的支持，解决农民专业合作社登记监管工作中的经费保障问题。要加强对农民专业合作社的统计分析，及时向党委政府，报告农民专业合作社的发展情况。要向社会宣传工商部门是免费办证、免费发照等法律政策。同时要积极向有关部门和社会各界，通报工商部门促进农民专业合作社发展的情况。

四、农民专业合作社的登记事项

农民专业合作社的登记事项，是指设立农民专业合作社时，需要经过登记机关依法登记的基本项目。农民专业合作社的登记事项包括名称、住所、成员出资总额、业务范围、法定代表人姓名。

对农民专业合作社的登记事项进行登记的意义在于：一是登记机关对农民专业合作社的登记管理，主要是对农民专业合作社的登记事项的审查、登记和监督管理。登记机关通过审查登记事项，了解农民专业合作社的基本情况和设立条件，做出是否准予登记的决定。经登记机关依法登记的登记事项，也是登记机关对农民专业合作社，进行日常监督管理的依据。二是经登记的农民专业合作社登记事项，是农民专业合作社享有民事权力、承担民事责任的基本依据。三是经登记的农民专业合作社登记事项，是社会公众和有关部门组织了解农民专业合作社的基本情况，与之进行经济往来和实现各类监督的重要依据。

五、农民专业合作社办理设立登记需要材料

农民专业合作社的设立人申请设立登记的，应当向登记机关提交的文件包括：①登记申请书；②全体设立人签名、盖章的设立大会纪要；③全体设立人签名、盖章的章程；④法定代表人、理事的任职文件及身份证明；⑤出资成员签名、盖章的出资清单；⑥住所使用证明；⑦法律、行政法规规定的其他文件。农民专业合作社向登记机关提交的出资清单，只要有出资成员签名、盖章即可，无需其他机构的验资证明。

上述材料准备好后，就可以向工商行政管理部门提出设立申请，工商行政管理部门认为各种文件符合法定要求就会受理登记。经审核各种文件材料属实、符合法定要求，工商行政管理部门就会及时向设立申请人颁发证明，并将证明以及登记的有关情况作告知性的公告。不符合法定要求的，则会向申请登记的合作社书面发给不予登记通知书。

农民专业合作社的登记工作，在登记机关受理之后的20日内必须办理完毕，即从登记机关受理登记申请之日起开始计算，所有的登记工作应当在20个工作日内办理完毕。20个工作日的期限规定，也适用于变更登记和注销登记等。地方工商管理部门登记机关办理农民专业合作社登记时，不收取费用。

六、农民专业合作社变更登记和注销登记

为了保证登记事项的及时有效，维护农民专业合作社及其交易相对人的合法权益，稳定社会交易环境，《农民专业合作社法》明确规定，农民专业合作社法定登记事项变更的，应当申请变更登记。变更登记是农民专业合作社的重要法定登记事项，发生变更时进行的依法登记。法定登记事项变更主要是指：经成员大会法定人数表决修改章程

的；成员户数及成员出资情况发生变动的；法定代表人、理事变更的；农民专业合作社的住所地变更的；以及法律法规规定的其他情况发生变化的。这些登记事项是对农民专业合作社的存在和经营影响很大的事项，直接影响着交易活动的正常开展和交易对方的合法权益。如果农民专业合作社没有按照有关登记办法和规定进行变更登记，则须承担由此产生的法律后果。除法定变更事项外，农民专业合作社可以根据自身发展需要和情形对相关登记事项进行变更，以保证自身的正常发展以及维护交易双方当事人的知情权。变更登记也要按照申请、受理、审核、发证、公告等法律程序进行。

注销登记就是申请取消原来登记过的农民专业合作社，其名称及其相关法律文件等的登记。注销登记一般发生在农民专业合作社解散时，要依照法定程序进行。当解散事由出现之日起 15 日内，由成员大会推举成员成立清算组，清算组自成立之日起接管农民专业合作社，负责处理与清算有关未了结业务，清理财产和债权、债务，分配清偿债务后的剩余财产，代表农民专业合作社参与诉讼、仲裁或者其他法律程序，并在清算结束时办理注销登记。

七、农民专业合作社的登记管辖

农民专业合作社的登记管辖，是农民专业合作社应当由哪一个登记机关实施登记的制度。依据国务院登记条例的规定，农民专业合作社的登记，采取地域登记管辖和级别登记管辖相结合的原则，即县（旗）、县级市工商局和地区（州、盟）、地级市工商局的分局，以及直辖市工商局的分局负责本辖区内农民专业合作社的登记。

国家工商总局负责全国的农民专业合作社登记管理工作，主要是制定有关农民专业合作社登记管理的规定及制度。省级工商局、地市级工商局依据自己的职权负责本辖区内农民专业合作社登记管理工作。

依据条例的规定，国家工商总局可以对规模较大或者跨地区的农民专业合作社的登记管辖作出特别规定。这主要是为经营规模较大或者跨地区经营的农民专业合作社的登记管辖，保留适当的调整空间，国家工商总局可以采取指定登记管辖原则作出特别规定。考虑目前农民专业合作社登记管理工作刚刚开始，缺乏实际经验，所以，目前国家工商行政管理总局未对特殊情况的登记管辖作出特别规定。

实践连接：

临沂市河东区三益养鸡专业合作社

河东区三益养鸡专业合作社，位于河东区汤头街道集沂庄村，成立于 2004 年 11 月，是由临沂市三益畜禽有限公司发起倡议，在工商部门注册成立的法人机构。合作社现有专职管理、技术人员 16 人，社员 1 780 户，总存栏蛋鸡 1 000 万只，年产蛋量 1.5 亿公斤，带动临沂市三区九县及周边地市养殖户 2 000 余户，为 3 000 多人提供了就业岗位，农户年人均增加收入万元以上。同时，也壮大了企业规模，真正实现了企业与农户之间的双赢。2007 年 11 月，被市农委评定为："村企互动示范中介组织"，2011 年、

2012年被市工商局评为临沂"优秀农民合作社"等称号。

为提高合作社农产品市场竞争力和产品质量，该合作社积极实施品牌化战略。2003年12月，合作社创建的"三益"牌无公害系列、绿色食品系列鸡蛋，连续通过无公害农产品认证及ISO9001：2000国际质量管理体系认证和HACCP国际食品管理体系认证；2007年1月，"三益"牌系列鸡蛋顺利通过国际绿色食品认证。无药残、无激素、无化学成分的"三益"牌系列无公害环保鸡蛋、绿色鸡蛋已成为各市场的抢购商品。

三益养鸡合作社把原来传统、粗放、零星散户养殖发展为"公司＋合作组织＋农户"的养殖体系，为农户提供的多元化、全方位的服务，有效地解决了农民小生产与大市场的矛盾，推进农业产业化经营，提高农产品质量，协调企业与农户间利益、增加农民收入。该合作社的主要做法是遵循"一个宗旨"，搞好"五项服务"，落实"一个承诺"。

一个宗旨：引领行业发展，带领农民致富。

"五项服务"：一是统一引进良种，提供鸡苗服务。合作社统一从外地引进优良品种，进行育雏育成，按出厂价提供给社员，并送苗上门。不仅使社员的蛋鸡品种得到有效改良，而且大大降低了养殖户的饲养成本。二是统一提供技术服务。合作社定期聘请各农业大学的畜牧专家来社对养殖户进行蛋鸡养殖技术培训和指导，并专门配备了4台车，4名技术员，实行巡回服务，解决各类疑难问题。为方便群众，投资80多万元建立了合作社服务中心，建立了畜禽化验室，无偿为养殖户畜禽进行疾病诊治。对资金特困的养殖户，只要凭社员证就可享受免费技术服务。三是统一供应优质饲料。合作社根据自发研究的饲料配方，统一为社员提供饲料，降低了成本，提高了效益。四是统一组织销售。合作社在北京、上海、济南、青岛、临沂等市建立了12个办事处，在各大超市设立了60多个专柜，建立了32处销售网点，配备了6台配货车，确保产得出，销得下。社员生产的蛋品统一由合作社组织销售，并按合同保护价收购。五是统一防疫。凡合作社养殖户每到鸡防疫时间，合作社专门派技术员分片、分批、分组对养殖户进行指导监督防疫，保障防疫的有效性。在禽流感期间，合作社成立了6支联防队伍，定期对社员养殖的蛋鸡无偿进行防疫，没有发生任何疫情，保护了社员的利益。

"一个承诺"：社员养殖的蛋品上市后，不管市场价格如何变化，包括两度出现的"禽流感"，合作社始终承诺按约定的统一保护价收购，并享受"三益品牌"，按每斤鸡蛋高于市场价格0.1元进行收购，养殖户喂一只鸡就比其他养殖户多获利3元，养1万只鸡就同比其他养殖户多获利3万元，增加了养殖户的直接经济效益。2011年鸡蛋价格一度降至1.7元左右，并且持续了近3个月，合作社仍以承诺价收购，亏损近20多万元，但社员仍获得较好盈利，促进了蛋鸡饲养规模的扩大，赢得了广大社员对合作社的信任和支持。

目前，合作社在自己的不断努力下，在社会各界的大力支持和配合下，取得了较为理想的成绩，推动了当地经济的发展，提高了农民收入。下一步，该继续合作社将抓住发展机遇，进一步深化利益联合机制，强化技术服务，依托品牌优势，壮大生产规模，带动社员加快致富步伐。

第四节 农民专业合作社成员

一、农民专业合作社成员的条件

根据国家法律规定，具有民事行为能力的公民，以及从事与农民专业合作社业务直接有关的生产经营活动的企业、事业单位或者社会团体，能够利用农民专业合作社提供的服务，承认并遵守农民专业合作社章程，履行章程规定的入社手续的，可以成为农民专业合作社的成员。在坚持成员以农民为主体的原则下，允许从事与农民专业合作社业务直接有关的公司、科研院所、推广机构、科技协会等企业、事业单位和社会团体，成为农民专业合作社的成员。这样，既可以增强合作社的经济实力，提高经营水平，又可以使各种组织通过合作提高自身的竞争力，实现双赢。法律对自然人和法人及其他组织成员加入合作社的条件进行了不同的规定。

对于自然人，须为具有民事行为能办的公民。根据《农民专业合作社法》规定，农民专业合作社的自然人成员要符合两个条件：一是须为中国公民，这是对自然人成员国籍身份的要求；二是须具有民事行为能力，即符合法定条件，并能以自己的名义在合作社中享有权利承担义务。《农民专业合作社法》对自然人成员的民事行为能力的规定，是根据我国农村和农业生产的实际情况作出的，即在保障生产顺利进行的条件下，保证自然人成员许可资格的广泛性和适用性。农民专业合作社可以根据经营业务情况和自身的实际需要，对成员的民事行为能力作出不同的要求。

对于企业、事业单位和社会团体，则要求其必须从事与农民专业合作社业务直接有关的生产经营活动。这一规定首先肯定了企业、事业单位和社会团体等组织，可以以组织成员的身份加入农民专业合作社，同时针对法人及有关非"法人组织"成员又强调了经营业务的相关性。允许多种形式的组织成为农民专业合作社的成员，既可以增强农民专业合作社的经营实力，又可以使各种组织通过合作提高自身的竞争力，实现双赢。如龙头企业、科研院所或者科技协会等单位可以以组织的身份加入农民专业合作社，参与农民专业合作社的生产经营。允许农民专业合作社中有企业、事业单位或社会团体成员，主要是考虑到：我国农民专业合作社处于发展的初级阶段，规模较小、资金和技术缺乏、基础设施落后、生产和销售信息不畅通，对农民专业合作社发展来说，吸收企业、事业单位或者社会团体人社，有利于发挥它们资金、市场、技术和经验的优势，提高自身生产经营水平和抵御市场风险的能力。同时也可以方便生产资料的购买和农产品的销售，增加农民收入；对企业、事业单位或者社会团体成员而言，这种加入可以使它们降低生产成本、稳定原料供应基地、提高产品质量、促进自身的标准化生产，实现生产、加工、销售的一体化。在有企业、事业单位或者社会团体加入农民专业合作社时，农民成员至少应当占成员总数的80%。成员总数20人以下的，可以有一个企业、事业单位或者社会团体成员；成员总数超过20人的，企业、事业单位和社会团体成员，不得超过成员总数的5%。这里讲的"企业、事业单位或者社会团体"，限定在从事与农民专业合作社业务直接有关的生产经营活动的单位。"直接有关的生产经营活动"，包括合作社从事的农产品生产、运输、贮藏、加工、销售及相关服务活动。企业、事业单位或者社会团体成为农民专业合作社的成员后，也应当坚持"以服务成员为宗旨，谋求全体成员的共同利益"的原则，而不能只追求自身利益的最大化。

对具有管理公共事务职能的单位不得加入农民专业合作社。具有管理公共事务职能的单位，不仅包括各级政府及其有关部门等行政机关，还包括根据法律、法规授权具有管理公共事务职能的其他组织，即国家机关以外的组织。法律法规授权具有管理公共事务职能的组织类型很多，如经授权的事业单位、企业单位以及社会团体等。法律排除了具有管理公共事务职能的单位，成为农民专业合作社成员的可能性，是因为这些单位面向社会提供公共服务，保持中立性与否可能影响公共管理和公共服务的公平。根据《农民专业合作社法》规定，凡是具有管理公共事务职能的单位，无论其单位的性质如何，都不得以任何身份成为农民专业合作社的成员，而且不论此类单位所执行的公共事务管理职能与农民专业合作社的经营业务是否有关。对于具有管理公共事务职能的单位已经以组织身份加入农民专业合作社的，应当根据《农民专业合作社法》的规定退出合作社。

成为农民专业合作社的成员除了必须符合《农民专业合作社法》关于成员资格条件的有关规定以外，还须满足以下条件，并可以根据实际情况，在符合法律法规的前提下，对成员的资格作出更为具体、明确的规定。

1. 能够利用农民专业合作社提供的服务

农民专业合作社成立的目的是在于满足成员的"共同的经济和社会需求"。农民专业合作社的成员应当能够利用合作社所提供的服务才能成为合作社的成员。只有能够利用农民专业合作社提供服务的成员的参与，才能保证合作社的有效存在和生产经营活动的正常开展，从而维护成员自身的权益。

2. 承认并遵守农民专业合作社章程

章程是农民专业合作社正常运行与进行生产经营活动的基本规则，是全体成员的共同意思表示。任何自然人、法人或者非"法人组织"只有在承认并遵守特定农民专业合作社章程的基础上，才有可能成为特定农民专业合作社的成员。承认并遵守章程是指对章程全部内容的承认，遵守章程所有记载事项的规定，履行由此产生的义务，享有由此产生的权利。任何人或者组织不得在对章程记载的任何事项提出异议或者保留的情况下，成为农民专业合作社的成员。

3. 履行章程规定的入社手续

《农民专业合作社法》未就成员加入农民专业合作社的程序作出具体规定，而是明确章程应当将成员入社的程序，作为章程的必要记载事项，即章程应当在法律、行政法规许可的范围内就成员入社手续作出规定。

二、农民专业合作社成员的权利

成员加入农民专业合作社后，应当依照法律和章程的规定行使权利。这些权利具体如下。

1. 参加成员大会，享有表决权、选举权和被选举权，按照章程规定参与合作社的民主管理。参加成员大会是成员的一项基本权利。成员大会是农民专业合作社的权力机构，由全体成员组成。农民专业合作社的每个成员都有权参加成员大会，决定合作社的重大问题，任何人不得限制或剥夺。行使表决权，实行民主管理。农民专业合作社是全体成员的合作社，成员大会是成员行使权利的机构。作为成员，有权通过出席成员大会并行使表决权，参加对农民专业合作社重大事项的决议。享有选举权和被选举权。理事长、理事、执行监事或者监事会成员，由成员大会从本社成员中选举产生，依照《农民专业合作社法》和章程的规定行使职权，对成员大会负责。所有成员都有权选举理事长、理事、执行监事或者监事会成员，也都有资格被选举为理事长、理事、执行监事或者监事会成员，但是法律另有规定的除外。在设有成员代表大会的农民专业合作社中，成员还有权选举成员代表，并享有成为成员代表的被选举权。

2. 利用农民专业合作社提供的服务和生产经营设施。农民专业合作社以服务成员为宗旨，谋求全体成员的共同利益。作为农民专业合作社的成员，有权利用本社提供的服务和本社置备的生产经营设施。

3. 按照章程规定或者成员大会决议分享盈余。农民专业合作社获得的盈余依赖于成员产品的集合和成员对合作社的利用，本质上属于全体成员。成员参与合作经营的热情和参与效果，直接决定了农民专业合作社的效益情况。因此，法律保护成员参与盈余分配的权利，成员有权按照章程规定或成员大会决议分享盈余。

4. 查阅本社的章程、成员名册、成员大会或者成员代表大会记录、理事会会议决议、监事会会议决议、财务会计报告和会计账簿。成员是农民专业合作社的所有者，对农民专业合作社事务享有知情权，有权查阅相关资料，特别是了解农民专业合作社经营状况和财务状况，以便监督农民专业合作社的运营。

5. 章程规定的其他权利。章程在不抵触国家法律的情况下，还可以结合本社的实际情况，规定成员享有的其他权利。

三、农民专业合作社成员的义务

农民专业合作社在从事生产经营活动时，为了实现全体成员的共同利益，需要对外承担一定义务，这些义务需要全体成员共同承担，以保证农民专业合作社及时履行义务和顺利实现成员的利益。在与合作社合作经营存续期间，应当履行以下义务。

1. 执行成员大会、成员代表大会和理事会的决议

成员大会和成员代表大会的决议，体现了全体成员的共同意志，成员应当严格遵守执行。

2. 按照章程规定向本社出资

明确成员的出资通常具有两个方面的意义：一是以成员出资作为组织从事经营活动的主要资金来源，二是明确对外承担债务责任的信用担保基础。但就农民专业合作社而言，因其类型多样、经营内容和经营规模差异很大，所以，对从事经营活动的资金需求很难用统一的法定标准来约束。而且，农民专业合作社的交易对象相对稳定，交易对方当事人对交易安全的信任主要取决于农民专业合作社能够提供的农产品，而不仅仅取决于成员出资所形成的合作社资本规模。由于我国各地经济发展的不平衡，以及农民专业

合作社的业务特点和现阶段出资成员与非出资成员并存的实际情况，一律要求农民加入专业合作社时，必须出资或者必须出法定数额的资金，不符合目前发展的现实。因此，成员加入合作社时是否出资以及出资方式、出资额、出资期限等，都需要由农民专业合作社通过章程自己决定。

3. 按照章程规定与本社进行交易

农民加入合作社是要解决在独立的生产经营中个人无力解决、解决不好、或个人解决不合算的问题，是要利用和使用农民专业合作社所提供的服务。成员按照章程规定与本社进行交易既是成立合作社的目的，也是成员的一项义务。成员与农民专业合作社的交易，可能是交售农产品，也可能是购买生产资料，还可能是有偿利用合作社提供的技术、信息、运输等服务。成员与农民专业合作社的交易情况，按照法律规定，应当记载在该成员的账户中。

4. 按照章程规定承担亏损

由于市场风险和自然风险的存在，农民专业合作社的生产经营可能会出现波动，有的年度有盈余，有的年度可能会出现亏损。生产经营出现盈余或出现亏损，都是市场条件下的正常表现状态。农民专业合作社有盈余时，分享盈余是成员的法定权利，合作社亏损时承担亏损也是成员的法定义务。

5. 章程规定的其他义务

成员除应当履行上述法定义务外，还应当履行章程结合本社实际情况规定的其他义务。

四、农民专业合作社成员的退社

农民专业合作社坚持"入社自愿，退社自由"的基本原则，同时，这又是农民专业合作社成员的基本权利。退社的权利是农民自主的权利，即当农民在生产经营过程中不愿意或者客观上不能利用合作社提供的服务时就可以选择退出。《农民专业合作社法》对农民专业合作社成员退社的时间、程序等问题作了规定，明确了如下内容。

1. 退社时间。农民专业合作社成员要求退社的，应当在财务年度终了的 3 个月前，向理事长或者理事会提出。其中，企业、事业单位或者社会团体成员退社的，应当在财务年度终了的 6 个月前提出。章程另有规定的从其规定。

2. 成员资格终止时间。成员有下列情形之一的，终止其成员资格：①主动要求退社的；②丧失民事行为能力的；③死亡的；④团体成员所属企业破产、解散的；⑤被本社除名的。提出退社的成员的资格自财务年度终了时自动终止。

3. 合作社成员退社只要在规定的时间内提出声明即可，无须批准。

五、农民专业合作社成员资格终止后的理债权债务处理

按照"入社自愿、退社自由"的原则，成员有权根据实际情况提出退社声明。为保证资格终止成员的合法权益，成员资格终止的，农民专业合作社应当按照章程规定的方式和期限，退还记载在该成员账户内的出资额和公积金份额；对成员资格终止前的可分配盈余，依照规定向其返还。同时，也为了保护仍然留在农民专业合作社中的成员的

权益，资格终止的成员，还应当按照章程规定分摊资格终止前本社的亏损及债务。成员在其资格终止前与农民专业合作社已订立的合同，合作社和退社成员双方均应当继续履行。但是，农民专业合作社章程另有规定的，或者退社成员与本社另有约定的除外。

六、农民专业合作社成员的除名

成员有下列情形之一的，经成员大会或者理事会讨论通过予以除名：①不履行成员义务，经教育无效的；②给本社名誉或者利益带来严重损害的；③成员共同决议的其他情形。农民专业合作社对被除名成员，退还记载在该成员账户内的出资额和公积金份额，结清其应承担的债务，返还其相应的盈余所得。因给本社名誉或者利益带来严重损害被除名的，须对本社作出相应赔偿。

七、农民专业合作社成员的继承手续

成员死亡的，其法定继承人符合法律及本社章程规定的条件的，在章程规定的时间内提出入社申请，经成员大会或者理事会讨论通过后办理入社手续，并承继被继承人与本社的债权债务。否则，按照退社办理。

八、农民专业合作社基本表决制度

按照《农民专业合作社法》规定，农民专业合作社成员大会选举和表决，实行一人一票制。作出以上规定主要是基于：一方面，农民专业合作社是人的联合，其核心是合作社成员地位平等，规定农民专业合作社实行一人一票制是合作社人人平等的体现；另一方面，农民专业合作社的每一位成员都有权，平等地享有合作社提供的各种服务，所以农民专业合作社要维护全体成员的权利。"一人一票制"，是指在农民专业合作社成员大会选举和表决时，每个成员都具有一票表示赞成或反对的权利。成员出资多少与成员在合作社中享有的表决权没有直接联系，每名成员各自享有一票的基本表决权，任何人不得限制和剥夺。

九、农民专业合作社成员附加表决权

农民专业合作社是成员自愿联合、民主管理，共同享有、利用合作社服务的互助性经济组织。但其成员对农民专业合作社的贡献是不一样的。为了适当照顾贡献较大的成员的权益，调动他们继续为合作社多做贡献的积极性，《农民专业合作社法》规定了附加表决权，这是对农民专业合作社成员"一人一票"的基本表决权的补充。

所谓附加表决权，就是成员在享有"一人一票"的基本表决权之外，额外享有的投票权。净出资额或者与本社交易量（额）较大的成员按照章程规定，可以享有这种附加表决权。一个农民专业合作社的附加表决权总票数，不得超过成员基本表决权总票数的20%。享有附加表决权的成员及其享有的附加表决权数，应当在每次成员大会召开时告知出席会议的成员。章程可以限制附加表决权行使的范围。

设置附加表决权应当注意：第一，附加表决权是对出资额或者与本社交易量（额）较大的成员，对农民专业合作社作出的一种肯定。第二，附加表决权的作用是有限的，因为法律规定一个合作社的附加表决权总票数，不得超过本社成员基本表决权总票数的20％。第三，农民专业合作社对附加表决权的设置是有选择的，其可以选择不设置附加表决权，也可以选择设置附加表决权；选择设置附加表决权的农民专业合作社还可以在《农民专业合作社法》规定的限度内，自行决定附加表决权总票数，占成员基本表决权总票数的百分比，如5％或者10％等；此外，章程还可以对附加表决权行使的范围作出规定或限制。第四，根据《农民专业合作社法》规定，附加表决权不适用理事会、监事会的表决。

实践连接：

临沂市郯城县恒平渔业合作社

郯城县恒平渔业专业合作社成立于2010年10月，注册资金100万元，现拥有会员100人。该合作社主要从事白斑狗鱼、河鲈、江鳕鱼等名优冷水鱼品种的繁育、养殖，繁育的鱼苗供不应求，冷水鱼成鱼更是远销北京、上海、深圳等大中城市，产品供不应求，经济效益十分可观。

一、以市场为导向，着力引进推广优良品种，扩大养殖规模

郯城县水利资源丰富，有水库11座、大小河流40多条、塘坝2 000多个，是临沂市典型的渔业养殖之乡。郯城县恒平渔业农民专业合作社成立后，全体社员一致认为，在稳步扩大养殖规模的同时，提高产品质量是产业进一步发展的基本保证。2011年，郯城县恒平渔业农民专业合作社，利用资源优势，建立了冷水鱼繁殖基地，引导全街道发展冷水鱼养殖大户12户，养殖品种从白斑狗鱼发展到江鳕鱼、河鲈、梭鲈等多种冷水鱼类。多年来，该合作社在省、市、县领导的关心支持下，理事长臧恒平通过虚心学习研究冷水鱼特性，不仅掌握了一套养殖白斑狗鱼和河鲈的成鱼养殖技术，而且苗种繁育也取得了成功，2013年繁育白斑狗鱼鱼苗120万尾，培育5～6厘米狗鱼夏花26万尾，河鲈鱼苗3 000万尾，苗种供不应求，仅此一项盈利28万元，效益十分可观。

二、以科技为支撑，着力提高养殖水平，争创品牌效益

加强技术培训与交流、提高合作社社员整体养殖技术水平。合作社日常事务由理事会执行，理事会成员共有12名，监事2名。理事会下设技术组、生产组、捕鱼组、销售运输组、业务咨询组和鱼病药物及鱼饲料供应站，并明确一名副理事长负责饲养技术、病虫防治等技术培训与信息交流。合作社在理事会的带动下，定期和不定期组织养殖大户围绕养殖经验、技术、投资方向、经营理念等开展技术培训与交流活动，互相交流经验，促进社员共同进步，激励社员以全新的无公害生态养殖理念发展特种水产养殖业，促进全镇特种水产养殖业持续稳定发展。积极争创"无公害农产品"，打造水产品品牌。2011年12月，被认证为"无公害水产品养殖基地"；2013年，被确定为"省级水产健康养殖示范场"，同年被评为市级渔业合作社示范社。

三、以服务社员为宗旨，着力强化内部管理，促进合作社规范运行

为进一步提高合作社成员养殖产品的质量，合作社在生产与销售管理工作中，实行"五个统一"、"八项制度"和"一个中心"，完善各项生产措施，确保生产安全。郯城县恒平渔业农民专业合作社实行统一生产标准、统一育苗供种、统一渔资供应、统一技术服务、统一产品销售等"五个统一"管理。为确保产品质量达到标准，生产基地制定了生产质量控制措施、质量溯源管理制度、质检员管理制度、渔药使用管理制度、饲料使用管理制度、养殖用水管理制度、病虫害监测与防治制度、渔药残留量检测管理制度和养殖起捕销售管理制度等一整套基地管理制度，聘请了专业的技术人员，设立统一的渔资配送中心，定期对基地员工进行技术培训，在生产过程中，严格按照无公害水产品生产技术规程进行操作。严规范健全养殖档案。合作社与郯城县渔业技术推广中心，共同研究制定了合作社生产记录表格，包括用药记录、管理记录、孵化记录、起捕记录、销售记录等。要求全体社员如实填写，建立养殖档案，严格按照养殖操作规程开展渔业水产品的生态养殖，严禁使用违禁渔用生产投入品，提高养殖产品品质，形成合作社渔业产品的整体效应。

该合作社经过多年的发展，养殖成效突显。2013 年，合作社生产各类鱼苗 1 800 多万尾，成鱼 260 多万斤，渔业总收入达 1 200 多万元，实现全街道农民渔业养殖人均增收 465 元，分别比 2012 年增长 20%、45%、123% 和 124%。同时，该合作社积极创造就业机会，解决了当地 150 余人的就业问题，辐射和带动周边 200 余户农民从事水产养殖，实现了良好的经济效益和社会效益。

下一步，郯城县恒平渔业农民专业合作社将继续以"社员得实惠、产业得发展、合作社得壮大"为目标，引领全街道及周边地区特种水产养殖业稳定规模、增加品种、提升品质、提高档次，努力提高区域水产养殖产业化程度，推进渔业标准化生产，在丰富市场、满足消费者需求的同时，促进区域农业增效、农民增收，促进区域农业和农村经济健康、可持续发展。

第五节 农民专业合作社组织机构

一、农民专业合作社常设组织机构

农民专业合作社通常可设置以下组织机构：成员大会、成员代表大会、理事长或者理事会、执行监事或者监事会、经理等。考虑到每个农民专业合作社的规模不同、经营内容不同，设立的组织机构也并不完全相同。《农民专业合作社法》对农民专业合作社的一些机构的设置，没作强制性规定，而是规定要由章程决定。依照《农民专业合作社法》规定，理事长、理事、执行监事或监事会成员，由成员大会从本社成员中选举产生，依照《农民专业合作社法》和本社章程的规定行使职权，对成员大会负责。召开成员大会，出席人数应当达到成员总数三分之二以上，成员大会选举理事长、理事、执行监事或监事会的，成员应当由本社成员表决权总数过半数通过，如果章程对表决权

数有较高规定的，从其规定。理事长、理事、执行监事或监事会成员的资格条件等，由合作社章程规定。但是，农民专业合作社的理事长、理事不得兼任业务性质相同的其他农民专业合作社的理事长、理事、监事。

二、农民专业合作社成员大会

农民专业合作社的成员大会是权利机关，它由全体成员组成。所有成员都可以通过成员大会投票等表决方式，集体行使权利，就农民专业合作社的重大事项做出决议。法律规定成员大会职权主要有：①审议、修改本合作社章程和各项规章制度；②选举和罢免理事长、理事、监事会成员；③决定社员出资标准及增加或者减少出资；④审议本社的发展规划和年度业务经营计划；⑤审议批准年度财务预算和决算方案；⑥审议批准年度盈余分配方案和亏损处理方案；⑦审议批准理事会、执行监事（或者监事会）提交的年度业务报告；⑧决定重大财产处置、对外投资、对外担保和生产经营活动中的其他重大事项；⑨对合并、分立、解散、清算和对外联合等作出决议；⑩决定聘用经营管理人员和专业技术人员的数量、资格和任期；⑪听取理事长或者理事会关于成员变动情况的报告；⑫决定其他重大事项。

三、农民专业合作社成员大会议事规则

农民专业合作社召开成员大会，出席人数应当达到成员总数三分之二以上。成员大会选举或者作出决议，应当由本社成员表决权总数过半数通过；作出修改章程或者合并、分立、解散的决议应当由本社成员表决权总数的三分之二以上通过。章程对表决权数较高规定的，从其规定。具体包括以下4个方面的含义：一是出席人数必须为成员总数的三分之二以上，低于者不能召开；二是三分之二是最低标准，可以是等于，也可以是高于，但是不能低于；三是三分之二是"成员总数"的"三分之二"，即按照"人数（包括法人等组织）"来计算；四是该规定属于强制性规定，成员大会及其农民专业合作社章程，不能更改确定低于这个数额的数额（当然章程可以规定高于该法律规定的数额），如果合作社召开了一个不符合法定人数的成员大会，则应判定为违反程序的行为，应属无效。对此有利害关系的人可以依法提起相应的民事诉讼。

四、农民专业合作社成员大会召开

成员大会行使自己权利的形式就是召开成员会议。《农民专业合作社法》规定，成员大会至少每年召开一次。每个农民专业合作社可以根据自身情况，适当增加召开会议的次数，并写入章程。这种按照章程规定定期召开的成员大会，称之为定期会议。定期会议是成员大会行使权力的最主要方式。

五、农民专业合作社临时成员大会

农民专业合作社可以根据需要，召开临时成员大会。《农民专业合作社法》规定，有下列三种情形之一的，应当在20日内召开临时成员大会：一是30%以上的成员提议；二是执行监事或者监事会提议，如执行监事或者监事会发现理事长、理事会或其他

管理人员不履行职责，或者其他重要情况发生时，有义务提议召开临时成员大会；三是章程规定的其他情形。

六、农民专业合作社成员代表大会

成员代表大会是由农民专业合作社全体成员代表组成。成员超过 150 人的农民专合作社，可以设立成员代表大会。成员代表的产生办法、任期、代表比例，成员代表大会的职权、会议召集等事项，应当由农民专业合作社章程规定。某个合作社成员总数达到这一规模，是否设立成员代表大会，法律没有做出强制性规定，而是由各农民专业合作社，根据自身发展的实际情况决定，并由章程加以明确。一般而言，由于一些规模较大的合作社，难以保证召开成员大会时，出席人数达到成员总数 2/3 以上这一法定要求，在这种条件下，为了保证农民专业合作社成员能够依法行使表决权的权利，降低召开成员大会的成本，提高议事效率，可以设立成员代表大会。成员代表大会不属于法定的权力机构，只是代表队机构，不具有成员大会的权利，只能依据章程行使成员大会的部分或者全部职权。

七、农民专业合作社理事会

农民专业合作社理事长或者理事会是执行机构。理事长、理事会由成员大会从本社成员中选举产生，其生产办法、职权、任期、议事规则由章程规定。理事长、理事会对成员大会或成员代表大会负责。按照《农民专业合作社法》规定，农民专业合作社都要设立理事长，且理事长为本社的法定代表人。但理事会可以设立，也可以不设立。农民专业合作社是否设立理事会及理事的人数，应由章程规定。规模较小、成员人数很少的农民专业合作社，可以根据成员意见，只设立理事长负责日常的经营管理事务即可。

农民专业合作社一般由理事长或理事会负责其具体经营管理工作。理事长或者理事会可以按照成员大会的决定，聘任经理和财务会计人员。具体现职如下：①组织召开成员（代表）大会并报告工作，执行成员（代表）大会决议；②制定本社发展规划、年度业务经营计划、内部管理规章制度等，提交成员（代表）大会审议；③制定年度财务预决算、盈余分配和亏损弥补等方案，提交成员（代表）大会审议；④组织开展成员培训和各种协作活动；⑤管理本社的资产和财务，保障本社的财产安全；⑥接受、答复、处理执行监事或者监事会提出的有关质询和建议；⑦决定成员入社、退社、继承、除名、奖励、处分等事项；⑧决定聘任或者解聘本社经理、财务会计人员和其他专业技术人员；⑨履行成员（代表）大会授予的其他职权。

八、农民专业合作社监事会职权

执行监事或者监事会是农民专业合作社的监督机构。农民专业合作社设执行监事的，不再设监事会。执行监事或者监事会，由成员大会从本社成员中选举产生，对成员大会负责。执行监事或者监事会的职权由农民专业合作社章程具体规定，通常包括：①监督理事会对成员（代表）大会决议和本社章程的执行情况；②监督检查本社的生产经营业务情况，负责本社财务审核监察工作；③监督理事长或者理事会成员和经理履行职责情况；④向成员（代表）大会提出年度监察报告；⑤向理事长或者理事会提出工作质询和改进工作的建议；⑥提议召开临时成员（代表）大会；⑦代表本社负责记录理事与本社发生业务交易时的业务交易量（额）情况；⑧履行成员（代表）大会授予的其他职责。

设立执行监事或监事会，是为了加强农民专业合作社的内部监督，防止农民专业合作社的有关负责人滥用职权。依照《农民专业合作社法》的规定，农民专业合作社可以设置一名执行监事，也可由多人组成监事会。农民专业合作社是否设立执行监事或者监事会，应根据需要而定，在章程中加以规定，并在章程中规定执行监事或者监事会的任期和议事规则。

九、农民专业合作社理事长、理事、监事会和执行监事的产生

理事长、理事、执行监事或监事会成员，由成员大会从本社成员中选举产生，依照《农民专业合作社法》和本社章程的规定行使职权，对成员大会负责。召开成员大会，出席人数应当达到成员总数三分之二以上，成员大会选举理事长、理事、执行监事或监事会成员，应当由本社成员表决权总数过半数通过，如果章程对表决权数有较高规定的，从其规定。理事长、理事、执行监事或监事会成员的资格条件等，由农民专业合作社章程规定。

十、农民专业合作社生产经营活动组织

在农民专业合作社中，成员大会负责合作社各项重大事项的决策；理事会（理事长）负责执行成员大会的决策，包括生产经营活动如何进行。农民专业合作社的理事长或者理事会可以按照成员大会的决定聘任经理。经理不是农民专业合作社的法定机构，农民专业合作社可以聘任经理，也可以不聘任经理。经理可以由本社成员担任，也可以从外面聘请。是否需要聘任经理，要根据自身的经营规模和具体情况而定。经理应当按照章程规定和理事长或者理事会授权，负责农民专业合作社的具体生产经营活动。因此，经理是合作社的雇员，在理事会（理事长）的领导下工作，对理事会（理事长）负责。经理由理事会（理事长）决定聘任，也由其决定解聘。农民专业合作社的理事长或者理事可以兼任经理。理事长或者理事兼任经理的，也应当按照章程规定和理事长或者理事会授权，履行经理的职责，负责农民专业合作社的具体生产经营活动。

十一、农民专业合作社管理人员的管理

农民专业合作社的理事长、理事和管理人员等，在任职期间不得从事损害农民专业合作社利益活动。农民专业合作社的理事长、理事和管理人员不得有下列违反忠实义务的行为：一是侵占、挪用或者私分本社财产，违反章程规定或者未经成员大会同意，将本社资金借贷给他人，或者以本社资产为他人提供担保，接受他人与本社交易的佣金归为己有，从事损害本社经济利益的其他活动。这些活动不仅要严加禁止，而且一旦给农民专业合作社造成损失，还要承担赔偿责任。二是"农民专业合作社的理事长、理事、经理不得兼任业务性质相同的其他农民专业合作社的理事长、理事、监事、经理"。三

是"执行与农民专业合作社业务有关公务的人员,不得担任农民专业合作社的理事长、理事、监事、经理或者财务会计人员"。其中,"有关公务的人员"包括国家公务员和在各级政府为农业服务的相关机构中,执行相应公务的人员。四是农民专业合作社的理事长、理事、经理不得兼任业务性质相同的其他农民专业合作社的理事长、理事、监事、经理。上述人员负责本社的生产经营管理,如果同时兼任业务性质相同的其他农民专业合作社的类似职务,势必难以有更多的时间和精力处理本社的事务,也容易在所任职的合作社之间的交易中发生利益输送,为自己、亲友或他人谋取非法利益,损害成员的利益。

实践连接:

苍山众利种植农机服务合作社

苍山众利种植农机化服务专业合作社,现位于兰陵县经济开发区赵洼村,该合作社是由福邦农机公司 2010 年 10 月吸纳 15 户农机专业户,以机械折款、现金、机库房折款等形式入股创办的一家以非营利为目的专业服务的新型合作社,该合作社于 2011 年 4 月进行工商登记,法人代表王相成,注册资金 300 万元。合作社现有联合收割机 29 台、拖拉机 6 台、植保机械 25 套、配套机具 14 套,占地面积 4 100 平方米,新建 18 万元钢架结构标准车库 14 间、办公室及培训教室 10 间,固定资产总额 628 万元。合作社规模不断发展壮大,经济效益和社会效益不断提高,成为苍山县乃至临沂市农机化服务行业的排头兵。2013 年合作社被农业部评为"首批国家级示范社",被省农机局评为"农机专业合作社省级示范社",被苍山县农机局评为先进单位。

合作社实行独立的财务管理和会计核算,建立了健全的合作社章程与管理制度,社务公开及监管制度。组织机构民主产生,有成员大会记录,设立了信息、维修、服务机构。成立了监事会与理事会。合作社自主经营、自负盈亏、利益共享、风险共担,债权、债务依照成员股份按比例分配和承担。

合作社建立实行自愿加入、自由退出、地位平等、民主管理等一系列规范的管理发展制度,是由成员控制的自治和自助的民主组织,成员积极参与制定政策和做出决策。成员在合作社有民主平等的投票权(一人一票)。具体经营服务业务如下:

一是组织生产服务。合作社在农忙时,主动与各乡镇村委签订农作物机收、秸秆还田、保护性耕作等订单作业合同,为农户实施"一条龙"作业,开辟致富新途径。并于夏秋两季组织赴江苏、安徽、河南及枣庄、济宁等地的小麦玉米机收。两年来共完成订单作业 4.65 万亩,跨区作业面积 1.2 万亩,实现收入 262 万元。

二是农机维修服务。为更好地服务成员,合作社依托华瑞修理厂建立了自己的维修车间,在农忙之前,对农机具进行保养维修,以保证农机手顺利地进行安全作业。"三秋""三夏"期间成立了 12 人的专业服务队,到田间地头为作业机具进行维修服务,单每年的维修收益就达到 30 万元。2011 年,合作社的维修车间被山东省农机局评为四星级农机维修网点。

三是实行规模土地种植。2011 年，承包大仲村镇放马岭土地 1 600 亩，实施农机作业种植项目，以种植蓝莓、黄烟、花生为主，实行统一耕种、统一管理、统一收获，当年实现经济收入 65 万元。2012 年，合作社种植规模进一步扩大，培育种植了部分绿化苗木及部分食用菌，取得了良好的经济效益。

2014 年 4 月王相成跟随市县两级领导赴黑龙江克山县学习考察后，在新兴镇太子堂村，积极发动群众，以带地入社的方式流转 1 500 亩良田，吸收了 213 户农户入社。合作社对入社的土地进行统一整治，打破户与户的界限，实现综合开发，实行规模化种植，标准化生产。同年 9 月，又在兰陵县庄坞镇山东村，以每亩 800 元的价格承包流转了 400 亩土地，用于种植土豆和大葱等经济作物，进一步提高了合作社的经济效益，增加合作社的发展后劲。

四是搞好技术培训服务。为做好农机农艺技术融合，合作社从种植环节入手，积极推广小麦免耕播种、玉米机械化贴茬"种肥同播"、花生机械化联合播种及联合收获等新技术，先后组织承担了多项现场观摩会，观摩群众达 460 多人次，提高了农民对农机新机具、新技术的认知水平。合作社被兰陵县委县政府评为"2012 年度全县农产品基地品牌建设先进单位"。

五是扩大设施规模。苍山县委县政府对众利合作社高度重视，为合作社在经济开发区批了 30 亩建设用地用于合作社的新址建设。建筑面积 17 520 平米，主要是 3 层办公楼、机库、维修、粮仓、晒场、社员培训室等方面。

合作社盈余主要按照成员与本社的交易量（额）比例返还。农户带地入社的，按照亩产价格在农作物种植后交付给农户，同时土地经营纯利润的 60% 按照农民土地入股的占比进行二次分红。此外，合作社对今后各种政策性的补贴都要按地亩数分配给入社农户，作为股金参与年终分红。入社农民的土地收益将进一步增加。

第六节　农民专业合作社民主管理

一、农民专业合作社民主管理要求

民主管理是合作社内部管理的核心，它贯穿于经营管理、财务管理、人事管理等各个环节。民主管理是农民专业合作社发展的制度保障和凝聚力所在，主要体现在成员是农民专业合作社的主人，凡涉及成员切身利益的大事，都必须由成员大会（成员代表大会）讨论决定，任何个人和组织都不能强加干预。"成员地位平等，实行民主管理"是农民专业合作社的基本原则，"一人一票"是实行民主管理的基本方式。农民专业合作社成员在行使选举和表决权时，应当按照这些规范的要求来实施。民主管理就是农民专业合作社成员共同管理合作社理事长或理事会是执行机构，经理或经营班子只是具体办事机构。农民专业合作社通过实行民主管理，而保证广大社员的知情权、参与权、决策权、监督权等各种民主政治权利，也是一项重要的民主保障机制。

二、农民专业合作社民主管理体现

农民专业合作社实行民主管理，最主要体现在表决权上。农民专业合作社的表决权，是指在本社成员大会上，成员享有的对有关决议事项作出的赞成或反对权利。其中一项重要制度，就是在农民专业合作社决策时，实行"一人一票"制度。《农民专业合作社法》明确了"一人一票"的民主管理原则，并规定农民专业合作社的表决权分为基本表决权和附加表决权，从表决权和决议方法两个方面，对成员如何行使自己的决策权，如何充分、有效地保障成员决策权的实施，作出了具体的规定。

为实现民主管理，农民专业合作社除接受全体成员、监事会或执行监事的监督外，还应当接受政府部门关于执行《农民专业合作社法》的监督，以防止农民专业合作社被个别人操纵和利用，保证其规范健康运行，切实维护成员的经济利益和合法权益。

三、农民专业合作社重大事项公开制度

农民专业合作社的民主管理，除了建立健全组织机构和实行"一人一票"制度外，还应当实行重大事项公开制度，让成员有知情权和监督权。为保证农民专业合作社的成员和交易人及其他利害关系人，及时了解其生产经营以及其他重要情况，农民专业合作社章程应当根据本社的业务特点和成员、债权人分布等情况，对有关情况的公告事项和发布方式做出规定。例如，重大事项除向成员大会（成员代表大会）报告外，还可以通过开辟重大事项公开专栏等渠道，让成员对重大事项进行经常性监督。每笔财务开支、每项资产购置及处理、每块基地的建设等都要及时向成员公示公开。同时，农民专业合作社的工作计划、人事等政务方面也要及时向成员公示。

四、农民专业合作社民主管理规范

为保护农民成员的民主管理权利，通常从以下4个方面加以具体规范。

1. 从成员结构上规范成员构成，体现农民的主体地位

农民专业合作社法对成员比例作出了具体规定：农民至少应当占成员总数的80%。成员总数在20人以下的，企业、事业单位和社会团体等，非农民成员的比例限制在5%以内。同时要严格把握成员条件，不能将具有管理公共事务职能的单位加入到农民专业合作社；农民专业合作社因成员变更，导致农民成员若低于法定比例的，应当自事由发生之日起6个月内吸收新成员，以达到法定比例；要规范成员登记，做到成员身份合法化，成员进出要有登记手续，以充分体现农民的主体性。

2. 从章程的制定和执行上体现成员自我管理

农民专业合作社成员之间的相互依存关系，决定了其一切活动均应由成员自己管理、监督和决定，也决定了每个成员的活动必须对整个农民专业合作社负责。因此，制定章程要充分征求成员意见，尊重大多数成员的共同意愿，根据本社成员的特点和业务特点来制定章程。农民专业合作社按章程运行要注意从3个方面努力：第一，要培养成员"真诚、平等、用心、奉献"的互助合作精神。所谓真诚，就是成员之间要做到真心合作，诚实守信；所谓平等，就是成员地位平等，无论贡献大小、出资多少，在成员

大会上的选举和表决，都享有"一人一票"的基本表决权。所谓用心，就是要制定一套科学合理、行之有效的规章制度，农民专业合作社成员要同心协力，献计献策，认真负责地承担自己应尽的义务；所谓奉献，就是在农民专业合作社成员之间，要具有合作精神并互相扶持。第二，要保证成员人手一份章程。每个成员按照章程规定来履行自己的权利和义务。第三，要充分发扬民主，让成员参与农民专业合作社的全过程、全方位的决策、监督和管理。

3. 从成员表决权上体现成员地位平等

农民专业合作社要从以下 5 个方面体现成员表决地位平等：一是成员大会选举和表决实行"一人一票"制，成员各享有一票的基本表决权。"一人一票"的基本表决权是法定的，任何人不得限制和剥夺，农民专业合作社章程不得与其作不同的规定。二是理事会和监事会表决实行"一人一票"，没有附加表决。三是设立农民专业合作社时通过章程，应当召开由全体设立人参加的设立大会，章程应当由全体设立人一致通过。四是农民专业合作社章程的修改，由成员表决权总数的 2/3 以上通过。五是在表决方法上，成员大会选举或作出决议，由成员表决权总数过半数通过，不需要出席会议的成员都同意。合作社合并、分立、解散的决议由成员表决权总数的 2/3 以上通过。

4. 从内部组织机构上体现集体行使职权

农民专业合作社必须设立成员大会（法定组织机构），还可根据需要由章程规定设立成员代表大会、理事会、执行监事、监事会等机构。成员大会是农民专业合作社的最高权力机构，重大事项由成员大会决定，所有成员都可以通过成员大会参与农民专业合作社的决策和管理。成员代表大会不是法定组织机构，由章程规定设立，并在章程规定范围内行使职权。理事长、理事、执行监事或监事会成员由成员大会选举和罢免。理事长或理事是农民专业合作社的执行机构，按照章程和成员大会的决定，负责农民专业合作社的经营管理工作。理事长是农民专业合作社的法定代表人。执行监事或者监事会是农民专业合作社的监督机构，根据章程和成员大会的决议，负责对理事长（理事会）、经理等管理人员的职务行为进行监督，检查财务状况。从农民专业合作社成员结构、成员表决权、内部组织机构的各项规定看，农民专业合作社的决策权、执行权、监督权等权力，都离不开章程规定和成员大会决定，章程需要成员通过和修改，成员大会是全体成员组成的，所有决议都要成员表决通过。

五、农民专业合作社民主理财与财务公开

（一）基本要求

农民专业合作社要全面实行民主理财与财务公开制度，加强民主监督。财务公开工作应在监事会领导监督下进行，实行正常化、制度化；农民专业合作社至少每半年向成员公开一次重大财产处置、对外投资、对外担保等到生产经营活动中的重大财务事项，公开国家财政直接补助、外部捐赠，代销代购及涉及成员切身利益的事项。成员账户记载的股金、公积金、交易量（额）也要适当公开；年终全面公开财务年度收支计划（预算）执行情况，年内财务收支，年末盈余分配和年终决算。财务公开可以采取召开成员大会、在农民专业合作社办公室或会议室张榜等方式公布。专项资金使用，在项目

结束后及时公布；监事会（或执行监事）对农民专业合作社的财务工作进行审计监督，审计结果应当向成员（代表）大会报告。成员（代表）大会可以委托有关审计机构，对农民专业合作社的财务进行年度审计、专项审计和换届、离任审计。

（二）实践要求

一是由监事会组成由监事和成员代表参加的监督小组，对农民专业合作社的财务管理实施有效监督，任何人不得妨碍监事会行使监督职权。二是根据法律和章程规定的公开形式、公开程序、时间、地点等公开内容，公布与成员切身利益相关的各项经济账目，公布反映合作社业务经营情况的重要资料，并接受成员的监督质询。三是要把财务公开作为一种制度在章程中确立下来，保持成员监督的连续性和长久性。四是监事会应认真听取和反映，全体成员对农民专业合作社财务管理工作的意见和建议。重大财务事项，如：较大的财务开支项目；主要生产项目的承包办法及承包指标；管理人员工资的数额等，均须经成员（代表）大会讨论通过后执行。五是农民专业合作经济组织换届或更换法人代表，经成员（代表）大会决议需要进行审计的，可向审计部门提出财务审计要求，由当地主管部门对其进行审计。设立执行监事或者监事会的农民专业合作社，由执行监事或者监事会负责对本社的财务进行内部审计，审计结果应当向成员大会报告。

实践连接：

临沂市莒南县永益草莓合作社

大店镇永益草莓专业合作社，于 2009 年注册成立。规模 820 名入社社员、460 户种植专业示范户、681 万元成员出资，47 个果品经纪人和果品代理商，经营范围涉及 12 项草莓杂果专业栽培。该社自成立以来，在社长李光友带领下，坚持不懈地走科学兴农、富民强社之路，为实现共同富裕文明，在带动当地特色农业发展中，做出了应有的贡献。

该合作社成立之初，依照《农民专业合作社法》和有关法律法规，制定了草莓专业合作社章程。章程规定，成员入社自愿，退社自由，地位平等，民主管理，实行自主经营，自负盈亏，利益共享，风险共担。盈利主要按成员与该社的交易量（额）比例返还。合作社组织采购供应成员种植所需的化肥、农药、农膜等；组织收购成员种植的草莓、黄桃、油桃；引进新技术、新品种、开展技术培训、技术交流和咨询服务。根据章程规定和工作需要，他们成立了理事会、监事会，同时制定了会员管理和社员代表大会制度，共同管理和协调本社的日常事务。

一、坚持科技兴农，发展特色农业

该合作社充分发挥当地种植产业优势，选择适宜的优良经济作物，创造较高的经济效益。为此，合作社先后组织合作社的理事及部分年轻的社员先后到烟台、龙口及辽宁的丹东，河北的满城等地考察学习，最终确定了引进国外优质草莓、油桃、黄桃及其他杂果品种进行反季节促成栽培。6 年来，先后引进了"大明星"、"丰香"、"美十三"、"甜宝"、"红颜"等系列优质草莓品种。试验推广了起垄密植、光面定向、塑膜和黑膜双层覆盖、配方施肥、生物防治病虫害和蜜蜂授粉坐果等一整套先进的农业栽培管理工艺，具有很高的科技含量，在当地及周边地区推广普及后取得了巨大的经济和社会效益。2014 年春季更是在市场前景良好的趋势拉动下，广大社员靠种植草莓和杂果实实在在地发了财，社员户最低收入超过 5 万元，超 10 万元以上的占到 30% 以上。如今高效农业种植，已在浔河两岸的八里湖和西大湖平原上开花结果，3 万亩塑料大棚连成一片，规模蔚为壮观，成为山东省最大的无公害草莓生产基地。

二、搞好市场建设，深化产业加工

万亩无公害草莓油桃基地建成后，如何搞好产品的销售及深加工又成了该合作社的重中之重。为了破解这一难题，该合作社先后跑遍了省内及周边 5 个省和 3 个直辖市的上百个果品市场，签订了草莓杂果销售协议，并在 30 多个城市委派了 40 多名果品代理商。在批发销售的经营中，有时由于气候、运输等原因，果品积压而造成损失。为了解决这一难题，该社于 2010 年与烟台永益食品有限公司合作筹资 1 800 万元，在基地内建成了占地面积 7 000 多平方米，建筑面积 2 500 平方米的莒南县旺盛果品加工厂。加工厂共设包括发泡、挑选、翻半、去皮、欲煮、冷却等两条流水线，生产一线工人 60 余名，每到生产旺季，还需临时用工 140 多人，有效地解决了部分剩余劳动力的就业问题。每年可深加工草莓、黄桃 4 000 余吨，产品远销欧洲的德国，亚洲的乌克兰、俄罗斯等国家。内销主要对口平邑的万利来、康发，河北的保定、石家庄，辽宁的大连、鞍山等地，深受广大用户的好评。2013 年度完成产值 2 460 万元，完成利税 18 万元，受到了上级领导的好评。

第七节　农民专业合作社财务管理

一、农民专业合作社财务管理组织

农民专业合作社应根据国家财政部，2007 年颁布的《农民专业合作社财务会计制度（试行）》规定和实际工作需要，设立财务管理机构，配备会计、出纳等财务工作人员。暂不具备条件的，要根据民主自愿原则，委托农村经营管理机构或具有专业资质的会计代理机构代理记账核算。规范设置和使用会计科目，登记会计账簿，进行会计核算。

成员（代表）大会是农民专业合作社最高权力机构，重大财务事项和涉及成员根本利益的财务事项，必须经成员（代表）大会讨论通过后方可实施；理事长是农民专业合作社法定代表人，对农民专业合作社会计工作和会计资料真实性、完整性负责；监事会（或执行监事）是农民专业合作社财务事项的监督检查机构，具体负责农民专业合作社内部财务的监督管理，代表全体成员监督农民专业合作社的财务业务执行情况。

二、农民专业合作社财务监管

农民专业合作社必须认真执行《中华人民共和国农民专业合作社法》和《山东省农民专业合作社条例》中，关于财务管理方面的各项规定要求，必须认真执行《农民专业合作社财务会计制度（试行）》中的各项具体规定。

财政部门依照《中华人民共和国会计法》规定职责，对是农民专业合作社的会计工作进行管理和监督。农村经营管理部门依照《中华人民共和国农民专业合作社法》和有关法规政策等，对是农民专业合作社会计工作进行指导和监督。年终，农民专业合作社要按照财务会计制度规定，向进行工商登记注册所在地的县级以上农村经营管理部门，报送资产负债表、盈余及盈余分配表和成员权益变动表。农村经营管理部门，对所辖地区报送的农民专业合作社年度财务报表进行审查，并逐级汇总上报。

三、农民专业合作社财务制度

农民专业合作社要结合自身实际，制定各项基础性财务管理制度，基本的财务制度应当包括：货币资金（现金、银行存款等）管理制度，财务开支审批制度，资产台账制度，成员账户制度，财产清查盘点制度，特殊资金使用管理制度，财务票据管理制度，会计档案管理制度等几项。每项制度都有具体的内容和执行标准，要求全体成员严格执行，共同遵守，统一上墙，装订归档，以便查阅。

四、农民专业合作社财务会计报告

农民专业合作社理事长或者理事会应当按照章程规定，组织编制年度业务报告、盈余分配方案、亏损处理方案以及财务会计报告。编制财务会计报告是一项法定职责。财务报告具体包括年度业务报告、科目余额表、财务收支明细表、资产负债表、盈余及盈余分配表、成员权益变动表、财务状况说明书。各种报告都有着相应的格式结构，发挥着独立的功能作用，有着明确规范的编制要求。

农民专业合作社的财务会计报告，是反映某一会计期间，财务状况和经营成果的书面文件，主要作用是反映资产规模、成员交易、收入支出、盈余亏损、债权债务、权益结构等财务运行情况。农民专业合作社应当每年向其成员报告财务情况，这是合作社保护成员基本权利的重要做法，也是农民专业合作社理事会的重要职责。根据《农民专业合作社法》等有关规定，成员享有"查阅本社的章程、成员名册、成员大会或者成员代表大会记录、理事会会议决议、监事会会议决议、财务会计报告和会计账簿"的权利。也就是有了了解农民专业合作社财务情况的权利。而财务会计报告是直接反映其业务经营情况的重要资料，包括成员与农民专业合作社的交易情况、农民专业合作社的收入和支出情况，以及盈余亏损情况、债权债务情况等。这些资料与成员的切身利益密切相关，作为农民专业合作社的出资者和利用者，通过查阅这些资料，就可以了解合作社财务情况，有利于更好地参与合作社的管理和决策，保证维护自身的合法权益。这既是保障成员知情权、参与权、决定权的重要内容，也是成员对农民专业合作社进行监督的重要途径。

农民专业合作社财务会计报告的制作，由理事会（理事长）负责。理事会也可以授权经理直接负责财务会计报告的制作，即由经理直接领导和组织财会人员，完成财务会计报告。为了保护成员、债权人、交易关系人的利益，维护交易安全和社会经济秩序，确保社会公众利益，农民专业合作社要实行财务会计报告公示制度，定期向其成员报告财务情况

五、农民专业合作社盈余分配

农民专业合作社盈余分配的内容：①农民专业合作社当年的各项收入扣除生产经营和管理服务成本、弥补亏损、提取公积金后，形成可分配盈余；②按成员与本社的业务交易量（额）比例返还给成员，返还总额不低于可分配盈余的60％；③可分配盈余剩余部分，依据成员账户中记载的成员出资额、成员享有的公积金份额、国家补助和他人捐赠形成的财产平均量化到成员的份额（总和称之为公积金总额），按比例分配给本社成员，分配总额不高于可分配盈余的40％；④收益分配方案报理事会、监事会讨论批准后执行；⑤组织分配兑现。

组织盈余分配要注意以下3个问题：第一，在分配顺序上，首先按交易量（额）的份额向成员返还，然后再进行按公积金总额比例的分配。第二，在分配比例上，每个农民专业合作社按交易量（额）返还和按公积金总额比例分配额，在可分配盈余中所占比例，由章程或成员大会规定，但按交易量（额）比例返还总额，不得低于整个可分配盈余的60％，按公积金总额比例分配总额，不得高于整个可分配盈余的40％。这一法律规定，体现了农民专业合作社以按交易量（额）二次返还为主、按公积金总额比例分配为辅的原则。农民专业合作社可分配盈余实行以按交易量（额）分配为主的办法，是成员实现互助合作的重要体现。第三，不能以所谓的股金分红替代按交易量（额）返还。一些地方只给入股成员分红，而不按交易量（额）返还，或者以股金分红代替交易量（额）返还，或者混淆按交易量（额）返还和股金分红。

六、农民专业合作社成员出资

成员出资是农民专业合作社参与民事活动、为自己取得民事权利、设立民事义务的前提条件。但具体到一个农民专业合作社，成员是否出资、如何出资、出多少资、出资如何参与盈余分配等问题，均由农民专业合作社章程决定。农民专业合作社向成员募集资金的总量，应根据农民专业合作社经营业务的发展需要，并根据成员的经济状况，量力而行，也可以根据事业的发展，分次进行。成员出资数量、形式、时限、每股多少钱、盈余分配等，都应当由成员大会或成员代表大会决定。实践中，多数农民专业合作社都实行成员出资制度，这既是法律和政策的引导，也是实践的需要。一般来说，农民专业合作社实行成员出资制度，有以下几方面的原因：一是《农民专业合作社登记管理条例》规定，不对农民专业合作社的出资进行验资，这在一定程度上是在鼓励、引导农民专业合作社实行成员出资制度；二是成员的出资可以作为农民专业合作社，从事经营活动的主要资金来源，有利于筹集资金，缓解资金压力，扩大经营规模；三是成员以出资的方式加入农民专业合作社，有利于成员与成员之间、成员与合作社之间建立紧

密的合作关系，促进成员对农民专业合作社的管理参与和业务参与，提高合作社的治理效率；四是成员出资可以明确农民专业合作社，对外承担债务责任的信用担保基础，有利于农民专业合作社进行融资。

农民专业合作社成员可以用货币出资，也可以用实物、知识产权等、能够用货币估价并可以依法转让的非货币财产作价出资，如房屋、农业机械、注册商标等。但不得以劳务、信用、自然人姓名、商誉、特许经营权或者设定担保的财产等作价出资。根据国务院《农民专业合作社登记管理条例》规定，农民专业合作社成员以非货币财产出资的，由全体成员评估作价。这一规定与《公司法》"股东缴纳出资后，必须经依法设立的验资机构验资并出具证明"的规定截然不同；与新的《合伙企业法》规定的"需要评估作价的，可以由全体合伙人协商确定，也可以由全体合伙人委托法定评估机构评估"的规定也有所区别。农民专业合作社的出资认定制度与公司及企业法人的注册资本验资制度相比，成本很低，简便易行，有利于促进农民专业合作社的简便建立与积极发展。

目前，农民专业合作社从事经营活动的主要资金来源是成员出资，但针对发展处于初期阶段而存在的资金缺乏状况，《农民专业合作社法》允许从盈余中提取公积金、从政府申请获得国家扶持资金、从外部争取社会捐赠资金，可以根据有关规定，对外借款或贷款。对外举债特别是数量较大的对外举债，其程序和决策过程一般由章程规定。按照《农民专业合作社法》规定，应当由成员大会决定。

七、农民专业合作社成员账户

成员账户是农民专业合作社，为每位成员设立的明细业务账户，以对发生的某些业务进行分别核算，如记录成员与合作社交易情况，确定其在合作社财产中所拥有份额等。根据《农民专业合作社法》规定，成员账户主要包括 3 项内容：一是记录成员出资情况，二是记录成员与合作社交易情况，三是记录成员的公积金变化情况。这些单独记录的会计资料是确定成员参与合作社盈余分配、财产分配的重要依据。成员账户在实际工作中具有下列各项功能作用。

1. 通过成员账户，可以分别核算其与合作社的交易量，为成员参与盈余分配提供依据。根据法律规定，农民专业合作社成员享有按照章程规定或者成员大会决议分享盈余的权利。同时，农民专业合作社的可分配盈余应当按成员与本社的交易量（额）比例返还，返还总额不得低于可分配盈余的 60%。而返还的依据是成员与合作社的交易量（额），因此，分别核算每个成员与农民专业合作社的交易量（额）是十分必要的。

2. 通过成员账户，可以分别核算其出资额和公积金变化情况，为成员承担责任提供依据。根据《农民专业合作社法》规定，成员以其账户内记载的出资额和公积金份额为限对农民专业合作社承担责任。在合作社因各种原因解散而清算时，成员如何分担农民专业合作社的债务，都需要根据其成员账户的记载情况而确定。

3. 通过成员账户，可以为确定附加表决权提供依据。根据《农民专业合作社法》规定，出资额或者与本社交易量（额）较大的成员按照章程规定，可以享有附加表决权。只有对每个成员的交易量和出资额进行分别核算，才能确定各成员，在总交易额中的份额或者在出资总额中的份额，确定附加表决权的分配办法。

4. 通过成员账户，可以为处理成员退社时的财务结算处理提供依据。《农民专业合作社法》规定，成员资格终止的，农民专业合作社应当按照章程规定的方式和期限，退还记载在该成员账户内的出资额和公积金份额；对成员资格终止前的可分配盈余，依法向其返还。

八、农民专业合作社成本核算

农民专业合作社一般不直接从事生产活动，所以一般不存在生产成本的核算问题，但个别合作社为了引导农民生产，建有示范基地的，则需要进行成本核算。另外，一些合作社要对外提供劳务服务时，也存在一定的成本计算问题。农民专业合作社的生产（劳务）成本，主要是指在直接从事的生产经营或提供劳务等活动中，所发生的各项生产费用和劳务成本。也就是为了生产某一种产品（获得某一使用价值）而在生产要素上耗费的资金价值，并应从其销售收入中得到补偿的价值。

农民专业合作社的成本项目综合起来包括 3 项内容：一是原材料及消耗性材料费用；二是生产（劳务）过程中的人工费用；三是（货币性）消耗费用，如水、电、热、气、折旧费、维护费等。至于农民专业合作社在产品生产期间，为组织产品生产所发生的管理费用、为销售产品发生的销售费用，以及为筹集资金等理财活动而发生的财务费用，则作为期间成本连同营业外支出等，在期终直接计入当期收益，不作为产品生产的成本内容。这一点与以往传统的企业产品成本费用的计入范围是不同的。

农民专业合作社进行成本核算，便于产品生产、入库、销售、耗用等方面的结算转账，为合理提供科学真实的会计信息数据打下基本基础；能够客观反映合作社自身生产经营状况，合理确认产品生产或劳务服务在各环节上应于负担的入账价值，便于正确计算经营收入和营业利润，保护国家、合作社和全体成员的共同利益；便于进行科学的经济分析与生产经营决策，为增强市场竞争优势、合理确定产品耗用成本和销售价格等提供科学依据；有利于推进财务核算体系建设，完善财务运行规范，保证再生产的不断扩大进行，增强与社会、与外部市场的衔接程度。

为了适应各种类型生产的特点和管理要求，在产品成本计算工作中有 3 种不同的产品成本计算对象，以及以产品成本计算对象为标志的 3 种不同的产品成本计算方法：一是按照产品的品种（不分批、不分步）计算产品成本。这种以产品品种为成本计算对象的产品成本计算方法，称为品种法。农民专业合作社主要采用此法。二是按照产品的批别（分批、不分步）计算产品成本。这种以产品批别为成本计算对象的产品成本计算方法，称为分批法。三是按照产品的生产步骤（分步、不分批）计算产品成本。这种以产品生产步骤为成本计算对象的产品成本计算方法，称为分步法。

这 3 种方法，是计算产品实际成本必不可少的方法，因而是产品成本计算的基本方法。由于产品成本计算对象不外乎分品种、分批和分步 3 种，因而基本方法总的说来也只有这 3 种。

九、农民专业合作社公积金

公积金是一个财务范畴。在财务会计学中，泛指企业、公司等为提高自身发展实力和抗御风险能力，按有关规定从年度利润或收益中提取，或者从其他来源途径（主要是随主营业务经营进行而伴生形成）取得、并用于扩大再生产的积累资金，实质是以资本储备形式反映的资本增值。根据其形成的来源途径不同，一般区分为资本公积金（也称"资本公积"）和盈余公积金（也称"盈余公积"）两类。在财务会计核算中，分别体现着不同的资本增值关系，共同受法规、政策和财务管理制度的规范约束。

《合作社法》第三十五条规定了"农民专业合作社可以按照章程规定或者成员大会决议，从当年盈余中提取公积金。公积金用于弥补亏损、扩大生产经营或者转为成员出资"，严格说来，只是指的盈余公积金一项。2007年底，由农业部起草制定、财政部出台的《合作社财务会计制度（试行）》，对公积金的核算作了完整规定，特别对公积金在用于转增股金时的会计处理分录，进行了具体说明。在其第二部分第二十五条中明确界定：合作社的所有者权益包括股金、专项基金、资本公积、盈余公积、未分配盈余等。在第三部分中，对资本公积与盈余公积分别规定了科目名称、核算内容、明细设置、余额性质等具体要求。因此，公积金转增股金业务的范围，实际要包括资本公积和盈余公积两项，并反映着合作社财务关系的完整性。

十、农民专业合作社公积金量化

公积金作为农民专业合作社的公共积累，无论从哪种渠道上形成都要归成员共同所有，一经取得形成即应量化确定为每个成员的享有份额，以时明晰合作社的财产关系，保护成员合法权益。

1. 公积金量化的实质

公积金作为资本储备形式的增值积累，在一般公司或企业内部，主要是由投资人的投资使用而产生的经营结果。但在合作社这类特殊经济组织内部，则是由以下两个因素共同作用而产生的结果：一是入社成员的出资对农民专业合作社发展的贡献，二是入社成员与农民专业合作社发生的业务交易量对发展的贡献。因此，农民专业合作社在运营过程中取得的公积金，即应归全体有出资的成员和有业务交易量的成员共同享有，要实行严格明确的份额量化。

进行公积金量化的主要目的，在于界定确认成员对农民专业合作社经营积累的法定享有份额，而不是对成员经济利益的直接分配，公积金形成以后的自身数额变化如何，由农民专业合作社在以后的实际安排使用情况决定。所以，公积金量化只是依法组织会计核算所必需的重要基础环节，是一种账外财务业务处置。不论量化计算之后的最终结果如何，都不用在会计账簿中进行账务（会计分录）处理，只要求记录在各成员账户中予以反映。通过量化处理，可以体现落实社员对农民专业合作社经营积累（包括盈余公积金和资本公积金）的享有关系，保障全面完整地组织公积金账内核算，提高内部合作稳定程度，保证成员应得利益及时合理分配到位。

2. 公积金量化方法

公积金量化的过程表现，主要是计算成员应享有的"公积金份额"，《农民专业合作社法》和《农民专业合作社财务会计制度（试行)》对具体的量化计算方法，没有作出明确规定，实际工作中可采取以下 3 种方法分别进行量化。

第一种是按交易量（额）标准量化。依据当年成员与本社的交易量（额）为标准，计算确定成员应享有的公积金份额。这种方法能充分体现农民专业合作社的本质作用与发展特征，便于引导成员更多地利用农民专业合作社提供的合作优势，打造人气合作氛围。但这种方法忽视了成员出资对农民专业合作社发展所做出的贡献，在成员出资差别明显悬殊的情况下，会影响社员出资的积极性，导致农民专业合作社经营资金周转及规模扩大困难，故具有一定的片面性。

第二种是以成员出资为标准进行量化。依据账内记录的成员初始入社出资及后期经营或盈余分配中获得的股金增加值合计为标准，计算确定成员应享有的公积金份额。这种方法遵循了资本投入与收益产出关联原则，能够直接调动社员入社投资的积极性和提高专业竞争优势，有利于合作社扩大合作经营规模，增强资金周转实力。但这种方法忽视了成员与农民专业合作社发生的交易量（额）所做出的贡献，忽视了入社成员参加农民专业合作社的本质愿望，把农民专业合作社，视为了以单纯追求货币报酬效应为宗旨的企业组织。故与按交易量（额）标准量化一样具有一定的片面性。

第三种是按成员出资和交易量（额）的权重比例标准量化。依据章程或成员会议合理确定的成员出资额和交易量（额）两者各占一定的比例权重为标准，计算确定成员应享有的公积金份额。这种方法是一种权衡性量化法，其综合考虑了以上两种量化方法的有益性和各自的片面性影响，同时认可成员出资和成员交易量（额）对农民专业合作社发展所做出的贡献，既调动了成员出资积极性，又保护了成员的共同利益平台。因此，较为合理科学，农民专业合作社规模越大越便于采用。

实行这种方法的核心环节是根据成员出资和交易量（额）状况，合理确定两者的比例权重。由于农民专业合作社账内记录的成员出资额和交易量（额），在不同时期（年度、季度等）有不同变化，两者的作用状态也有一定差别，所以，比例权重确定的合理与否，直接影响着成员的权益保护与最终利益分配。因此，在确定其间的比例权重时，要坚持民主，力求合理，每个年度要保持相对独立性。

另外，在一些早期成立的合作社，还有一种单纯地按成员人数平均量化的方法，即依据当期在册成员数，平均计算确定每个成员应享有的公积金份额。这种方法计算过程比较简单，但没有考虑各种经济因素对成员应享有公积金份额的内在经济影响。因此，严格地说并不是一种科学的量化方法，只是一种传统朴素的人头平均，在保护成员权益和组织年度盈余分配中没有实质意义，农民专业合作社规模越大，这样量化越不科学。

3. 公积金量化工作组织

组织公积金量化是农民专业合作社，内部管理中一项重要的财务核算工作。具体包括3 项业务程序：第一，确认公积金增加额。依据账内核算记录，确认农民专业合作社当期公积金实际增加额（包括资本公积和盈余公积金）；第二，计算成员享有份额。根据章程规定使用的量化方法，对实际确认的公积金增加总额计算量化到各成员应享有的具体份额；第三，登记"成员账户"。根据成员应享有的具体份额的计算结果，对应登记按成员名册专门设置的"成员账户"，构成成员参加盈余分配或确定成员财产关系的重要依据。

农民专业合作社在什么时候进行量化要因地制宜。由于在一个会计年度中，公积金特别是资本公积金业务随时都有发生。同时，农民专业合作社与成员的交易状况、成员出资比例和成员人数等影响公积金份额量化的因素也在不断变化。因此，农民专业合作社只有随时不断地组织公积金量化，才能充分体现确定成员对经营积累的享有关系，保障账内核算顺利进行。要结合自身经营特点，确定一定的时间点对该期限内的公积金进行量化处置。具体组织方式有3种选择：一是按月定期量化，即随每月账务核算处理同时进行量化。这种方式符合我国会计工作的核算习惯，能保持量化工作与账内核算节奏的同步性，适宜于各种类型的农民专业合作社采用。二是按农业经营季节分期量化，即根据农产品销售量和农业生产资料采购供应量大量集中，引起成员与农民专业合作社交易量大量增加的农时季节分期量化。如我国北方地区一般春季农民生产资料采购比较集中，夏季和秋季农产品收获销售比较集中，这些时期的成员交易量会集中加大。这种方式能及时营造，成员积极参与或关心关注农民专业合作社经营发展的社会氛围，保持公积金量化工作与农业经营季节变化节奏的同步性，适宜于流通型合作社采用。三是按会计年度一次集中量化，即平时对公积金业务变化情况不做处置，只在会计年度终了，结合年终核算分配，对全年发生的累计结果进行一次性量化。这种方式能直接反映成员享有积累份额与最终利益分配之间的关联关系，便于处理确定成员在资格终止时与农民专业合作社之间法定财产关系，保持公积金量化工作与成员利益分配组织工作的同步性，适宜于公积金主要来源于盈余公积提取的合作社采用。

4. 农民专业合作社公积金的量化调整

《农民专业合作社法》和《合作社财务会计制度（试行）》，主要针对合作社公积金增加后，如何将其合理量化为成员享有份额作了规定。但实际的工作中，农民专业合作社公积金作为一项所有者权益的会计要素，还要同时发生引起减少的日常业务，如依照法律规定，用盈余公积金弥补亏损或转增股金（增加社员入社出资额），社员自由退社（将原已量化记入成员账户中的退社成员享有份额直接支付），折价吸收会员股金，外币汇率折价差额补偿、法定财产重估贬值、农业资产自然贬值等。

农民专业合作社发生这些业务，所引起结果的实质是经营积累的直接损失，按《农民专业合作社财务会计制度（试行）》规定进行核算处理后，表现为对已形成公积金累计增加额的数额冲减。因此，这种经营积累损失同样应当由本社全体社员共同承担，一旦发生即要对应调整原来已经量化到各社员户名下的公积金份额，登记减少"成员账户"中已记载的增加份额。从理论上讲，调整减少公积金量化与公积金增加量化的业务程序、方法是基本一致的，只是在具体工作组织中，确认的是公积金减少数，计算的是成员应承担的损失额，登记到"成员账户"中的是一个冲减值。但值得注意，各合作社发生各种引起公积金减少的业务，并没有明显的固定性和统一性，如果在实行按月定期量化或按农业经营季节分期量化的合作社，随时并行组织一两笔单项的公积金量化调整，则会增加平时核算工作量，分散量化工作影响。对此，若再结合弥补亏损、转增股金、社员自由退社资格终止这些情况都是确定于年终的实际，进行公积金量化调整以采用按会计年度一次集中量化的方法为宜。

十一、农民专业合作社成员交易量

"成员交易量"是推动农民专业合作社，经营发展的重要因素。《农民专业合作社法》在第三条等多条规定中，提出了"交易量（额）"概念，并明确将其作为分配盈余和设立附加表决权的重要依据之一。具体指入社成员以参与经营合作为基础，在委托合作社统一代销农产品、代购生产经营资料、或者接受统一性经营服务中，与合作社之间发生的实物交割、劳务、技术、信息服务等交易数量的总和。交易数量按货币标准统一折价计算后，即形成交易额。交易额和交易数量是"成员交易量"两种不同的表现形态，也是两种具体的计量形式。《农民专业合作社法》在各处所提到的交易量概念，都是以"交易量（额）"字样出现的，把交易数量和交易额两种形式作了并列陈述，没有进一步明确采用交易数量或采用交易额，计算确认"成员交易量"的具体情形，各地执行中可结合实际管理需要自行选择。

在一般的市场交易中，通常意义上的交易量，体现的是两个普通市场主体之间单纯的交易成果，属于泛指概念，反映的只是交易成功规模的大小。但对农民专业合作社这类特殊经济组织来说，作为单独一类登记法人，其经济运行的目标主要是为成员提供生产经营服务，而不是单纯地组织生产经营。是因成员接受这种经营性服务（实际形成了"成员交易量"），才不断地构成了存续发展的经济生命。因此，"成员交易量"是农民专业合作社总交易量中，能直接表现合作经营特征和最为重要的部分，也与通常的市场交易量概念有所不同（通常的市场交易量概念，字面中一般没有交易额的意思）。在这里体现的是成员与农民专业合作社在共同合作中，更为直接的经济利益关系和更为重要的法定权益关系，不仅反映着双方合作的规模大小，而且还反映着合作紧密程度的高低，成为每个农民专业合作社经营管理和财务核算的重要内容。

十二、农民专业合作社"成员交易量"的构成内容

农民专业合作社的总交易量，包括普通意义上的交易量和成员交易量两个大类。一类是与外部单位、组织和个人之间进行一般的市场交易（进行这类交易以盈利为主要目的，遵循利润最大化原则）而产生的交易量，属于普通交易量。其主要特征与企业、公司等法人组织的交易量完全一致；另一类是与内部成员之间，进行经营性服务交易（进行这类交易，不论其内容差异如何，遵循的都是成本经营原则，不以盈利为目的）而产生的交易量，这一类属于"成员交易量"。目前，在法律和各地实践中，对"成员交易量"的具体构成内容，都没有明确的规范界限。实践中确认构成的农民专业合作社"成员交易量"，一般须同时具备3个前提条件：一是在经营性服务交易中产生，交易不以盈利为目的；二是在交易对方自愿接受该服务中实现，接受服务后反过来又对农民专业合作社发展有推动贡献；三是交易对方是有入社合作关系的内部成员。具体应由以下4个部分构成。

1. 受托服务交易量

受成员委托代销农产品、代购生产资料、储藏运输农产品等的实物交易数量。这类"成

员交易量"有具体的实物载体,是农民专业合作社最主要的交易量,各地均直接认同。

2. 统一服务交易量

为成员统一组织的机耕、施肥、灌溉、修剪、除草、病虫防治、看护管理、提供生产技术指导、培训等的作业量。这类"成员交易量"只有作业的对象,没有实物形态存在,以其作业量的具体计量单位为载体。虽然在计量确认上比较混杂,各地认识程度也存有一定差异,但总趋势是正在逐步纳入统计计算的确认范围。

3. 提供帮助交易量

向成员传递运营管理信息、统一组织成员进行农产品质量认证、申请商标注册、字号登记等的服务量。这类"成员交易量"没有直接的作业对象,也没有具体的实物形态存在,多数地方对此没有作为"成员交易量"确认计算,仅视为单纯的费用支出处理,将服务过程中发生的费用成本列入年度开支承担了之。

4. 风险贡献交易量

部分成员因配合接受农民专业合作社试验示范项目安排,而附加承担的风险损失估计量。包括新品种更新推广、新型技术试验应用、引进种植管理模式示范等。这类业务所产生的成员交易量,在表面上,与构成上述第一部分"成员交易量"的特征是基本一致的,所以多被单纯地统计计算了所涉及的实物交易量,没有进一步计算其中的风险影响。这一认识应予改进,因这类业务开展有一个明显的特点,即成员从一开始接受试验示范安排时,就要承担存在和可能生的经营风险。从长远利益考虑,承担这种风险是推动合作社发展与提升的必要保障,也是接受试验示范安排的成员,所要预先付出的隐形代价,属于一种特殊贡献。因此,在实物交易量之外,不论最终风险是否发生,都应当将这种风险影响,作为一项单独成员交易量列入构成范围,从而保持"成员交易量"构成的完整性。

十三、农民专业合作社成员交易量的功能作用

农民专业合作社是广大成员在自愿联合、民主平等的基础上建立发展起来的,是以服务成员为宗旨的互助性经济组织。成员入社的目的与愿望,也是为了获取良好的技术、信息以及生产供应与销售等经营服务,借此提高自身的市场竞争能力。农民专业合作社在与成员合作存续发展期间,取得的各年度盈余以及公积金增值等,主要是由成员在参加合作中所发生的服务交易的作用贡献而产生的。因此,成员交易是农民专业合作社生存和发展的根本基础,没有成员交易发生,就没有农民专业合作社的经营运行。"成员交易量"作为农民专业合作社,提供服务和成员享受服务交易的载体,在推动和保障合作社运行发展,以及财务管理组织工作中,都有重要的功能作用,主要归纳为6项:一是为确认经营收入提供依据。农民专业合作社按成本原则在为成员提供服务时,要根据合作协议或章程约定,按发生的成员交易量收取一定比例的服务费(包括产品销售差价、其他服务作业工本费等),或从供货商家获取一定的商业折扣(主要是代购生产资料供货商让利返点)。这项服务费在财务核算上列为经营收入,在扣除年度费用支出后构成年度盈余,在弥补亏损或提取公积金后形成可分配盈余。二是为返还分配盈余提供依据。农民专业合作社每年实现的盈余,主要按照成员交易量(额)比例返还,

依法返还的盈余总额不得低于可分配盈余的 60%。以最大限度地保证成员共同受益，保护成员合作发展的积极性。三是为量化公积金提供依据。农民专业合作社每年从年度盈余提取（和从其他途径形成）的公积金，都要按照章程规定量化为每个成员的份额，以充分体现合作经营的本质特征，引导成员更多地利用农民专业合作社提供的服务优势，打造人气合作氛围。一般情况下是直接依据"成员交易量"确定量化，在成员出资差别明显悬殊时，也是把"成员交易量"作为首要部分，再结合成员出资情况采用相应办法进行量化。四是为转增资本提供依据。农民专业合作社要根据章程规定或成员大会决议，综合考虑"成员交易量"与积累形成的因果关系，把一定数量的公积金转到成员名下，直接增加各成员的出资（股金）额，作为参与年终剩余盈余返还的重要依据之一。五是为确定附加表决权提供依据。农民专业合作社为奖励出资额较多或者成员交易量（额）较大的成员，对其为合作社发展所做出的贡献，要依法赋予他们一定比例的附加表决权，这是法律赋予这部分成员的一项政治权利。在运行管理中，要依据较大出资额和较大成员交易量（额）的取得情况，正确计算确定相关成员可享有的附加表决权数，以保证这项合法权利的有效落实。六是为评价分析农民专业合作社的管理规范，调整制定经营决策提供依据。"成员交易量"表现为动态量化的数据指标，通过这些指标，可以反映农民专业合作社达到的规模、展现拥有的实力、分析合作经营的紧密程度、判别自身经营业绩，减少发展运行中的随意性和盲目性，增加有利性和规范性。

十四、农民专业合作社成员交易量的确认方法

目前，法律法规尚没有明确的方法规范，各地做法不尽统一，实践中有下面 3 种方法供借鉴。

1. 分项计算确认法

结合前述各部分"成员交易量"的具体特征，分项按各自法定或常规的计量单位确认。其中有实物形态的，按实际交易重量计算确认，如代销成员农产品或代购化肥等生产资料；没有实物形态只有作业对象的，按实际作业量的计量单位计算确认，如作业面积、劳动工时等；既没有直接作业对象，也没有具体实物形态的，按所提供服务项目的件数或服务次数计算确认，如发布信息条数、申请果品商标字号个数等；成员接受试验示范项目承担风险经营的，依据试验示范项目安排所依附的载体，先计算载体自身的"成员交易量"，再按一定的比例或倍数，增加计算一个附加的"成员交易量"，两者合计为成员因承担风险，而与农民专业合作社实际发生的"成员交易量"。

这种方法直观简单，便于操作，在理论上也能成立，适应于早期成立、规模较小、统一服务项目单一、利益联系不密切的农民专业合作社。缺点是所依据的服务量计量单位不统一，没有可比性和科学性，确认结果不合理。在运行规范、服务全面、规模较大、成员利益联系密切的合作社，无法使用。

2. 折算系数确认法

将与成员之间发生的各项各种交易数量，按估计或测算的单位服务成本比例为依据，分别折算成不同的单项交易系数，然后加总形成一个成员户的累计系数。通常是选

择固定某一种交易数量（如代销的某种农产品）的单位服务成本作为参照标准（按1 000或100为设定值），依次计算标示出各种交易数量的系数数值，编制形成"成员交易量系数表"。当与成员发生某种服务交易后，对比"成员交易量系数表"，即能折算确认出该户该项业务的成员交易量。

这种方法，把服务业务计量单位混杂的交易数量，折算为统一的系数数值，保证了"成员交易量"确认的合理性和可比性。适应于服务业务广泛、管理机制完善、发展层次高的大型农民专业合作社。但使用中需要注意，在前期编制形成"成员交易量系数表"的业务难度较大，估计测算单位服务成本、选择参照交易数量标准等基础工作要求较高。因此，应在充分发扬民主、科学讨论分析的基础上，力求做到最大的合理性，根据市场的供求变化和内部发展运行情况，在每个会计年度进行合理调整，报成员大会决议后执行。

3. 交易金额确认法

将代销的农产品和代购的生产资料，按其实际的销售额和购入额，直接计算确认为"成员交易量"。对没有实物形态存在的其他服务业务，只记录核算服务成本，不作为业务交易去计算实际包含的"成员交易量"。

这种方法权衡了各种交易中的实物载体，在区域、季节和品类方面的差异影响，从财务核算效果分析，能够体现确认结果的公平合理性。同时，也比较复合人们传统的交易观念，在目前也被许多农民专业合作社普遍采用。缺点是包含的范围不完整，不符合各地在规范、提升、发展中的管理要求。因此，主要适应于代销代购业务比重大、交易品种多，但其他统一服务项目少的农民专业合作社。其他情况下不宜采用。

十五、农民专业合作社成员交易量记录处置

农民专业合作社对平时发生的"成员交易量"，应及时进行账外记录处理，以便随时掌握变化动态，充分发挥其内在的功能作用。主要包括3个业务环节：一是做好基础登记工作。由经办人员对与每户成员发生的交易，按顺序逐笔记录实际的交易数量，经成员签字确认后及时交财务部门（人员）。二是分类汇总。由财务部门（人员）按户进行分类汇总，根据本社确定采用的具体方法，计算出所形成的"成员交易量"，经成员签字认可后备案（规模大、成员户数较多的，也可通过集中公示的方式，统一告知各户成员）。三是登记"成员账户"。由财务部门（人员）将各户的"成员交易量"，依法定要求逐笔记入按户设置的"成员账户"。成员户数较多的，为减少"成员账户"登记工作量，可以设置《成员交易量台账》进行平时记录，然后集中或随财务核算按月累计后，再登记录入"成员账户"。

实践连接：

临沂市沂南县诸葛亮茶叶种植合作社

沂南县诸葛亮茶叶种植专业合作社位于沂蒙革命老区，是按照"民办、民管、民

受益"的原则，由农户自愿组建的农民专业合作经济组织，并于 2011 年 1 月在工商部门注册。现有理事 11 人，社员 162 人，会员遍布双堠、大庄等乡镇。合作社所产茶叶质优价廉，名扬沂蒙，享誉京城，是广大消费者信得过品牌。所生产的"诸葛亮名茶"产品，在临沂市第三届名优茶评比会上，被评为"临沂市十大名茶"之一。社长王武江被评为临沂市"十佳制茶能手"。2013 年，合作社紧紧围绕茶农增收致富，充分利用当地地理自然优势，以全方位服务社员为立足点，把生产优质绿色茶叶和农业综合开发有机结合起来，获得了较好的经济效益、社会效益和生态效益。

一、强化服务管理，促进合作社稳步发展

（一）实行合同化管理，降低每个社员的风险

合作社与每个社员签订协议，进行统一管理，实行免费良种供应、免费农资补贴和技术培训与指导一条龙服务，坚持"种前签订合同、产品统一收购"的经营模式，与茶叶种植户签订种植和收购合同。实行"风险合作社承担、让利于社员"的优惠政策，并确保回收茶叶价格高于市场收购价，所有货款尽量当日结清，同时，为扶持社员在种植茶叶初期因整地而产生的费用，由合作社按照每亩 150 元的标准进行补助，使种植户不承担任何风险，收益得到了根本保障，极大地提高了茶叶种植户的积极性，仅此一项，合作社每年用在种植户上的补贴费用就达 6 万余元。

（二）扩大种植面积，实现规模经营

合作社采取积极引导，以点带面，逐步发展，最终实现规模种植的发展思路。对缺乏认识没有茶叶种植经验的村庄，首先加强宣传工作，使农户逐步认识种植茶叶的好处，并对基础设施建设给予大力支持，他们发展成功以后，以点带面逐步扩大，相继带动大批农户，最后形成了规模化种植。目前，已发展种植茶园基地 360 余亩。

（三）加强种植管理，提升社会化服务水平

合作社积极推行绿色农产品的标准化生产和规模化经营理念，为保证茶叶质量，聘请专业技术人员为社员统一配送符合要求的生产资料，并进行技术指导。坚决杜绝高毒、高残留农药的使用，大大提高茶叶的质量安全水平。合作社实行统一管理、统一农资供应、统一技术服务、统一市场销售和分户自主经营的管理模式，社员在自主管理的基础上，依靠合作社的组织优势，确保生产安全高效，质高价优，实现增产、增效、增收的经济效益。

（四）注重教育培训，提高社员综合素质

合作社不断强化对社员的技术培训，经常邀请技术专家进行授课指导，采取现场示范和集中授课相结合的形式进行培训，既提高了社员的种植技术，又增长了专业知识，确保了茶叶的种植效益。通过教育培训，社员的合作意识、科技文化素质都有了很大提高，凝聚力和向心力得到了进一步的增强。

（五）积极开拓市场，实施品牌化战略

由于合作社对社员进行了统一管理、标准化生产和规模化经营，产品质量获得了有效的保障，生产的丹青牌系列高级绿茶在临沂名茶评比会上，共获得"一金一银二铜"

的荣誉。其中，"卧龙剑"获"临沂市十大名茶（金奖）"，"阳都碧芽"获银奖，"神龙苦菜茶"和"首乌保健茶"分别获铜奖。2001年，诸葛亮名茶被评为"沂南县名牌产品"，新研制的"贵人茶中茶"，具有减肥、美肤和降血压、降血糖、抗衰老、预防心脑血管疾病等保健功能，获得国家发明专利。2011年8月30日荣获"有机转换产品"认证，在济南、日照市石臼、岚山等地设有3处加工厂，创建了全县首家茶馆——诸葛亮茶艺馆，产品畅销济南、泰安、临沂等地，供不应求。

二、规范完善机制，确保合作社规范提升

（一）民主管理参与机制

合作社依法制定章程，明确合作社和成员之间的责、权、利关系，健全理事会、监事会和成员大会制度。严格按照"一人一票"的原则，实行民主决策、民主管理、民主监督，坚持重大事项由全体社员讨论决定，社员民主参与的积极性、主动性极大提高。

（二）股份合作投入机制

合作社按照"依法、自愿、有偿"的原则，积极引导和鼓励群众以各种方式入股合作，进行资源优化配置，坚持"民办、民管、民受益"的原则，实行独立核算、民主管理、保值增值、利益共享。发展高效农业规模化，提高土地使用效益和经济效益，增加农民收入，推进社会主义新农村建设。

（三）利益共享分配机制

合作社每年定期召开理事会，年终召开总结表彰大会，并根据社员的交易量进行年终分红，形成合作社与社员之间利益共享的分配机制。

三、互惠合作共赢，合作社不断发展壮大

（一）社员得到了实惠

所有入社种植户在合作社的统一组织下，彻底解决了过去受资金、市场等条件的限制，增强了共同抵御市场风险的能力，获得了十分显著的经济效益。社员入社后，仅此一项，年户均纯收入就达到了2万余元，社员深刻地认识到加入合作社的好处，过上了富裕的生活。

（二）合作社得到了长足发展

沂南县诸葛亮产业种植专业合作社作为荣获"有机转换产品"认证的专业合作社，通过与农户建立了长期的合作关系，形成了"合作社＋基地＋农户"的发展模式，迅速扩大茶叶种植面积，吸收社员多达160余户，固定采茶工100余人，在沂南县原杨家坡镇南双泉村、双堠镇东河村和莒县夏庄镇分别建成了基地和茶园360多亩，形成种植示范区和周边辐射带动区，解决了周边区域剩余劳动力问题。由于服务到位，效益高而稳定，合作社呈现出健康良好的发展态势，由成立时的不足几十户发展到现在的160余户，带动社员发家致富，社员年均纯收入2.2万余元，涉及面覆盖了周边区域的发展，为促进农民增收和产业结构调整做出积极的贡献，有力地推动了当地特色农业和农村经

济的发展。

第八节 农民专业合作社合并、分立、解散、清算

一、农民专业合作社合并

农民专业合作社合并，是指两个或者两个以上的合作社通过订立合并协议，合并为一个合作社的法律行为。一般是为了某种共同的经营目的，如扩大生产经营规模、更好地为成员服务，或进行新的开发服务项目等，合并组成一个农民专业合作社的情形。

合作社合并根据形式可分为两类：一是创设式合并，指两个以上的社归并组成一个新合作社，而原有合作社归于消灭的合并方式。二是吸收式合并，指一个以上的合作社归并于其他合作社，归并后只有一个合作社存续、被归并合作社均告消灭的合并方式。

合作社合并不仅涉及全体成员的利益，而且涉及债权人等相关者的利益，因此，农民专业合作社合并必须依照法定程序进行。

1. 订立合并协议

参与合并的合作社各方，通常先由理事会代表各自的合作社签订合并协议。由于农民专业合作社合并须经成员大会特别决议方能进行，故理事会代表各自合作社签订的合并协议，未经各自成员大会以特别决议方式通过是不能生效的。因此，这种合并协议是附设条件协议，协议中必须明确，协议未经各自合作社成员大会决议通过，不发生法律效力。

2. 通过合并协议

理事会代表各自合作社签订的合并协议，须经各自合作社成员大会以特别决议方式通过，方能发生法律效力。但需要明确3点：其一，如果合并的结果加重了成员的责任，如提高了每股金额等，那么，未经成员本人同意，对其不产生约束力；其二，对合并协议持有异议的成员，可以退出原合作社；其三，若参与合并的合作社有一方成员大会对合并协议决议不通过，除非有特别约定，否则原各方签订的合并协议即归无效。

3. 编制资产负债表与财产清单

合并协议经各自成员大会决议通过后，参与合并的各方即应编制资产负债表与财产清单，并经审计部门审计确认。这些资产负债表、财产清单及审计部门出具的审计报告等，应当备置于合作社，以供成员及其债权人查阅。

4. 通知债权人

农民专业合作社进行生产经营，在为社员进行服务中，要经常对外产生债权债务。合作社合并，至少有一个合作社丧失法人资格，而且存续或者新设的合作社也与以前的不同，对于合并前的债权债务，必须要有人承继。为了保护债权人的利益，农民专业合作社法规定，农民专业合作社合并，应当自合并决议做出之日起10日内通知新设的组织承继。即要求农民专业合作社应当自作出合并决议之日起10日内通知债权人。债权人自接到通知书之日起30日内，未接到通知书的自公告之日起45日内，可以要求合作

社清偿债务或者提供相应担保。农民专业合作社债权人如在规定期限内，未提出清偿债务或者提供相应担保主张，视为认可合并，同意其债权转移至合并后的新合作社。但是，如农民专业合作社不依法通知债权人或者以公告方式告知债权人，不得以其已合并为由，对抗债权人清偿债务或提供相应担保的请求。

5. 实施合并

合并协议经参与合并各方成员大会决议通过后，即发生法律效力，但是，合并协议发生法律效力并不等于参与合并的各方已经合并。参与合并的各方必须经过特定的合并行为，才能完成合并。在吸收合并中，消灭方的成员应当办理加入存续新合作社手续，并应当迅速召集合并之后的成员大会，报告合并事项，有修改农民专业合作社章程必要的，应当进行修改，召开成员大会后，参与合并的各方农民专业合作社应当被视为已经合并。在新设合并中，应当推选专人起草合作社章程，召开创立大会，在创立大会完成后，参与合并的各方合作社应当被视为已经合并。

6. 合并登记

农民专业合作社合并后，应当及时申请登记。这里所说的登记包括 3 种情况：其一，合并后存续的合农民专业作社，应当申请办理变更登记；其二，合并后消灭的农民专业合作社，应当申请办理注销登记；其三，合并后新设的农民专业合作社，应当申请办理设立登记。

二、农民专业合作社分立

农民专业合作社的分立是指一个农民专业合作社，分成两个或者两个以上合作社的法律行为。根据形式不同，分立可以分为两类：一是创设式分立，即解散原合作社，将其分设为两个以上的新合作社。二是存续式分立，即对原合作社予以留存，而将其中的一部分或几部分分立出去组成一个或几个新合作社的情形。因分立注销原合作社的，其权利应由分立后的各合作社承担。存续式合作社的分立，其权利义务关系，则应以分立合同的约定或者章程的规定，由留存或新合作社承继。

为了确保成员及利益相关者的合法权益，农民专业合作社分立，也需要按照法定程序进行，具体程序如下。

1. 通过分立决议

农民专业合作社的分立必须经成员大会以特别决议的方式通过。至于农民专业合作社分立的议案，可以由理事会主动提出，也可以由一定比例的成员申请理事会提出。

2. 订立分立协议

分立各方必须签订分立协议，就成员安排、分立形式、财产分割方案、债权债务承继方案、违约责任、争议解决方式以及分立各方认为需要规定的其他事项进行约定。分立协议应当自分立各方签订之日起生效，分立各方另有约定的除外。

3. 编制资产负债表和财产清单

分立协议生效后，原农民专业合作社，即应编制资产负债表与财产清单，并经审计部门审计确认。这些资产负债表、财产清单及审计部门出具的审计报告应当备置于合作社，以供成员及其债权人查阅。

4. 通知债权人

根据农民专业合作社法规定，合作社分立，其财产作相应的分割，并应当自分立决议作出之日起十日内通知债权人。分立前的债务由分立后的组织承担连带责任。但是，在分立前与债权人就债务清偿，已达成的书面协议另有约定的除外。农民专业合作社分立前债务的承担有以下两种方式：一是按约定办理。债权人与分立的合作社就债权清偿问题达成书面协议的，按照协议办理。二是承担连带责任。分立前未与债权人就清偿债务问题达成书面协议的，由分立后的农民专业合作社承担连带责任。债权人可以向分立后的任何一方请求自己的债权，要求履行债务。被请求的一方不得以各种非法定的理由，拒绝履行偿还义务。否则，债权人有权依照法定程序向人民法院起诉。

5. 实施分立

分立协议发生法律效力并不等于合作社已经分立。分立各方必须通过实施特定的分立行为，方能完成分立。在存续分立中，新设合作社应当推选专人起草合作社章程，召开创立大会；原合作社也应当迅速召开分立后的成员大会，报告分立事项，有修改合作社章程必要的，应当进行修改。新设合作社创立大会与原合作社成员大会后，分立各方应当被视为已经分立。原合作社应当按照分立协议约定向新设合作社交付财产，并办理债权债务承继手续。需要进行财产登记的，新设合作社成立后应及时办理登记手续。

6. 分立登记

合作社分立后，应当及时申请登记。这里所说登记包括 3 种情况：其一，分立后存续的原合作社，应当申请办理变更登记；其二，分立后消灭的原合作社，应当申请办理注销登记；其三，分立后新设的合作社，应当申请办理设立登记。

三、农民专业合作社解散

农民专业合作社解散，是指因章程规定或发生法律规定的解散事由而停止业务活动，最终使法人资格消灭的法律行为。其法律特征主要有：①合作社解散的目的和结果是要终止农民专业合作社法人主体资格。②农民专业合作社解散不等于消灭，只有登记机关的注销行为才直接导致消灭。③为了维护交易安全并保障成员与债权人的权益，除因合并与分立而解散外，其余必须要经过法定清算程序，才能消灭农民专业合作社。

依据解散是否属于农民专业合作社自身的意思表示，可将农民专业合作社解散，分为自愿解散与强制解散两类，各自的解散原因及解散的法律效果如下。

1. 自愿解散

自愿解散，是指农民专业合作社依据章程或者成员大会决议而解散。这种解散属于农民专业合作社自己的意思表示，与外在因素无关，取决于农民专业合作社成员的意志。自愿解散的主要原因如下。

一是章程规定的解散事由出现。通常指合作社约定的存续期限届满，成员大会未形成继续存在决议而解散。一般来说，解散事由是农民专业合作社章程的必要记载事项，农民专业合作社的设立大会在制定章程时，可以预先约定农民专业合作社的各种解散事由，如存续期间、完成特定业务活动等。如果在农民专业合作社经营中，规定的解散事由出现，成员大会或者成员代表大会可以决议解散。如果此时不想解散，可以通过修改章程的办法，使合作社继续存续，但这种情况应当办理变更登记。

二是成员大会决议解散。成员大会是农民专业合作社的权力机构，它有权根据法律规定对解散事项做出决议，通过召开成员大会做出解散的决议，应当由本社成员表决权总数的 2/3 以上通过。章程对表决权数有较高规定的，从其规定。成员大会决议解散合作社，不受章程规定的解散事由的约束，可以在章程规定的解散事由出现前，根据成员的意愿决议解散。农民专业合作社作为成员自愿、自治的组织，可按成员大会决议而解散。由于解散涉及多方面的利益关系，需要慎重对待，因此，农民专业合作社解散需要成员大会特别决议。

三是成员人数少于法定最低人数。农民专业合作社法有最低法定成员人数的限制，如果成员人数少于最低法定人数，那么，农民专业合作社就丧失了存在的法定要件，当然应当解散。

四是农民专业合作社合并的。在吸收合并中，被吸收方应当解农民专业散；在新设合并中，合并各方均应当解散。

五是合作社分立的。当农民专业合作社分立时，如果原合作社存续则不存在解散问题；如果原合作社分立后不再存在时，则原合作社应当解散。合作社的合并、分立应由成员大会作出决议。

2. 强制解散

强制解散是指根据国家行政部门的决定或者法院的判决而发生的解散。这种解散不是农民专业合作社自己的意思表示，而是外在意思的结果。强制解散的主要原因如下：

一是破产。农民专业合作社是具有法人地位的经济组织。根据农民专业合作社法规定，农民专业合作社破产适用《企业破产法》的相关规定。当农民专业合作社不能清偿到期债务，并且资产不足以清偿全部债务或者明显缺乏清偿能力时，自身及其债权人均可以向法院提出破产清算申请；农民专业合作社已解散但未清算或者未清算完毕，资产不足以清偿债务的，依法负有清算责任者应当向人民法院申请破产清算。

二是行政解散。行政解散属于行政处罚的方式，是指农民专业合作社违反法律、行政法规而被行政主管机关依法责令解散。换言之，当农民专业合作社营运严重违反了工商、劳动、环境保护等法律法规与规章时，为了维护市场秩序，有关主管机关可以做出吊销营业执照、责令关闭或者撤销主体资格等决定，从而解散合作社。例如，依法被吊销营业执照或者被撤销。依法被吊销营业执照是指依法剥夺被处罚合作社已经取得的营业执照，使其丧失合作社经营资格。被撤销是指由行政机关依法撤销合作社登记。当合作社违反法律、行政法规被吊销营业执照或者被撤销的，应当解散。

3. 司法解散

农民专业合作社的司法解散，是指合作社经营管理发生严重困难，继续存续会使成员利益蒙受重大损失，通过其他途径不能解决的，农民专业合作社一定比例以上（一般不能少于 10 人）成员，可以请求人民法院解散。农民专业合作社一经解散，即不能再以合作社的名义从事经营活动，并应当进行清算，清算完结后其法人资格消灭。

四、农民专业合作社清算

1. 清算的含义

农民专业合作社清算是指合作社解散后，依照法定程序清理债权债务，处理剩余财产，使其归于消灭的法律行为。《民法通则》第四十条规定，法人终止，应当依法进行清算，停止清算范围外的活动。清算的目的是为了保护成员和债权人的利益，除农民专业合作社合并、分立两种情形外，解散后都应当依法进行清算。

2. 清算的工作内容

农民专业合作社的解散清算工作，因经营状况和经营内容等不同而有差异，但从农民专业合作社法第六章规定的清算组职责和有关事项处置程序上理解，其主要业务工作内容包括以下几个方面。

一是按程序成立清算小组并明确清算职责。清算小组成立的途径有两条：一是自行推选清算组。当农民专业合作社解散事由出现，应当在解散事由出现之日起15日内，由成员大会推举成员组成清算组，对合作社的解散进行清算。二是由人民法院指定清算组。农民专业合作社解散时，在本法规定的期限内，因一时难以找到合适人选等原因，不能及时自行组成清算组时，由成员、债权人向人民法院申请，由人民法院指定成员组成清算组。

清算小组从成立之日起全权接管合农民专业作社，负责所有清算事宜。清算小组属临时性工作机构，其实际职责只在农民专业合作社决定解散时才予以行使，清算结束后，自动终止解散。清算小组在清算期间，主要负责制定清算清偿方案，并报成员（代表）大会审议通过，清理处置财产及债权，清偿法定债务，编制资产负债表和财产清单，处理未了财务事项，分配剩余财产等职责。另外，成员大会在推举清算小组成员时，应当充分考虑吸收或保留一定比例的财务会计人员参加，以便业务操作。

二是界定清算财产范围。清算财产包括宣布清算时，农民专业合作社账内账外的全部财产，以及清算期间取得的资产等，都应当列入清算财产一并核算。但为保证清算规范和清算兑现，对已经依法作为担保物的财产，相当于担保债务的部分，不能再列入清算财产。另外，为规范清算工作，保全农民专业合作社债权人与债务人的合法权益，避免以后发生矛盾纠纷，在宣布经营终止前一定日期（如规定6个月或3个月等）至经营终止之日的期间内，如有发生隐匿私分或者无偿转让财产、压价处理财产、增加债务担保、提前清偿未到期的债务、随意放弃债权等财务行为的，应视为无效，涉及资产应作为清算财产入账。清算期间未经清算小组同意，不得处置合作农民专业社财产。

三是计算清算财产价值。对清算财产应进行合理作价，为清偿分配打下好的基础。根据会计客观性原则和权责发生制原则，对清算财产一般以账面净值或者变现收入等为依据计价，也可以重估价值或按聘请专业机构评估的结果为依据计价。但应注意，只要能够保持清算工作顺利进行，各方当事人意见能够协调一致，就不必采取评估方式计价，以尽量简化工作程序，节约清算成本。农民专业合作社解散清算中发生的财产盘盈或者盘亏，财产变价净收入，因债权人原因确实无法归还的债务，确实无法收回的债权，以及清算期间的经营收益或损失等，全部计入清算收益或者清算损失。

四是确定财产清偿分配顺序。农民专业合作社进行解散清算中不产生共益债务，所以，在清算财产及收益确定后，依照惯例应首先拨付清算费用。然后按照农民专业合作社法第四十五条规定的顺序，分配清偿相关的债务和应付款项，最后向成员分配清算完毕后的剩余财产。但清算资产不足以清偿债务的，应经依法申请破产转为破产清算。

3. 清算的工作程序

因章程规定的解散事由出现、成员大会决议解散或者依法被吊销营业执照、被撤销等原因解散的，应当在解散事由出现之日起15日内由成员大会推举成员组成清算组，开始解散清算。逾期不能组成清算组的，成员、债权人可以向人民法院申请指定成员，组成清算组进行清算，人民法院应当受理该申请，并及时指定成员组成清算组进行清算。清算组是指在农民专业合作社清算期间，负责清算事务执行的法定机构。农民专业合作社一旦进入清算程序，理事会、理事、经理即应停止执行职务，而由清算组行使管理业务和财产的职权，对内执行清算业务，对外代表合作社。清算组自成立之日起接管农民专业合作社，负责处理与清算有关未了结业务，清理财产和债权、债务，分配清偿债务后的剩余财产，代表合作社参与诉讼、仲裁或者其他法律程序，并在清算结束时办理注销登记。清算组成员应当忠于职守，依法履行清算义务，因故意或者重大过失给农民专业合作社成员及债权人造成损失的，应当承担赔偿责任。农民专业合作社清算工作的程序如下：

第一，清算人员选任登记。清算人员被选任后，应当将清算人员的姓名、住址等基本情况及其权限向注册登记机关登记备案。未经登记，不能对抗第三人。首次确定的清算人员及其权限应当由合作社理事会申请登记；更换清算人员与改变清算人员权限，应当由合作社清算组申请登记。法院任命或者解任清算人员的登记，也应当依此规定进行。

第二，处理未了结事务。农民专业合作社未了结事务，主要是指解散的时候尚未了结的经营事务。为处理了结事务，农民专业合作社在清算中，也可以与第三者发生新的法律关系。

第三，通知、公告成员和债权人。农民专业合作社在解散清算时，由清算组通知本社成员和债权人有关情况，通知公告债权人在法定期间内申报自己的债权。为了顺利完成债权登记、债务清偿和财产分配，避免和减少纠纷，农民专业合作社法对清算组通知、公告成员和债权人的期限和方式作了限定：清算组应当自成立之日起10日内，通知本社成员和明确知道的债权人；对于不明确的债权人或者不知道具体地址和其他联系方式的，由于难以通知其申报权，清算组应自成立之日起60日内在报纸上公告，催促债权人申报债权。但如果在规定的期间内全部成员、债权人均已收到通知，则免除清算组的公告义务。债权人应在规定的期间内向清算组申报债权。具体来说，收到通知书的债权人应自收到通知书之日起30日内，向清算组申报债权；未收到通知书的债权人应自公告之日起45日内，向清算组申报债权。债权人申报债权时，应明确提出其债权内容、数额、债权成立的时间、地点、有无担保等事项，并提供相关证明材料，清算组对债权人提出的债权申报应当逐一查实，并做出准确详实的登记。

这里需要说明的是在通知、公告期间不能对债权人进行清偿，如果清算组在此间对已经明确的债权人进行清偿，有可能造成后申报债权的债权人不能得到清偿，这是对其他债权人权利的严重侵害。

第四，提出清算方案由成员大会确认。清算方案是由清算组制定的、如何清偿债务、如何分配剩余财产的一整套计划。清算组在清理合作社财产，编制资产负债表和财产清单后，应尽快制定包括清偿合作社员工的工资及社会保险费用，清偿所欠税款和其他各项债务，以及分配剩余财产在内的清算方案。清算组制定出清算方案后，应报成员大会通过或者人民法院确认。

第五，实施清算方案，分配财产。清算方案经农民专业合作社成员大会通过或者人民法院确认后实施。分配财产是清算的核心。清算方案的实施必须在支付清算费用、清偿员工工资及社会保险费用，清偿所欠税款和其他各项债务后，再按财产分配的规定向成员分配剩余财产。如果发现合作社财产不足以清偿债务的，清算组应当停止清算工作，依法向人民法院申请破产。参照我国《企业破产法》有关破产财产清偿顺序的规定，结合农民专业合作社的本质要求，农民专业合作社财产分配顺序应当是：支付清算费用和共益债务；支付雇用人员工资和医疗、伤残补助、抚恤费用，所欠的应当划入雇员个人账户的基本养老保险、基本医疗保险费用以及法律、行政法规规定应当支付给雇员的补偿金；农民专业合作社欠缴的其他社会保险费用和所欠税款；清偿农民专业合作社债务，包括记入成员账户的成员与本社的交易额；按解散时各成员个人账户中，记载的出资额和量化为该成员的公共积累份额之和的比例，或者按照合作社章程或成员大会的决议，分配剩余财产。农民专业合作社被宣告破产后，其清算程序应当比照我国《企业破产法》的规定进行。至于破产财产分配，则应当按照上述财产分配顺序进行。

第六，清算结束办理注销登记。这是清算组的最后一项工作，办理完合作社的注销登记，清算组的职权终止，清算组即行解散，不得再以合作社清算组的名义进行活动。

五、合作社解散清算规范

解散清算是加强农民专业合作社管理的必要构成环节，正确对待或规范组织农民专业合作社解散清算，对保持内部财务的完整运行、善始善终地处理农民专业合作社与各个方面的财务关系、维护自身合法权益、避免发生民事责任风险等都有重要作用。在目前要特别注意抓好以下几项基本的管理规范。

1. 《章程》文书规范

农民专业合作社是否解散或怎样解散，最常见最普通的原因主要来自《章程》规定。《合作社法》第四十一条规定的解散清算原因中，第一项就是"章程规定的解散事由出现。"因此，在制定或修改《章程》文书时，对有关解散清算的条件、机构职责、清偿程序、清算任务等内容，一定要具体完整、明确清楚，切忌词语表述模糊，条款界限混淆。另外，《农民专业合作社法》第四十五条还明确规定，清算组制定的算方案，要经成员大会或者申请人民法院确认后实施。所以，《章程》中还应明确规定完善的成员大会决议程序，保证解散清算工作规范严肃，合法有序。

2. 清算监督规范

农民专业合作社解散清算涉及多方面的当事人和经办人，关系内部与外部的利益结算，如何做到客观公正、保障全体会员及各当事人的知情权、避免产生矛盾或误会等非常重要。因此，监事会应对解散清算实行直接有效的全程监督，把清算程序、清算方案、清算结果等人们较为关注的清算内容随时向外公开。保证全部解散清算事宜清楚明了、善始善终，不留隐患。

3. 剩余财产分配规范

合理分配农民专业合作社清偿债务后的剩余财产，是保护各成员合法利益的主要环节，也是稳定会员情绪、终结合作关系、消除后期纠纷隐患的保证手段。因此，在清算操作中，第一，向会员分配清算完毕后的剩余财产，应按会员出资比例进行；第二，由国家财政直接扶持补助形成的财产，不得作为可分配剩余资产分配给成员，处置办法按照国家有关规定进行。原来接受的社会捐赠，如有约定的按约定办法处置，没有约定的列入清算财产处置；第三，适应社员合作特点及节约清算成本要求，分配兑现的方式应当灵活，应以清算资产原有形态搭配兑现，不能勉强要求完全的货币化。

4. 清算档案建立规范

为便于主管部门掌握情况，加强指导监督，清算组应当在清算完毕后，编制有关的解散清算报表，如期内收支表、财产清偿分配表等，提出清算报告，及时整理各种清算材料，并建立清算档案。各种清算材料一同报送主管部门备案。

5. 清算费用节约规范

农民专业合作社解散清算无论其结果如何，最终都是由全体成员共同承担。结果好大家都受益，结果差大家损失多，清算费用是决定这个结果的重要因素之一。因此，对农民专业合作社清算应首先注意增强节约意识，从大局考虑，为全体会员利益负责，防止盲目开支、突击花钱，甚至违法乱纪，酿出法纪事端。

实践连接：

临沂市蒙阴县宗路果品专业合作社

蒙阴县宗路果品专业合作社，位于蒙阴县野店镇毛坪村，是一个由农民自发参与、以服务为主、社员共同赢利，集农资销售、新技术新品种推广、果品收购、保鲜、销售于一体的专业合作组织。合作社成立于2003年年底，占地2.7万平方米，建筑面积7 650平方米，年销售收入9 000多万元，注册资本500万元。合作社严格按照先进质量管理体系要求，落实责任，规范管理，严肃认真地把好果品生产、采购、运输、储存、加工、包装等每道关口，更好地确保了产品质量。大力发展绿色食品和有机食品，取得有机食品认证，并建设有机果品基地，按照绿色、有机食品的标准进行生产。成功注册蜜桃、红富士苹果、板栗、山楂等七项绿色食品证书，还注册了"山蒙野毛"这一品牌，并获得蒙阴果品唯一出口权以及GAP证书，得到政府及相关部门的肯定。2014年在临沂市市政府和当地农业部门的大力支持下，成功入驻淘宝网"挑食"活动，开启了崭新的电商销售渠道。生产的桃、苹果先后出口到东南亚等20多个国家和地区，年出口量达到5 000吨，大大增加了蒙阴苹果的销售范围及世界知名度。

近年来，与中国农业银行、农村信用合作联社等金融机构，都建立了良好的信贷关系。与经营客户订立的合同履约率为100%，多次被有关部门评为守合同、重信誉的单位。经营状况一直良好，管理能力、营运能力和盈利能力较强，信誉度高，发展前景可观。

自成立以来，在搞好果品购销，农资供应的同时，积极为入社社员提供技术服务，每年都为社员举办3~6期培训班，使入社社员掌握了先进的科技知识。为更好地发挥合作社的作用，宗路合作社还对每个入社社员发放了社员证，入社社员手持社员证就能享受到购买农资、销售果品价格优惠的照顾。合作社现有苹果生产基地3.2万亩，几年来，共为社员提供优质价廉的农资3 000多吨，帮助2 000多个贫困家庭依靠发展果品走上了致富路，人均增收1.1万元。先后传授给全村果农及四邻八乡的农民果树品种达50多个、传播科技新技术60多项，在向农民传授新品种的同时，该合作社每年按季节聘请市、县、镇果树，科技、科协等部门的技术人员到果园田间地头，向农民传授果树管理新技术。同时，大力发展无公害生产，建精品示范园区，实施创名牌战略，以争创名优品牌，服务广大果农为己任，立足本地实际大力推广发展绿色无公害果品。经过努力，已经形成了一套完整的土壤肥水管理、花果管理、果实套袋、整形修剪、病虫害综合防治的标准化技术操作规程和先进的经营理念。

在创新销售方式，拓宽销售渠道，基础设施建设、农资供应、技术管理、品牌包装、市场销售等方面有了统一的管理方式的基础上。该合作社积极打响品牌战略，扩宽果品销售渠道，是我县首家获准果品出口权的唯一企业。积极挖掘果品文化内涵，全方位宣传，借助"沂蒙六姐妹"品牌。在完善全覆盖的市场销售网络上，打造了一支诚信、过硬的销售队伍，并在上海、江西、福建、广州、深圳、浙江、南京、东北等地设立了直销点，聘请当地销售人员80余名，大打"蒙阴蜜桃甲天下"品牌，建设现代果品物流中心，将果品打入了城市大型超市，实现优质农产品与现代流通网络的对接。

2014年在临沂市市政府和当地农业部门的大力支持下成功入驻淘宝网蜜桃"挑食"预售活动，7天预售蜜桃量达20万斤，开启了崭新的电商销售渠道。合作社基地生产的"蒙阴蜜桃"成功出口到迪拜等国家，使得"蒙阴蜜桃"成功进入高端市场。

第九节　农民专业合作社扶持政策

一、国家促进农民专业合作社发展的主要政策措施

党中央、国务院历来高度重视农民合作组织的发展，先后作出了一系列重大决策，支持农民按照自愿、民主的原则，发展农民合作社等种类合作经济组织。中央十六、十七、十八届会议，近年出台的中央"一号文件"都连续对促进农民专业合作组织发展作了具体部署，要求中央和地方财政要安排专门资金，支持农民专业合作组织开展信息、技术、培训、质量标准与认证、市场营销等服务；对专业合作组织及其所办加工、流通实体适当减免有关税费；建立有利于农民专业合作组织发展的信贷、财税和登记等制度。其中，《农民专业合作社法》设立专门条款，明确在产业政策倾斜、财政扶持、

金融支持、税收优惠等方面，对农民专业合作社给予的扶持政策。支持农民专业合作社增强自我服务功能，支持专业合作社开展教育培训活动，支持专业合作社开展标准化生产、专业化经营、市场化运作、规范化管理，提高农业组织化程度，促进农村经济发展。

1. 产业政策倾斜

《农民专业合作社法》第四十九条规定，国家支持发展农业和农村经济的建设项目，可以委托和安排有条件的有关农民专业合作社实施。农民专业合作社作为市场经营主体，由于竞争实力较弱，应当给予产业政策支持，把农民专业合作社作为实施国家农业支持保护体系的重要方面。符合条件的可以按照政府有关部门项目指南的要求，向项目主管部门提出承担项目申请，经项目主管部门批准后实施。

2. 财政扶持

《农民专业合作社法》第五十条规定，中央和地方财政应当分别安排资金，支持农民专业合作社开展信息、培训、农产品质量标准与认证、农业生产基础设施建设、市场营销和技术推广等服务。对民族地区、边远地区和贫困地区的农民专业合作社和生产国家与社会急需的重要农产品的农民专业合作社给予优先扶持。

2011 年，山东省人民政府在《关于促进农民专业合作社健康发展的意见》中要求：各级要积极筹措资金，加大对农民专业合作社的扶持力度。优先扶持合作社示范社、贫困地区的农民专业合作社和生产国家与社会急需的重要农产品的农民专业合作社。采取直接补助、贷款贴息等方式，支持农民专业合作社开展信息服务、人员培训、农产品质量标准认证、农业生产基础设施建设、市场营销和技术推广等。各级财政部门要积极发挥职能作用，管好、用好扶持农民专业合作社的发展资金，会同涉农部门共同搞好对农民专业合作社扶持项目、补助和奖励的申报、审查和验收工作。对中央和省支持的农业生产、农业基础设施建设、农业装备能力建设、农村社会事业发展的财政资金项目、预算内投资项目等，要优先委托和安排符合项目实施条件的合作社承担。

3. 金融支持

《农民专业合作社法》第五十一条规定，国家政策性金融机构和商业性金融机构应当采取多种形式，为农民专业合作社提供金融服务。2009 年 2 月，国家银监会农业部，联合印发《关于做好农民专业合作社金融服务工作的意见》，提出具体的金融支持措施：一是把合作社全部纳入农村信用评定范围；二是加大对合作社的信贷支持力度；三是创新适合农民专业合作社需要的金融产品；四是改进对农民专业合作社的金融服务方式；五鼓励有条件的农民专业合作社发展信用合作；六是加强对农民专业合作社金融服务的风险控制。

山东省政府金融工作意见要求，金融机构要根据农民专业合作社的特点和需要，研究制定支持农民专业合作社的信贷政策。政策性金融机构要研究设立适合农民专业合作社发展需要的贷款项目。商业性金融机构要制定农民专业合作社专项贷款指南，为农民专业合作社提供多种形式的金融支持和服务。农村合作金融机构要把农民专业合作社，纳入信用评定范围，将农户信用贷款和联保贷款机制引入农民专业合作社，满足小额贷款的需求。对于经营规模大、带动作用强、信用评级高的，特别是县级以上示范社，实行贷款优先、利率优惠、额度放宽、手续简化。探索适应农民专业合作社特点的担保抵押方式。各保险机构要积极为具备条件的农民专业合作社提供保险服务

4. 税收优惠

农民专业合作社作为独立的农村生产经营组织，可以享受国家现有的支持农业发展的税收优惠政策，《农民专业合作社法》第五十二条规定，农民专业合作社享受国家规定的对农业生产、加工、流通、服务和其他涉农经济活动相应的税收优惠。支持农民专业合作社发展的其他税收优惠政策，由国务院规定。2008 年 6 月，财政部、国家税务总局联合印发《关于农民专业合作社有关税收政策的通知》，提出了具体优惠措施：一是对农民专业合作社销售本社成员生产的农业产品，视同农业生产者销售自产农业产品，免征增值税；二是增值税一般纳税人从农民专业合作社购进的免税农业产品，可按13% 扣除率计算抵扣增值税进项税额；三是对农民专业合作社向本社成员销售的农膜、种子、种苗、化肥、农药、农机，免征增值税；四是对农民专业合作社与本社成员签订的农业产品和农业生产资料购销合同，免征印花税。

申请享受税收优惠政策的农民专业合作社，应当是生产经营活动开展正常，经营活动成果核算完整准确，运作规范的合作社。具体来说，应该具备以下条件：一是有完整的成员账户，包括成员的姓名、住址、身份、身份证号码、经营产品范围等；二是有健全的财务账户，包括入股的资金及比例、交易额、总账和相应的明细账等。符合上述条件的农民专业合作社应向当地税务部门提出申请，申请时要提供农民专业合作社营业执照、税务登记证复印件和当地税务部门需要的其他相关证件，优惠标准根据财政部、国家税务总局《关于农民专业合作社有关税收政策的通知》规定，经主管税务机关审核，对于符合享受税收优惠政策条件和要求的合作社，销售本社成员自产和初加工的农产品，给予相应的税收优惠。

二、农民专业合作社能申请的涉农项目

扶持项目是实施产业政策的载体和形式。农民专业合作社法第四十九条规定："国家支持发展农业和农村经济的建设项目，可以委托和安排有条件的有关农民专业合作社实施。"2009 年，《中共中央国务院关于 2009 年促进农业稳定发展农民持续增收若干意见》指出，"尽快制定有条件的合作社承担国家涉农项目的具体办法"。2010 年，农业部、国家发改委、科技部、财政部、水利部、商务部、国家林业局等部门联合颁布的《关于支持有条件的农民专业合作社承担国家有关涉农项目的意见》，对合作社承担涉农项目的重大意义、总体要求和基本原则、范围、条件及方式等都做出了详细规定，从而在更大范围和更高层次上推动有条件的农民专业合作社承担涉农项目，有效地促进了农民专业合作社的规范发展。

《意见》指出，支持农民专业合作社承担的涉农项目主要包括：支持农业生产、农业基础设施建设、农业装备保障能力建设和农村社会事业发展的有关财政资金项目和中央预算内投资项目。凡适合农民专业合作社承担的，均应积极支持有条件的农民专业合作社承担。《意见》规定："对适合农民专业合作社承担的涉农项目，涉农项目管理办法（指南）中已将农民专业合作社纳入申报范围的，要继续给予支持；尚未明确将农

民专业合作社纳入申报范围的，应尽快纳入并明确申报条件；今后新增的涉农项目，只要适合农民专业合作社承担的，都应将农民专业合作社纳入申报范围，明确申报条件。"

在农业部组织实施的农业综合开发、农业产业化、农业标准化实施示范项目、养殖小区和联户沼气工程试点、测土配方施肥补贴、农业机械购置补贴、主要农作物生产机械化示范项目、苹果套袋关键技术示范补贴、土壤有机质提升试点补贴、优势农产品新品种推广、一村一品特色产业、生猪和奶牛标准化规模养殖小区（场）建设、粮棉油高产创建、蔬菜园艺作物标准园创建、水产健康养殖示范场创建等项目中，都逐步将符合一定条件的合作社列入项目载体，并进行一定倾斜。

财政部、国家发改委等部委组织，实施的涉农项目也积极把有条件的农民专业合作社纳入实施单位范围，并进行倾斜。财政部自 2003 年起组织实施支持农民专业合作组织发展项目，对农民专业合作社、专业协会和农民用水者协会的建设和服务给予资金扶持，项目规模逐年扩大。如财政部组织实施的农业综合开发土地治理项目、农业综合开发产业化经营项目，商务部和财政部联合组织实施的农产品现代流通综合试点等项目，都将农民专业合作社纳入项目载体并进行一定倾斜。

三、农民专业合作社申报财政项目的条件

目前，合作社的项目资金来源主要有财政部门和农业部门两大块。

1. 财政部门扶持项目的申报

为提高农民进入市场的组织化程度和财政支农资金的使用效应，财政部于 2004 年 7 月 16 日印发了《财政部关于印发〈中央财政农民专业合作组织发展资金管理暂行办法〉的通知》（财农〔2004〕87 号），要求对国家给予的财扶持项目，要从项目内容、标准文本申报、专家评审、择优安排和监督检查等环节，实行严格的管理。

申请中央财政扶持的条件。中央财政农民专业合作组织发展资金支持的农民专业合作组织应该符合下列条件：①依据有关规定注册，具有符合"民办、民管、民享"原则的农民合作组织章程；②有比较规范的财务管理制度，符合民主管理决策等规范要求；③有比较健全的服务网络，能有效的为合作组织成员提供农业专业服务；④合作组织成员原则上不少于 100 户，同时具有一定的产业基础。

中央财政扶持的范围。中央财政农民专业合作组织发展资金重点支持的范围：①引进新品种和推广新技术；②雇请专家、技术人员提供管理和技术服务；③对合作组织成员开展专业技术、管理培训和提供信息服务；④组织标准化生产；⑤农产品粗加工、整理、贮存和保鲜；⑥获得认证、品牌培育、营销和行业维权等服务；⑦改善服务手段和提高管理水平的其他服务。

农业专项资金的申报程序：根据《关于印发〈财政农业专项资金管理规则〉的通知》（财农〔2001〕42 号），农业专项资金的使用应实行项目管理，项目单位应根据财政部门或主管部门批复的项目预算，组织项目实施。农业专项资金的申报部门，是指申报项目所在地的财政部门或主管部门。申报部门应按照财政管理体制或财务关系，以正式文件逐级上报申报项目。农业专项资金的项目申请单位，即项目单位。项目申请单位

应符合规定的资格或条件，提供本单位的组织形式、资产和财务状况，对农民收入、农业农村发展的贡献，以前实施农业项目的绩效等有关情况。

为保证项目申报文件的真实、科学和完整，项目申请单位应提交项目可行性研究报告。项目可行性研究报告可以委托专家或社会中介组织编写。接受委托编写项目可行性研究报告的社会中介组织应具备相应的资质条件。财政部门或主管部门应组织有关专家，或委托专门的项目评审机构对上报的文件进行评审，出具评审报告。依据项目评审报告，将符合规定的项目纳入项目库管理，择优选择。农业专项资金实行规范化分配，财政部门或主管部门依据专家或项目评审报告对项目资金进行分配。

2. 农业部门扶持项目的申报

农业部扶持农民专业合作社的项目，主要分为3个部分：一是农民专业合作组织示范项目；二是农民专业合作社示范社"以奖代补"试点项目；三是各产业司局主管的有关涉农项目。

农民专业合作社示范项目的申报条件主要有以下4点：一是依照《农民专业合作社登记管理条例》，在工商行政部门注册登记满1年以上，合作社成员在50户以上。二是运行机制合理。以"民办、民有、民管、民受益"为宗旨，产权明晰，符合农民专业合作社的基本原则；有规范的章程、健全的组织机构、完善的财务管理等制度；有独立的银行账户，实行独立的会计核算；实行民主决策和财务公开，定期召开成员大会；可分配盈余按交易量（额）比例返还给成员的比例达到60%以上。三是服务能力较强。与成员在市场信息、业务培训、技术指导和产品营销等方面具有稳定的服务关系，实现了统一农业投入品的采购和供应，统一生产质量安全标准和技术培训，统一品牌、包装和销售，统一产品和基地认证认定等"四统一"服务。获得自主注册商标、名牌农产品证书、著名商标证书或博览会奖项，有加工贮藏设施，与省内或省外超市实现了"农超对接"的，以及大学生牵头兴办合作社或合作社聘用的技术管理人员是大学生的，予以优先扶持。四是示范带动作用明显。申报示范项目的农民专业合作社必须是各级示范社，社成员年纯收入比当地非成员农民年纯收入高出20%以上，优先扶持省级示范社。

申报农民专业合作社示范社"以奖代补"项目，除了具备以上基本条件外，必须达到的标准：取得《农民专业合作社法人营业执照》；获得省（自治区、直辖市）级示范社称号；主产品具有注册商标和知名品牌、执行统一的生产质量安全标准、获得无公害产品或地理标志以上认证以及省级以上名牌农产品证书、著名商标证书或博览会奖项等。

项目扶持的主要内容：服务设施建设，包括生产性基础设施建设，农产品加工、保鲜、储藏、包装、农产品质量安全检测仪器设备购置，以及农产品粗加工、整理、储存和保鲜等银行贷款贴息等项目；品牌农业建设，申报农产品质量认证，创建名牌产品和驰名商标，建设标准化生产基地等项目；市场营销建设，开展市场信息咨询服务，构建市场营销网络、举办或参与产品展示展销等项目；成员素质建设，对合作社成员、经营管理人员进行理论知识、实用科学技术、市场营销知识和经营管理知识培训。

申报农业部各产业司局主管的有关涉农项目，要按照有关项目指南的要求和相关程序规定进行申报。

四、农民专业合作社申报示范项目的程序

项目申报程序和主要要求：首先，省级农村经营管理部门（以下简称"主管部门"）根据《农民专业合作组织示范项目申报指南》要求，组织指导本地区农民专业合作组织项目申报工作。省级主管部门在组织项目申报工作中，要充分征求和听取种植、畜牧、水产等产业主管部门的意见。农民专业合作组织按照章程规定，经过民主程序，在资金使用范围内，集中申请 1～2 个项目建设内容，填报项目申报书。其次，项目申报书一式 6 份，经农民专业合作组织法定代表人签名后，留存 1 份，将其余 5 份送当地县级主管部门审核。县级主管部门审核并签署意见后，留存 1 份，将其余 4 份上报省级主管部门。最后，省级主管部门在申报数量限额内组织审核、筛选和排序，提出项目建议，连同项目申报书，以财（计财）字文件，分别报送农业部农村经济体制与经营管理司（2 份）和财务司（1 份）。

申请项目的农民专业合作组织，在按以上程序报送项目申报书的同时，须报送以下材料的复印件：章程；营业执照（注册登记证书）、组织机构代码证及工商登记机关登记在册的成员名单；管理制度（包括财务管理制度）；当年资产负债表和收益分配表；产品注册商标证书、获得的名特优产品证书，无公害农产品、绿色食品、有机食品或相应生产基地认证证书，地理标志认证证书，中国农业名牌等知名商标品牌证书，执行的生产质量安全标准文本，获得的省、市级示范专业合作组织（合作社）表彰的相关文件等。

一般来说，检查验收工作具体由各级农村经营管理部门牵头，组织相关专家、部门领导、农民专业合作社辅导员等组成检查验收小组负责。主要采取听取汇报、现场查看、查阅资料与走访成员相结合的办法，实行现场打分，综合评定。检查验收主要针对农民专业合作社所在省市的重视情况、合作社自身的建设情况、合作社对项目资金的利用情况，以及工作实施进展与成效。检查验收工作分以下 3 步进行：第一阶段，由各农民专业合作社按照验收内容进行自查，形成农民专业合作社示范项目总结报告，并上报省级主管部门；第二阶段，由各省级主管部门对所辖区示范项目建设情况进行验收，并形成验收报告，上报农业部；第三阶段（每年 12 月 31 日前），由农业部组织对示范组织建设情况进行检查验收。

此外，从 2012 年开始，农业部组织实施的"农民专业合作组织示范项目"，已与财政部组织的农民专业合作组织项目合并为专项转移支付项目。尽管项目资金支付下拨渠道发生变化，但组织实施和管理的主体依然是各级农业主管（农村经营管理）部门，有关管理办法已在不断探索和完善之中，各级辅导员可根据当年下发的有关通知要求执行。

五、农民专业合作社财政扶持资金的获得与使用监督

国家财政非常重视对农民专业合作社发展的支持，在资金投入、税收优惠等方面采取了一系列政策措施，不断加大对合农民专业作社发展的投入力度。从 2003 年开始，

中央财政在预算中专门安排了用于支持合作社发展的资金，支持各地区农业、林业、水利等各类农民专业合作组织发展，并逐年增加资金规模。目前，农民专业合作社获得的财政资金支持，主要是以申报财政项目的形式进行，国家对农民专业合作社的项目支持主要分为财政部门和农业部门两大块，具体如何申报财政项目请参考农民专业合作社申报财政项目指南。

2011 年，农业部制定了《农民专业合作社辅导员工作规程》，其中规定农民专业合作社辅导员要"协助指导农民专业合作社申报承担国家有关涉农项目，制定项目实施方案，根据有关授权加强对项目资金使用的监督"。财政部在《关于进一步完善制度规定切实加强财政资金管理的通知》（财办〔2011〕19 号）第四条"加强内控制度建设"中指出，要加快构建财政资金管理风险防控机制、建立健全内部监督制度、明确财政资金安全管理责任制。农民专业合作社辅导员要严格按照《农民专业合作社辅导员工作规程》和财政资金监管的有关要求，根据有关法规政策授权，明确监管责任，切实加强对农民专业合作社，获得财政资金使用的监督和管理。

实践连接：

临沂市平邑县康发果蔬种植合作社

平邑县康发果蔬种植专业合作社，是有临沂市康发食品饮料有限公司发起，吸纳平邑县武台新发黄桃专业合作社法人股和 200 名自然人共同出资，并经平邑县工商局注册成立。制定通过了合作社章程、建立了理事会，配备了财务人员，通过社员大会明确了合作社的财务管理制度、民主管理制度等，选举产生了合作社理事长。合作社以山东省农业产业化重点龙头企业——临沂市康发食品饮料有限公司发起成立，充分体现了"龙头企业＋专业合作社＋果农＋基地"的产业化运营模式。

该合作社成立后随即在"山东省黄桃之乡"的武台镇，建设标准化黄桃生产基地 1.45 万亩，该基地覆盖 14 个村，链接 4 726 户果农，种植 10 余个加工型黄肉桃优良品种，年产优质黄桃 4 万余吨。同时，在平邑县地方镇的天宝山流域建有山楂基地 300 亩、梨基地 5 000 亩、葡萄基地 2 000 亩；在蒙山腹地的柏林镇建有蓝莓基地 3 000 亩等。合作社本着"质量、诚信"原则，与果农、与龙头企业分别签订生产、收购合同，并聘请知名果树专家，邀请有关部门，免费提供果园规划、技术指导、各类培训、测土配方施肥、水质检测、产品收购、农资使用等产前、产中、产后全方位服务，使基地规模不断扩大，产品质量和种植效益不断提高。真正实现了龙头企业、合作社、果农三方合作共赢，探索实践了一条建设优质农产品基地的成功路子。经过 2 年多的发展运营，基地建设不断规范，果园的施肥、修剪等各项管理水平不断提高，合作社社员比其他农户年增收 20% 以上，现已辐射带动了周边 6 个乡镇、60 多个村、1 万多户农民的发展。

2013 年，该社重点围绕农产品质量安全建设，促进产业化进程，邀请农科院果蔬研究所、农业局等专家，依托农民田间学校优势，为农户进行技术培训 16 期，受课农户 3 699 人，并长期坚持为农户免费提供果园规划、技术指导、各类培训、测土配方施肥、水质检测。为农户进行产前、产中、产后全方位服务，使基地规模不断扩大，产品质量和种植效益不断提高。全年实现销售收入 6 680 万元，实现利润 135 万元，入社面积发展到 14 500 亩，户均增收 1 260 元，取得较好的经济效益和社会效益。

2014 年合作社进一步强化服务，不断提高合作社经营水平，提高了合作社凝聚力、向心力。

1. 为社员提供信息服务

用多种方式适时向社员发布果品、蔬菜方面的行业信息，通报国内及周边地区果蔬供求市场行情、食品安全政策法规及病虫害防治技术等。

2. 为社员提供技术服务

合作社与山东农业大学、山东省科学院等建立了合作关系，并与山东农业大学在康发黄桃基地建有黄桃科技示范园 15 亩。同时，于 2010 年在康发黄桃基地率先成立了省内首家"平邑县黄桃产业农民田间学校"，与县农业局的专业技术人员密切合作，制定了各项教学、培训管理制度。通过教室学理论、果园田间现场讲解、面对面指导等形式，深入基地、园区，根据农时季节举办了各种形式的培训班近 27 次，培训及受益社员 6 500 多人次。不仅有效地提高了果农的果蔬种植、管理水平，提高了果品质量产量，增加了果农收入，而且扩大了合作社的社会影响。

3. 为社员推广新品种服务，提供后勤保障服务

近几年来合作社为社员统一引进、培养、推广黄桃新品种 4 个，蓝莓新品种 3 个以及山楂、梨等。自合作社成立以来平均每斤比市场价高 30% 以上，户均增加社员收入 3 600 元。

4. 积极探索研究合作社发展新模式

合作社采取"龙头企业 + 合作社 + 基地 + 果农"的新模式，带动了一批种植大户，进一步优化品种，扩大了种植面积，提高了果品的品质，有效地控制了农产品安全，为当地的果品加工业提供了优质原料。同时，提升带动了当地多家果蔬购销经营业户的发展。目前，销售额在 500 万元以上的水果营销大户达 40 多家，吸引了周边多个省、市的食品加工企业在武台镇、地方、柏林等设立收购点或办事处，如上海熙可食品公司、大连、莱阳等。由于人流、物流、信息流，平邑县现已成为周边地区较大的果品购销集散地。

第十节　农民专业合作社指导服务

一、农民专业合作社信息管理系统填报

2008 年，农业部建成"农民专业合作组织统计信息管理系统"。系统填报时需要注意以下几方面。

1. 统计工作频率

正常情况下，每季度结束 15 天内完成合作社信息填报。

2. 统计内容

补录该季度新增合作社信息和更新原有合作社信息，其中一季度、三季度重点是补录新增合作社信息，半年报和年度报补录新增合作社信息和更新原有合作社信息，包括经营数据和财务数据。

3. 数据要求

填写时注意数量单位，比如总值一般为万元、总量一般为吨（农药为千克）等；系统中填写的数据不是累计数，而是系统快照，反映当年截止到当前统计期数据情况。比如：当前进行三季度数据填报，一个合作社从成立之初到现在，已经累计为成员统一购买 100 万元的投入品，而今年前三季度购买投入品总值为 10 万元，则当次统计数据该项应该是 10 万元，而不是 100 万元。

4. 数据填报步骤

第一，填报合作社信息。新增合作社可通过"数据填写"或"数据导入"功能填报新合作社信息，其中"数据导入"需要事先将采集到的合作社信息填入系统提供的电子表格中，然后进行导入；已在系统中的合作社信息可通过"数据修改校验"功能，修改该合作社变化的数据。第二，进行校验。所有合作社数据录入修改完毕后，通过"数据修改校验"功能进行数据校验，校验即校验数据是否符合相应的平衡关系。对于校验没有通过的合作社信息，要根据校验提示进行修改，直至通过。第三，数据上报。全部合作社通过校验后点"数据上报"。第四，上报平衡过程表。上报的第二天"查看汇总表"并上报"平衡过程表"。

在系统中进行数据填写或修改时，要注意每个合作社数据分 5 个部分，每部分填写完毕后都要进行保存操作，数据填写完毕一定要进行校验，只有校验通过的数据才能上报，得到汇总数据。填报数据要如实反映合作社的客观情况，认真查看本级汇总表及时发现问题并进行纠正。

5. 申请退回

数据一旦上报，县级用户将不能继续填报和修改数据，如修改需请市级管理员退回原始数据，才能继续填报。

此外，在系统中可以下载县级用户操作手册和操作视频，在操作手册后面附有指标解释，通过对指标解释的学习，能够更准确地把握合作社的各项指标。农民专业合作组织统计信息管理系统，可以通过中国农民专业合作社网导航栏的"统计系统"进入。

二、农民专业合作社其他相关手续办理

农民专业合作社辅导员应积极指导、帮助合作社办理组织机构代码证、税务登记证，农民专业合作社公章以及银行账户等其他相关手续。

1. 组织机构代码证

办理部门：质量技术监督局

依　　据：国家质检总局出台的《组织机构代码管理办法》

提交材料：①农民专业合作社法人营业执照副本原件及复印件一份；②农民专业合作社法人代表及经办人身份证原件及复印件一份；③如受他人委托代办的，须持有委托

单位出具的代办委托书面证明。

费用情况：主要包括工本费、技术服务费、IC卡工本费等，各地的收费项目及收费标准不同。

注意事项：①农民专业合作社自工商局批准成立或核准登记成立之日起，30日内办理组织机构代码证。②代码证有效期限为4年，到期须要换证；代码证实行年检制度。

2. 税务登记证

办理部门：国家、地方税务局

依　　据：《税务登记管理办法》

提交材料：①法人营业执照副本及复印件；②组织机构统一代码证书副本及复印件；③法定代表人（负责人）居民身份证或者其他证明身份的合法证件复印件；④经营场所房屋产权证书复印件；⑤成立章程或协议书复印件。

费用情况：2009年中央一号文件明确规定，将农民专业合作社纳入税务登记系统，免收税务登记工本费。

注意事项：①农民专业合作社应当自领取工商营业执照之日起，30日内申报办理税务登记，未按照规定期限申报办理者，可处2 000元以下的罚款；②税务登记证定期验证、换证和年检，一年验证一次，3年更换一次。

3. 农民专业合作社公章

办理部门：公安局

依　　据：《公安部印章管理办法》

提交材料：农民专业合作社法人营业执照复印件、法人代表身份证复印件、经办人身份证复印件。

费用情况：刻章费，根据材料不同，几十元到一百多元不等。

注意事项：目前农民专业合作社需要的公章有行政章、财务专用章、法人代表章共3枚。

4. 银行账户

办理部门：任意一家商业银行、农村信用社

依　　据：《银行账户管理办法》

提交材料：①法人营业执照正、副本及其复印件；②组织机构代码证书正、副本及其复印件；③农民专业合作社法定代表人的身份证及其复印件；④经办人员身份证明原件、相关授权文件；⑤税务登记证正、副本及其复印件；⑥农民专业合作社公章和财务专用章及其法人代表名章。

费用情况：不收费。

注意事项：在银行办理完账户后，如需通过银行报税，需提交账户到所在地的国税局（地税局），并与银行、国税局（地税局）签订三方协议；也可不通过银行，直接到国税局（地税局）报税。

三、农民专业合作社产品销售组织与农资购买服务

解决农产品卖难问题是许多农民专业合作社成立的初衷，产品销售是其最主要的功能。目前农民专业合作社组织销售成员产品的方式主要有3类：一是代销，成员把产品交给农民专业合作社，农民专业合作社把产品统一售出后再向成员付费；二是买断，成员把产品出售给农民专业合作社，农民专业合作社立即支付费用；三是中介，农民专业合作社为成员提供销售信息，仅发挥中介连接作用，成员直接向收购商出售产品。在定价方式上，合作社可以根据自身情况采取最低价收购的方式，也可以随行就市。

在农资购买方面，许多农民专业合作社都会为成员提供不同程度的农资服务。在为成员统一提供农资时，由于采购规模较大，相比农户单个到市场上购买可以获得不少优惠。当前，为成员提供的农业生产资料的种类主要有种子、肥料、农药、农膜、农机等。在提供农资服务的过程中，农民专业合作社可以根据各自情况，收取一定的手续费或者管理费；农资供应方式可以是成员预订后，进行统一购买，也可以是合农民专业作社购买农资后，再卖给成员；具体到一个农民专业合作社，其与成员之间的供应合同可以按照口头约定，也可以是有正式的书面契约。在结算方式上，农民专业合作社与成员可以进行每笔结算，也可以是定期结算，甚至可以是按需结算（根据流动资金的情况进行结算）。农民专业合作社要提供安全放心的化肥、农药等农资，并为成员提供新品种和先进机械。此外，农民专业合作社还可以在充分尊重成员意愿的前提下，提高成员购买农资的比例，提高合作效益。

农民专业合作社的农资购买途径主要有厂家、批发商、零售商等。向厂家直接购买可以最大程度减少中间环节，节省成本，适合一定规模的农民专业合作社；批发商是许多农民专业合作社的选择，能比市场零售便宜不少；一些规模较小的农民专业合作社，也会选择零售商购买农资，由于农民专业合作社购买量比单个农产大许多，零售商也会考虑优惠。最好能将厂家、批发商和零售商形成关系网，充分利用社会资源，这样就能动态掌握农资市场的情况。

四、无公害农产品产地认证申请

无公害农产品认证，是农产品质量安全管理的重要内容，开展无公害农产品认证工作是促进结构调整、推动农业产业化发展、实施农业名牌战略、提升农产品竞争力和扩大出口的重要手段。申请无公害农产品产地认证需经以下6个步骤。

1. 省级农业行政主管部门组织完成无公害农产品产地认定（包括产地环境监测），并颁发《无公害农产品产地认定证书》。

2. 无公害农产品省级工作机构接收《无公害农产品认证申请书》及附报材料后，审查材料是否齐全、完整，核实材料内容是否真实、准确，生产过程是否有禁用农业投入品使用和投入品使用不规范的行为。

3. 无公害农产品定点检测机构进行抽样、检测。

4. 农业部农产品质量安全中心所属专业认证分中心，对省级工作机构提交的初审情况和相关申请资料进行复查，对生产过程控制措施的可信性、生产记录档案和产品

《检验报告》的符合性进行审查。

5. 农业部农产品质量安全中心，根据专业认证分中心审查情况再次进行形式审查，符合要求的组织召开"认证评审专家会"进行最终评审。

6. 农业部农产品质量安全中心，颁发无公害农产品证书，核发无公害农产品标识，并报农业部和国家认监委联合公告。

五、绿色食品认证申请

1. 认证申请

申请人向中国绿色食品发展中心（以下简称中心）及其所在省（自治区、直辖市）绿色食品办公室、绿色食品发展中心（以下简称省绿办）领取《绿色食品标志使用申请书》、《企业及生产情况调查表》及有关资料，或从中心网站下载。申请人填写并向所在省绿办递交《绿色食品标志使用申请书》、《企业及生产情况调查表》及以下材料：保证执行绿色食品标准和规范的声明，生产操作规程（种植规程、养殖规程、加工规程），对"基地＋农户"的质量控制体系（包括合同、基地图、基地和农户清单、管理制度），产品执行标准，产品注册商标文本（复印件），营业执照（复印件），企业质量管理手册，要求提供的其他材料（通过体系认证的，附证书复印件）。

2. 受理及文审

省绿办收到上述申请材料后，进行登记、编号，5个工作日内完成对申请认证材料的审查工作，并向申请人发出《文审意见通知单》，同时抄送中心认证处。申请认证材料不齐全的，要求申请人收到《文审意见通知单》后，10个工作日提交补充材料。申请认证材料不合格的，通知申请人本在生长周期内不再受理其申请。申请认证材料合格的，执行下一程序。

3. 现场检查、产品抽样

省绿办应在《文审意见通知单》中明确现场检查计划，并在计划得到申请人确认后，委派两名或两名以上检查员进行现场检查。检查员根据《绿色食品检查员工作手册》（试行）和《绿色食品产地环境质量现状调查技术规范》（试行）中规定的有关项目进行逐项检查。每位检查员单独填写现场检查表和检查意见。现场检查和环境质量现状调查工作，在5个工作日内完成，完成后5个工作日内向省绿办递交现场检查评估报告，以及环境质量现状调查报告及有关调查资料。现场检查合格，可以安排产品抽样。凡申请人提供了近一年内绿色食品定点产品监测机构出具的产品质量检测报告，并经检查员确认，符合绿色食品产品检测项目和质量要求的，免产品抽样检测。现场检查合格，需要抽样检测的产品安排产品抽样。

4. 环境监测

绿色食品产地环境质量现状调查，由检查员在现场检查时同步完成。经调查确认，产地环境质量符合《绿色食品产地环境质量现状调查技术规范》规定的免测条件，免做环境监测。根据《绿色食品产地环境质量现状调查技术规范》的有关规定，经调查确认，有必要进行环境监测的，省绿办自收到调查报告两个工作日内，以书面形式通知绿色食品定点环境监测机构进行环境监测，同时将通知单抄送中心认证处。定点环境监测机构收到通知单后，40 个工作日内出具环境监测报告，连同填写的《绿色食品环境监测情况表》，直接报送中心认证处，同时抄送省绿办。

5. 产品检测

绿色食品定点产品监测机构自收到样品、产品执行标准、《绿色食品产品抽样单》、检测费后，20 个工作日内完成检测工作，出具产品检测报告，连同填写的《绿色食品产品检测情况表》，报送中心认证处，同时抄送省绿办。

6. 认证审核

省绿办收到检查员现场检查评估报告和环境质量现状调查报告后，3 个工作日内签署审查意见，并将认证申请材料、检查员现场检查评估报告、环境质量现状调查报告及《省绿办绿色食品认证情况表》等材料，报送中心认证处。中心认证处收到省绿办报送材料、环境监测报告、产品检测报告及申请人直接寄送的《申请绿色食品认证基本情况调查表》后，进行登记、编号，在确认收到最后一份材料后两个工作日内下发受理通知书，书面通知申请人，并抄送省绿办。中心认证处组织审查人员及有关专家对上述材料进行审核，20 个工作日内做出审核结论。审核结论为"有疑问，需现场检查"的，中心认证处在两个工作日内完成现场检查计划，书面通知申请人，并抄送省绿办。得到申请人确认后，5 个工作日内派检查员再次进行现场检查。审核结论为"材料不完整或需要补充说明"的，中心认证处向申请人发送《绿色食品认证审核通知单》，同时抄送省绿办。申请人需在 20 个工作日内，将补充材料报送中心认证处，并抄送省绿办。审核结论为"合格"或"不合格"的，中心认证处将认证材料、认证审核意见报送绿色食品评审委员会。

7. 认证评审

绿色食品评审委员会自收到认证材料、认证处审核意见后 10 个工作日内进行全面评审，并做出认证终审结论。认证终审结论分为两种情况：认证合格或认证不合格。结论为"认证合格"，执行下一程序。结论为"认证不合格"，评审委员会秘书处在做出终审结论两个工作日内，将《认证结论通知单》发送申请人，并抄送省绿办。本生产周期不再受理其申请。

8. 颁证

认证中心在 5 个工作日内将办证的有关文件寄送"认证合格"申请人，并抄送省绿办。申请人在 60 个工作日内与中心签订《绿色食品标志商标使用许可合同》。中心主任签发证书。

六、有机食品认证申请

1. 申请

①申请人填写《有机食品认证申请书》和《有机食品认证调查表》，下载《有机食品认证书面资料清单》并按要求准备相关材料；②申请人提交《有机食品认证申请书》《有机食品认证调查表》以及《有机食品认证书面资料清单》要求的文件，提出正式申请；③申请人按《有机产品》国家标准第四部分的要求，建立本企业的质量管理体系、质量保证体系的技术措施和质量信息追踪及处理体系。

2. 文件审核

①认证中心对申报材料进行合同评审和文件审核；②审核合格后，认证中心根据项目特点，依据，认证收费细则，估算认证费用，向企业寄发《受理通知书》、《有机食品认证检查合同》（简称《检查合同》）；③若审核不合格，认证中心通知申请人且当年不再受理其申请；④申请人确认《受理通知书》后，与认证中心签订《检查合同》；⑤根据《检查合同》的要求，申请人交纳相关费用，以保证认证前期工作的正常开展。

3. 实地检查

①企业寄回《检查合同》及缴纳相关费用后，认证中心派出有资质的检查员；②检查员应从认证中心取得申请人相关资料；依据《有机产品认证实施规则》的要求，对申请人的质量管理体系、生产过程控制、追踪体系以及产地、生产、加工、仓储、运输、贸易等进行实地检查评估；③必要时，检查员需对土壤、产品抽样，由申请人将样品送指定的质检机构检测。

4. 撰写检查报告

检查员完成检查后，在规定时间内，按认证中心要求编写检查报告，并提交给认证中心。

5. 综合审查评估意见

认证中心根据申请人提供的申请表、调查表等相关材料以及检查员的检查报告和样品检验报告等进行综合评审，评审报告提交颁证委员会。

6. 颁证决定

颁证委员会对申请人的基本情况调查表、检查员的检查报告和认证中心的评估意见等材料进行全面审查，做出同意颁证、有条件颁证、有机转换颁证或拒绝颁证的决定。证书有效期为 1 年。①同意颁证。申请内容完全符合有机标准，颁发有机证书；②有条件颁证。申请内容基本符合有机食品标准，但某些方面尚需改进，在申请人书面承诺按要求进行改进以后，亦可颁发有机证书；③有机转换颁证。申请人的基地进入转换期 1 年以上，并继续实施有机转换计划，颁发有机转换证书。从有机转换基地收获的产品，按照有机方式加工，可作为有机转换产品，即"有机转换产品"销售；④拒绝颁证。申请内容达不到有机标准要求，颁证委员会拒绝颁证，并说明理由。

7. 颁证决定签发

颁证委员会做出颁证决定后，中心主任授权颁证委员会秘书处（认证二部），根据颁证委员会作出的结论在颁证报告上使用签名章，签发颁证决定。

8. 有机食品标志的使用

根据证书和《有机食（产）品标志使用章程》的要求，签订《有机食（产）品标志使用许可合同》，并办理有机/有机转换标志的使用手续。

9. 保持认证

①有机食品认证证书有效期为 1 年，在新的年度里，COFCC 会向获证企业发出《保持认证通知》；②获证企业在收到《保持认证通知》后，应按照要求提交认证材料、与联系人沟通确定实地检查时间并及时缴纳相关费用；③保持认证的文件审核、实地检查、综合评审、颁证决定的程序同初次认证。

七、农民专业合作社农产品地理标志认证申请

农产品地理标志，是指标示农产品来源于特定地域，产品品质和相关特征，主要取决于自然生态环境和历史人文因素，并以地域名称冠名的特有农产品标志。根据《农产品地理标志管理办法》规定，农业部负责全国农产品地理标志的登记工作，农业部农产品质量安全中心负责农产品地理标志登记的审查和专家评审工作。省级人民政府农业行政主管部门负责本行政区域内，农产品地理标志登记申请的受理和初审工作。农业部设立的农产品地理标志登记专家评审委员会，负责专家评审。申请农产品地理标志认证一般需要经过如下步骤。

1. 申请人应当向省级农业行政主管部门提出登记申请，并提交下列材料，一式三份：登记申请书；申请人资质证明；农产品地理标志产品品质鉴定报告；质量控制技术规范；地域范围确定性文件和生产地域分布图；产品实物样品或者样品图片；其他必要的说明性或者证明性材料。省级农业行政主管部门可以确定工作机构，承担农产品地理标志登记管理的具体工作。

2. 省级农业行政主管部门自受理农产品地理标志登记申请之日起，应当在45个工作日内，按规定完成登记申请材料的初审和现场核查工作，并提出初审意见。符合规定条件的，省级农业行政主管部门应当将申请材料和初审意见，报农业部农产品质量安全中心。不符合规定条件的，应当在提出初审意见之日起10个工作日内，将相关意见和建议书面通知申请人。

3. 农业部农产品质量安全中心收到申请材料和初审意见后，应当在20个工作日内完成申请材料的审查工作，提出审查意见，并组织专家评审。必要时，农业部农产品质量安全中心可以组织实施现场核查。专家评审工作由农产品地理标志登记专家评审委员会承担，并对评审结论负责。

4. 经专家评审通过的，由农业部农产品质量安全中心代表农业部，在农民日报、中国农业信息网、中国农产品质量安全网等公共媒体上，对登记的产品名称、登记申请人、登记的地域范围和相应的质量控制技术规范等内容进行为期10日的公示。专家评审没有通过的，由农业部作出不予登记的决定，书面通知申请人和省级农业行政主管部门，并说明理由。

5. 对公示内容有异议的单位和个人，应当自公示之日起30日内以书面形式，向农业部农产品质量安全中心提出，并说明异议的具体内容和理由。农业部农产品质量安全中心应当将异议情况，转所在地省级农业行政主管部门提出处理建议后，组织农产品地理标志登记专家评审委员会复审。公示无异议的，由农业部农产品质量安全中心报农业部做出决定。准予登记的，颁发《中华人民共和国农产品地理标志登记证书》并公告，同时公布登记产品的质量控制技术规范。

八、商标注册申请

农民专业合作社对其生产、制造、加工、拣选或经销的商品或者提供的服务，需要取得商标专用权的，应当依法向国家工商行政管理总局商标局（以下简称商标局）提

出商标注册申请。目前，办理各种商标注册事宜有两种途径：一是直接到商标局办理；二是委托国家认可的商标代理机构代理。直接到商标局办理的，申请人除应提交的其他文件外，应提交经办人本人的身份证复印件；委托商标代理机构办理的，申请人除应提交的其他文件外，应提交委托商标代理机构办理商标注册事宜的授权委托书。农民专业合作社直接办理商标注册事宜的，应到商标局的商标注册大厅办理。商标注册手续比较繁杂，加之注册时间长，因此农民专业合作社注册商标最好找专业的代理机构，通过专业人员指导，可以降低注册风险，提高商标注册成功率。

商标注册申请所需资料：包括商标图样，注册商标所要使用的商品或服务范围，农民专业合作社营业执照复印件。

商标注册申请程序：先对商标进行查询，如果在先没有相同或近似的，就可以制作申请文件，递交申请。申请递交后的 1~3 个月，商标局会下发一个申请受理通知书（这个阶段叫形式审查阶段）。形式审查完毕后，就进入实质审查阶段，这个阶段大概需 1 年半。如果实质审查合格，就进入公告程序；公告期满，无人提异议的，商标局就会核准注册。下发商标注册证。

根据《商标法》规定，注册商标的有效期为 10 年，自核准之日起计算。有效期期满之前 6 个月可以进行续展并缴纳续展费用，每次续展有效期仍为 10 年。续展次数不限。如果在这个期限内未提出申请的，可给予 6 个月的宽展期。若宽展期内仍未提出续展注册的，商标局将其注册商标注销并予公告。

九、农民专业合作社农业技术合作与经营对接

1. 农业技术合作

农民专业合作社可借助外部机构，特别是农业技术推广部门，向成员提供农业技术服务。农业技术推广机构主要包括农业技术推广站、种子站、畜牧兽医站等。农民专业合作社与农业技术推广部门合作的方式主要有：一是聘请农业技术推广部门的技术人员，担任农民专业合作社的技术顾问，定期或不定期对成员开展生产技术咨询，编制相关的技术资料向成员发放；利用手机短信、互联网等现代化传播手段，快速、准确地将科技和市场信息传递给成员；技术人员也可以开展巡回指导、公布自己的手机号码，针对成员在生产过程中遇到的各种问题，及时提供技术咨询和技术服务活动。二是兴办科技培训班，邀请农业技术推广部门技术人员授课、印发培训资料，依靠教育培训提高成员应用科技能力。选派农民专业合作社技术人员，参加农业院校系统学习或定期送他们，参加农业技术推广部门举办的各类培训班，提高农民专业合作社科技水平和科研水平。三是为农业技术推广部门提供试验基地。农民专业合作社专门为科技推广部门的专家学者开辟试验基地，为农技部门及时提供病虫害等相关信息，并让科研人员将自己的最新研究成果和新技术拿来试验、推广。农民专业合作社可以选取让部分成员带头试种、试用这些新成果和新技术，达到典型示范的作用。四是让农业技术推广部门以技术、劳务参与合作社，使合作社在技术、经营管理、信息咨询等方面与农业技术推广部门建立固定联系，提高技术方面的保障。

2. 生产经营对接

主要包括农超对接、农校对接和农企对接。农超对接的本质是将现代流通方式引向广阔农村，将千家万户的小生产与千变万化的大市场对接起来，构建市场经济条件下的产销一体化链条，实现商家、农民、消费者共赢；农校对接是为了实现农民专业合作社与高校食堂对接，减少高校农产品采购环节，降低学生食堂采购成本，更好地保障学生食品安全，对促进高校稳定和农民增收具有重要意义；合作社在"合作社＋龙头企业"模式中，组织做好农企对接，一方面发挥服务功能，向农户提供产前、产中、产后服务；另一方面发挥中介功能，代表分散农户与龙头企业对话，既转达企业对分散农户的意见，更捍卫农户的权益。它节省了公司与农户之间分散交易的成本，提高了农户的谈判能力。此外，农民专业合作社还可以采取招商引资、股份合作等方式，与农业龙头企业或其他经济组织联合创办加工企业。也可以直接入股龙头企业，与龙头企业结成利益共同体的方式，既可节省自办加工企业的成本，规避投资风险，同时又能分享到加工环节的利润。除了产后加工销售环节的"农企对接"，也可以尝试与农资企业进行产前环节的"农企对接"，降低农业生产成本。

十、农民专业合作社电子商务

农民专业合作社发展电子商务营销，是一种新的营销形式，目前在全国各地都只是起步阶段，许多地方已发展出现了成功的案例。国外经验表明，农民专业合作社借助电子信息平台，开展农产品营销是大有作为的，很值得结合各自特点进行有针对性的探索。目前，农民专业合作社电子商务营销主要有如下3种形式：

一是农民专业合作社自办网站。通过网络与客商进行产销对接，将产品销到国内外更为广泛的消费用户中去。

二是网上开店。农民专业合作社可以进驻阿里巴巴、淘宝等网上交易平台，实现农民专业合作社农副产品的网上营销。相比合农民专业作社自办运营网站，入驻成熟电子商务平台的成本相对较低。

三是网上联合社营销模式。主要是依托有关网络平台设立合作社简介、产品展厅、管理建设、技术服务等栏目，为合作社进行产品宣传，为成员提供技术服务，树立农民专业合作社文化形象，加强农民专业合作社对外交流。为成员拓宽收入渠道，提高成员收入。

农民专业合作社在发展电子商务时，需要解决如下问题：一是人才短缺，特别是专业的电子商务人才，而吸引优秀的电子商务专业人才，对单个农民专业合作社来说成本很高，对销售人员进行电子商务专业培训，可能更适合目前的发展实际；二是资金困难，要运营好网站需要有持续的资金投入，很多农民专业合作社在发展电子商务初期会有投入，而在后期往往荒废，导致前功尽弃；三是合农民专业作社品牌推广存在一定难度，尤其是规模不大的合农民专业作社，其生产的农副产品不具备规模效应或品牌效应，进行电子商务时的投入产出比很低。

实践连接：

临沂市沂水恒源食用菌合作社

山东省沂水恒源食用菌专业合作社，由沂水县食用菌研究所牵头，联合 32 个食用菌种植户，2010 年 3 月共同出资筹建。自运营以来，充分利用技术设备等优势资源，强化服务环节，切实将成员分散的农产品和需要的服务集聚起来，提供关键环节服务，让社员真正体验到了合作社的生产在家，服务在社的好处。目前，合作社注册资金 100 万元，成员 162 户，聘用管理人员 2 人、专业技术人员 8 人，拥有较为先进的生产设备 12 台套，发菌棚室面积达 6 000 平方米，建有标准化基地 67 万平方米，注册了"沂蒙山"品牌，产品通过了绿色食品认证，现已成为一家集食用菌科研、生产、示范、加工、销售为一体的专业合作社。

一、强化"合作社 + 基地 + 成员"模式，推进标准化生产

一是建设标准化生产基地。合作社根据成员分布状况和种植习惯，本着交通便利、水电配套、生态优良、示范性强的原则，统一规划和建设了 10 个 60 余万平方米的香菇标准化生产基地。二是严格落实标准化生产技术。制定了生产技术规程和基地管理制度，合作社技术人员对菇农进行技术培训和指导，按照绿色食品食用菌生产标准开展生产，确保产品品质。一年以来，基地示范带动 500 余户，户均增收 2 万元，合作社成为带动农民进行食用菌种植、增收致富的平台。

二、强化"菌包工厂化生产"模式，推进集约化生产

合作社贯彻"菌包工厂化生产"的理念，新购进了菌包生产成套设备，改造了接菌车间、生产车间及 6 000 平方米发菌室，将集设备设施密集的菌种菌包生产阶段进行工厂化、集约化生产，实现了食用菌生产的流水线做业，既解决了当前食用菌生产中存在的分散混乱、效率低下的问题，又实现了食用菌生产新技术、新成果的应用推广，新进设备以来合作社工厂化生产 1 200 多万个菌包。

三、强化"林菌间作"培育模式，推进循环农业发展

目前全县拥有近 80 万亩速生杨林下资源，林下荫凉湿润、空气清新、绿色纯净的生态环境，林下培育食用菌仿野生栽培，使食用菌回归于自然，大大提高了食用菌的产量和品质。合作社强化"林菌间作"培育模式，利用了林下闲置资源，发展了 60 多万平方米的林下食用菌种植基地，反季节种植香菇、黑木耳、双孢菇、大球盖菇、平菇等，出完菇后的菌糠就地还田成为丰产林有机肥料，解决了丰产林只有长期效益没有短期效益的问题，达到了"以林养菌、以菌促林"的良性农业循环。

四、强化"抓两头，带中间"的发展策略，提升服务能力

食用菌发展的瓶颈有两个：一是前端资金技术密集的菌种菌包生产，二是末端信息管理密集的产品营销。合作社采用"抓两头，促中间"的发展策略：抓技术密集环节（菌种培育、菌包生产）和信息密集环节（产品销售），带动技术简单环节（大田种植、田间喷水、出菇、采菇）；合作社抓好生产起点的菌种、菌包生产和生产终点的产品回收、加工、销售；成员抓好中间相对简单的出菇管理，提升了服务能力。

五、强化"沂蒙山"食用菌品牌意识，提升产品附加值

合作社拥有"沂蒙山"食用菌品牌，通过开发"压缩型菌类山珍"、"精选桑枝黑木耳"等精包装上乘产品，参加农交会等，极大地提升了产品的附加值。

第十一节　农民专业合作社规范化建设

一、农民专业合作社规范化建设的意义

2014年8月，农业部、国家发改委、财政部、水利部、国家税务总局、国家工商行政管理总局、国家林业局、中国银行业监督管理委员会、中华全国供销合作总社联合发出《关于引导和促进农民合作社规范发展的意见》，要求当前和今后一个时期，应把加强农民合作社规范化建设摆在更加突出的位置，采取切实有效措施提高农民合作社发展质量；同时，指出了农民专业合作社规范化建设的重要意义。

一是引导和促进农民合作社规范发展是加快构建新型农业经营体系、推进农业现代化的重要举措。要构建以农户家庭经营为基础、合作与联合为纽带、社会化服务为支撑的立体式复合型现代农业经营体系，就必须筑牢农民合作与联合的组织载体。引导农民合作社加强制度建设，强基固本，提高发展质量，为农户提供低成本便利化服务，紧密联结农业生产经营各环节各主体，为建设现代农业提供坚实的组织支撑。

二是引导和促进农民合作社规范发展是维护成员合法权益、增强农民合作社发展内生动力的客观要求。农民合作社作为农民群众自愿联合的互助性经济组织，其生命力关键取决于能否让农民持续受益。只有引导农民合作社健全规章制度，严格依法办社依章办事，才能维护好成员权益，切实增强农民合作社的吸引力、凝聚力和向心力，实现农民合作社持续健康发展。

三是引导和促进农民合作社规范发展是承接国家涉农项目、创新财政支农方式的重要基础。将农民合作社作为国家涉农项目的重要承担主体，既是国际的成功经验，也是我国创新财政支农方式、提高财政支农效率的改革方向。引导农民合作社建立完善的运行机制，真正实现民办民管民受益，吸引更多的农民加入农民合作社，为实施国家涉农项目、创新财政支农方式做实组织载体，确保农民群众从中受益。

二、农民专业合作社规范化建设的主要目标

经过 5 年的努力，农民合作社规模扩大、成员数量增加，运行管理制度比较健全、组织机构运转有效，民主管理水平不断提高，产权归属清晰，财务社务管理公开透明，服务能力和带动效应明显增强，成员权益得到切实保障，发展质量显著提升。力争有 70% 以上的农民合作社建立完备的成员账户、实行社务公开、依法进行盈余分配，县级以上示范社超过 20 万家。

三、农民专业合作社规范化建设的重要任务

一是发挥章程的规范作用。指导农民合作社参照示范章程，制定符合自身特点的章程。农民专业合作社要根据生产经营活动和自身发展变化及时修改完善章程。

二是依法登记注册。申请设立农民专业合作社，应当按照农民专业合作社法律法规规定，如实向工商部门提交章程、全体成员名册、成员出资清单等文件。

三是实行年度报告制度。农民专业合作社要通过企业信用信息公示系统，定期向工商部门报送年度报告。

四是明晰产权关系。农民专业合作社应明确各类资产的权属关系。村集体经济组织、企事业单位、种养大户等领办农民专业合作社的，应严格区分其与农民专业合作社之间的产权。

五是完善协调运转的组织机构。农民专业合作社要依法建立成员（代表）大会、理事会、监事会等组织机构。各组织机构要切实履行职责，密切协调配合。

六是健全财务管理制度。指导农民专业合作社认真执行农民专业合作社财务会计制度，配备会计人员或将财务工作进行委托代理，设置会计账簿，规范会计核算，并及时向登记机关和农村经营管理部门报送会计报表，并抄报有关行业主管部门。

七是收益分配公平合理。农民专业合作社应按照法律和章程制定盈余分配方案，经成员（代表）大会批准实施。农民专业合作社可以由章程或成员（代表）大会决定，对成员为合作社提供管理、技术、信息、商标使用许可等服务或作出的其他突出贡献，给予一定报酬或奖励。

八是定期公开社务。指导农民专业合作社建立社务公开制度，法律章程要求公开的必须向成员如实公开，逐步实现公开事项、方式、时间、地点的制度化。

九是稳妥开展信用合作。农民专业合作社开展信用合作，必须经有关部门批准，坚持社员制封闭性、促进产业发展、对内不对外、吸股不吸储、分红不分息的原则，严禁对外吸储放贷，严禁高息揽储。

十是推进信息化建设。农民专业合作社应加强信息设备条件建设，利用物联网等现代信息技术开展生产经营、技术培训、财务社务管理，积极发展电子商务，努力实现财务会计电算化、社务管理数字化、产品营销网络化。鼓励农民专业合作社建立网站、短信平台，发布生产技术、市场信息，公布重大事项和日常运行情况，探索运用短信、网络等方式进行民主决策。

四、农民专业合作社生产过程标准化

农民专业合作社标准化生产的开展应当遵循如下步骤。

1. 策划

策划的主要目标是根据市场需求和农民专业合作社的现状与发展目标，确立农民专业合作社农业标准体系建设的基本目标和实施步骤。农业标准化体系建设的目标，要建立在市场调查和信息收集的基础上进行科学决策。市场调查主要包括目标市场的需求情况，竞争对手情况，社会经济环境等。信息收集主要是一些相关国家、行业、地方国家标准（包括农产品标准、食品安全卫生、农业投入品限量标准、人身健康安全标准等）。

2. 制定与修订标准

根据策划的结果，制定农民专业合作社的农业标准。在标准的制定过程中要特别注意，要与现行国家、行业、地方标准的衔接配套；要从标准体系设计的角度开展标准制定活动；农民专业合作社标准应根据技术、市场变化及国家、行业、地方标准的变化及时修订。

3. 充分准备

在实施标准化工作以前，要做好各项准备。一是思想准备，使参与方了解事实标准的重要意义和作用，自觉运用标准、执行和维护标准；二是组织准备，为加强对实施标准工作的领导，根据工作量大小，应组成由主要领导牵头、农技人员组成的工作组，或设置专门机构负责标准的贯彻和实施；三是技术准备，包括制作宣传、培训材料，培训参与方；制定相关岗位工作规程（作业指导书）；对关键技术的攻关；必要时，开展实施的试点工作；四是物资准备，包括所需要的设备、仪器、工具、农业生产资料等。

4. 开展试点

农业标准在全面实施前，可根据需要，选择有代表性的地区和单位进行贯彻标准试点。在试点时可采取"双轨制"，即贯彻标准农民专业合作社与未贯彻标准的农民专业合作社相互比较，积累数据，取得经验，为全面贯彻标准创造条件。

5. 全面实施

在试点成功后，可进入全面实施阶段。实施过程要特别强调在生产各环节均应做到，有标可依，严格执行标准，在实施中进一步强化执行标准的观念。

6. 总结改进

通过对标准实施过程中所遇到的困难及解决的方法进行总结，进一步提高标准的可行性和适用性。另外，还要对标准实施管理体系进行总结，提出改进计划，落实改进措施。

五、农民合作社农产品生产基地建立

农民专业合作社在建设农产品生产基地时要注意以下6个问题：一是以市场需求为导向。要根据市场的现实需求和潜在需求来选择生产项目，发展优质、安全、生态、方便、营养的农产品，以开拓国内和国际市场为目标，不断适应和满足市场需求。二是发挥地方比较优势。要根据比较优势的原则，按照"一村一品、一乡一业"的发展思路制定区域规划，因地制宜，发挥本地的资源、经济、市场和技术优势，依托优势农产品的专业化生产区域，推进优势特色农产品加工业发展，逐步形成农产品生产和加工产业带，实现农产品加工与原料基地的有机结合。三是实行适度规模经营。有规模才有批量，有批量才有市场竞争力。要通过核心示范区建设，引导千家万户向优势产区集中，实现小生产大规模。建设优质农产品基地，要与发展农产品加工业的规模和市场需求相适应，既要有龙头骨干企业，又要有有市场、有特色、有潜力的合作社等农民经济组织来带动。四是积极引进新品种，采用先进适用技术。要依靠新科技，解决产品科技含量低、单产水平低、品质质量低、综合效益差等问题。积极引种、试种（养）和推广国内外的高效农业产品，促进农产品品种的改良和更新换代。保护和发展具有民族特色的传统技术，选用先进适用的技术和绿色、无公害生产技术装备，鼓励积极引进和开发高新技术。五是实施标准化生产，保证产品质量安全。推行标准化生产和产品质量认证，组织实施生产技术规程，实行标准化生产，做到统一培训、统一种植、统一管理、统一施药、统一施肥、统一采收。规范农药和肥料等投入品的购置、施用。建立和完善农产品的检验、检测和安全监控体系。积极申报农产品质量认证，以及出口企业的各种国际认证。培育具有地方特色的名牌农产品，提高基地产品的市场知名度和市场竞争力。六是发展和保护相结合。生产基地建设，要坚持高标准、严要求，积极采取保护生态环境的措施，发展可持续农业。

六、农民专业合作社示范社建设

所谓农民专业合作社的规范化建设，是指依法规范和发展合农民专业作社，主要要求农民专业合作社在组织形式、内部运行机制、内外部利益关系的处理等方面，要严格依法办事。通过规范化建设，引导农民专业合作社加强管理，抱团经营，增强市场竞争力，替社员说话，为社员服务，让社员受益，从而促进农民专业合作社又好又快地发展。

2009 年 8 月 31 日，农业部等 11 部门联合印发了《关于开展农民专业合作社示范社建设行动的意见》，从国家层面开始在全国推进农民专业合作社示范社建设，引导农民专业合作社规范发展。2010 年 6 月 11 日，为贯彻落实 2010 年中央 1 号文件提出的"大力发展农民专业合作社，深入推进示范社建设行动"要求，按照农业部等 11 部门《关于开展农民专业合作社示范社建设行动的意见》确定的示范社建设目标和主要内容，结合各地示范社建设经验，农业部制定了《农民专业合作社示范社创建标准（试行）》。试行《标准》对农民专业合作社示范社的创建标准进行了详细规定。

1. 民主管理好

依照农民专业合作社法登记设立，在工商行政管理部门登记满 2 年。有固定的办公场所和独立的银行账号。组织机构代码证、税务登记证齐全。根据本社实际情况并参照农业部《示范章程》制定章程，建立完善的财务管理制度、财务公开制度、社务公开制度、议事决策记录制度等内部规章制度，并认真执行。切实做到民主决策、民主管理和民主监督。

2. 经营规模大

所涉及的主要产业是县级或县级以上行政区域优势主导产业或特色产业。经营规模高于本省同行业农民专业合作社平均水平。农机专业合作社拥有农机具装备 20 台套以上，年提供作业服务面积达到 1.5 万亩以上。

3. 入社成员数量高于本省同行业农民专业合作社成员平均水平

其中，种养业专业合作社成员数量达到 150 人以上。农民占成员总数的 80% 以上，企业、事业单位和社会团体成员不超过成员总数的 5%。成员主要生产资料（初入社自带固定资产除外）统一购买率、主要产品（服务）统一销售（提供）率超过 80%，标准化生产率达到 100%。主要为成员服务，与非成员交易的比例低于合作社交易总量的 50%。生产鲜活农产品的农民专业合作社参与"农超对接"、"农校对接"，或在城镇建立连锁店、直销点、专柜、代销点，实现销售渠道稳定畅通。

4. 产品质量优

生产食用农产品的农民专业合作社，所有成员能够按照《农产品质量安全法》和《食品安全法》的规定，建立生产记录制度，完整记录生产全过程，实现产品质量可追溯。生产食用农产品的合作社产品获得无公害产品、绿色食品、有机农产品或有机食品认证。生产食用农产品的合作社主要产品拥有注册商标。

5. 享有良好社会声誉

无生产（质量）安全事故、行业通报批评、媒体曝光等不良记录。成员收入高于本县域内同行业非成员农户收入 30% 以上，成为农民增收的重要渠道。

七、农民专业合作社示范社申报程序

1. 山东省农民专业合作社省级示范社申报程序

申报省级示范社的应提交本社基本情况等有关材料。具体申报程序是：农民专业合作社向所在地的县级农业行政主管部门及其他业务主管部门提出书面申请；县级农业行政主管部门会同水利、渔业、林业、供销社、畜牧、农机等部门，对申报材料进行真实性审查，征求发改委、财政、税务、工商、银监办事处等部门意见，向市级农业行政主管部门等额推荐，同时报市级有关业务主管部门；市级农业行政主管部门会同其他业务主管部门，对申报材料进行复核，征求发改委、财政、税务、工商、银监分局等部门意见，以市级农业行政主管部门文件向省联席会议办公室等额推荐，同时报省业务主管部门，并附审核意见和相关材料。

2. 临沂市农民专业合作社市级示范社申报程序

由市农委、市财政局根据各县区农民专业合作社工商登记数量、规范化建设水平、特色优势产业发展等因素，按照 1：1.2 的比例（评定一个可以上报 1.2 个）下达年度申报指南，确定各县区申报计划。县区农业主管部门、财政部门负责统一组织申报工作。

推荐上报市级示范社应当报送以下材料：县（区）农业局推荐文件（排序）；市级示范社申报书；市级示范社申报汇总表；农民专业合作社基本情况；基本信息表；其他

证明材料。市级示范社申报书格式由市农业局、市财政局制订统一标准文本。

八、农民专业合作社示范社监测管理

山东省农民专业合作社省级示范社监测管理要求：建立省级示范社动态监测制度，两年一次监测评价。对省级示范社运行的情况进行综合评价，为制定省级示范社的动态管理和扶持政策提供依据。省联席会议成员单位应加强对省级示范社的监管，深入开展调查研究，跟踪了解省级示范社的生产经营情况，研究完善相关政策，解决发展中遇到的突出困难和问题。具体程序如下。

1. 省联席会议办公室提出省级示范社运行监测工作方案，报省联席会议确定后组织开展运行监测评价工作。

2. 省级示范社在监测年份的 3 月底前，将本社发展情况报所在县农业行政主管部门及其他业务主管部门。材料包括：省级示范社发展情况统计表，示范社成员产品交易、盈余分配、财务决算、成员增收、涉农项目实施等情况，享受税费减免、财政支持、金融扶持、用地用电等优惠政策情况。

3. 县农业行政主管部门会同水利、渔业、林业、供销社、畜牧、农机等部门，对所辖区域内的省级示范社所报材料进行核查，核查无误后，经市农业行政主管部门会同有关业务部门进行审核汇总，报省联席会议办公室，同时报省业务主管部门。省联席会议办公室会同有关部门，对省级示范社监测材料进行审核，提出合格或不合格监测意见并报省联席会议审定。

4. 监测合格的省级示范社，省联席会议确认并公布。监测不合格的或者没有报送监测材料的，取消其省级示范社资格，从省级示范社名录中删除。

5. 省联席会议办公室根据各市在监测中淘汰的省级示范社数量，在下一次省级示范社评定中予以等额追加。

6. 省级示范社因故变更农民专业合作社名称，应当在变更之日起 30 个工作日内，出具营业执照等变更材料，逐级上报省联席会议办公室审核，重新确认其省级示范社称号。

临沂市农民专业合作社市级示范社监测管理要求：建立市级示范社监测评价制度。市级示范社应当于每年 2 月底前，向所在县（区）农业局报送《市级示范社基本信息表》和自查报告，由县（区）农业局审查后报市农业局。市农业局组织有关人员对监测情况进行审核评价，于 4 月底前形成市级示范社年度监测报告；认定的市级示范社有效期满后，由市农业局组织有关人员按照市级示范社认定标准和评分办法，结合年度监测报告，对市级示范社作出期满审核评价；对年度监测合格的市级示范社，继续享受有关扶持政策。对年度监测不合格的，下一年度不再享受有关扶持政策，由所在地县区农业部门负责辅导，合格后且在有效期内，继续享受有关扶持政策。有被工商部门吊销营业执照、由于经营不善而丧失评选规定条件、违法开展生产经营活动、侵害成员特别是农民成员利益的、发生农产品质量安全事件、产生恶劣社会影响情况之一的，已不具备条件的市级农民专业合作社示范社，予以取消资格；对已不具备条件的省级和部级农民专业合作社示范社，建议省和国家相关部门取消资格；在市级示范社申报和监测评价中，农民专业合作社应当如实提供有关信息资料，相关部门应当严格审查把关，不得弄虚作假。如存在舞弊行为，一经查实，已经认定的取消其市级示范社资格，未经认定的取消其申报资格，两年内不得再行申报，并减少其所在县区下一年度申报数量；市级示范社因故变更合作社名称，应当在变更之日起 30 个工作日内，出具营业执照等变更材料，逐级上报市农委审核，重新确认其市级示范社称号。

实践连接：

临沂市临沭县珍珠苑种植合作社

临沭县珍珠苑种植专业合作社于 2011 年 9 月创办，经过几年的发展，合作社规模不断壮大，目前种植经济苗木 160 亩、大棚蔬菜 105 亩、优质葡萄 515 亩，现有固定资产价值 544.1 万元，办公室、财务室、档案室、标准化培训教室共 8 间，发展社员 159 户，年收入两千余万元，合作社葡萄基地已建成现代农业示范园，为临沭县优质农产品基地，成为当地最具规模和影响力的合作社，有力带动了周边果菜种植产业的发展。

合作社成立之初，在广泛讨论、征求意见的基础上，通过召开社员代表大会和制定《章程》，确立了为社员种植产前、产中、产后各环节提供信息、技术、生产资料及销售方面的配套服务的办社宗旨。按章程规定选举产生了理事会、监事会，由理事会负责合作社日常管理工作，执行《章程》规定和社员代表大会决议，监事会负责监督。实行民主管理和社务公开，每年定期召开两次全体成员大会，日常生产中重要事项提交社员代表大会研究决定，充分发扬民主管理。合作社登记后，逐步健全完善各项管理制度，规范运作，并陆续办理了组织机构代码证、税务登记证，并在临沭县农村信用合作联社曹庄信用社开设了独立账户。

合作社认真履行联络、协调职责，围绕市场需求和社员的需要，实行"四统一"管理运作模式，即通过统一采购生产资料、统一提供科学的技术指导、统一病虫害防治、统一销售产品，降低了生产成本，提高了技术含量和经济效益，降低了种植风险，增加了社员收入，扩大了种植规模。由于统一采购，在种苗、农资等方面降低了一定的成本，每年为农户社员减少投入 500 余元。合作社始终把科学的管理放在第一位，注重用科学技术指导生产，建有培训教室，经常通过现代远程教育，组织社员收看专家讲座，定期聘请县农业局技术员进行现场技术辅导，提高社员的科学化种植水平，提高产品的产量和质量。严格实行标准化生产，逐步建立完善了生产、包装、销售、服务等记录制度，目前，该社生产的瓜果、蔬菜等产品已在申请注册了"七崮山"和"珠村"商标。还按农作物病害期发生时提前举办技术培训班，做到早准备、早防治，统一病虫害防治，在今年就举办了培训班 4 次。另外，由于统一销售，产品价格超出普通农户近 5%。

2013 年合作社以葡萄种植基地为依托，带动周围 100 多个种植户，年出售葡萄 2 000 吨，产值 1 670 万元，出售蔬菜 710 万元，共实现经营收入 2 379 万元，实现盈余 266 万元，按成员与本社的交易量向社员返还盈余 174 万元，剩余盈余分配 42.6 万元，社员返还总额达到可分配盈余的81%，取得了较好的经济效益和社会效益。

几年来，合作社通过不断加强自身建设，运作逐步规范，各项服务功能日趋完善，社员不断增多，规模逐渐壮大，社员收入不断提高，也吸纳了农村富余劳动力。目前共吸纳了农村劳动力680余人，每人每年可获得工资收入2万余元。2012年临沂市半年读书会活动到该社观摩，并被临沂市委、市政府授予"全市农民专业合作社示范社"称号，2013年全市基地品牌会议到该社观摩。去年以来，中央、省、市领导多次到该社视察指导。

第四章　家庭农场

第一节　家庭农场概述

一、家庭农场的概念

家庭农场是指在家庭联产承包责任制的基础上，以农民家庭成员为主要劳动力，运用现代农业生产方式，在农村土地上进行规模化、标准化、商品化农业生产，并以农业经营收入为家庭主要收入来源的新型农业经营主体。一般都是独立的市场法人。

2013 年中共中央一号文件提出，鼓励和支持承包土地向专业大户、家庭农场、农民合作社流转，发展多种形式的适度规模经营。这也是"家庭农场"概念首次出现在中共中央一号文件中。因此，积极发展家庭农场，是培育新型农业经营主体，进行新农村经济建设的重要一环。其重要意义在于：随着我国工业化和城镇化的快速发展，农村经济结构发生了巨大变化，农村劳动力大规模转移，部分农村出现了弃耕、休耕现象。一家一户的小规模农业经营，已突显出不利于当前农业生产力发展的现实状况。为进一步发展现代农业，农村涌现出了农业合作组织、家庭农场、种植大户、集体经营等不同的经营模式，并且各自的效果逐渐展现出来。尤其是发展家庭农场的意义更为突出。具体表现如下：一是有利于激发农业生产活力。通过发展家庭农场可以加速农村土地合理流转，减少了弃耕和休耕现象，提高了农村土地利用率和经营效率。同时，也能够有效解决目前农村家庭承包经营效率低、规模小、管理散的问题。二是有利于农业科技的推广应用。通过家庭农场适度的规模经营，能够机智灵活地应用先进的机械设备、信息技术和生产手段，大大提高农业科技新成果集成开发和新技术的推广应用，并在很大程度上能够降低生产成本投入，大幅提高农业生产能力，加快传统农业向现代农业的有效转变。三是有利于农业产业结构调整。通过专业化生产和集约化经营，发展高效特色农业，可较好地解决一般农户在结构调整中不敢调、不会调的问题。四是有利于保障农产品质量安全。家庭农场有一定的规模，并进行了工商登记，更加注重品牌意识和农产品安全，农产品质量将得到有效保障。

二、家庭农场的特征

目前，我国家庭农场虽然起步时间不长，还缺乏比较清晰的定义和准确的界定标准，但是一般来说家庭农场具有以下特征。

第一，家庭经营。家庭农场是在家庭承包经营基础上发展起来的，它保留了家庭承包经营的传统优势，同时又吸纳了现代农业要素。经营单位的主体仍然是家庭，家庭农场主仍是所有者、劳动者和经营者的统一体。因此，可以说家庭农场是完善家庭承包经营的有效途径，是对家庭承包经营制度的发展和完善。

第二，适度规模。家庭农场是一种适应土地流转与适度规模经营的组织形式，是对农村土地流转制度的创新。家庭农场必须到达一定的规模，才能够融合现代农业生产要素，具备产业化经营的特征。同时，由于家庭仍旧是经营主体，受资源动员能力、经营管理能力和风险防范能力的限制，使得经营规模必须处在可控的范围内，不能太少也不能太多，表现出了适度规模性。

第三，市场化经营。为了增加收益和规避风险，农户的一个突出特征就是同时从事市场性和非市场性农业生产活动。市场化程度的不统一与不均衡是农户的突出特点。而家庭农场则是通过提高市场化程度和商品化水平，不考虑生计层次的均衡，而是以盈利为根本目的的经济组织。市场化经营成为家庭农场经营与农户家庭经营的区别标志。

第四，企业化管理。根据家庭农场的定义，家庭农场是经过登记注册的法人组织。农场主首先是经营管理者，其次才是生产劳动者。从企业成长理论来看，家庭农户与家庭农场的区别在于，农场主是否具有协调与管理资源的能力。因此，家庭农场的基本特征之一，就是以现代企业标准化管理方式从事农业生产经营。

三、家庭农场的基本模式

21 世纪初以来，上海松江、湖北武汉、吉林柳河、延边、浙江宁波、安徽郎溪等地积极培育家庭农场，在促进现代农业发展方面发挥了积极作用，是目前比较典型的模式种类。

1. 浙江宁波

以市场为主导，培育一批生产蔬菜、瓜果、畜禽养殖等规模大户，规模大户还进行了工商注册登记，成立了公司，进一步寻求贴近市场的发展方式。

家庭农场数：600 多户

平均年收入：租金＋薪金收入

单户家庭农场面积：一般在 50 亩以上

年销售额 50 万元以上：355 家

特色：一般雇用工人，有自主商标等。

2. 上海松江

采取以农户委托村委会流转的方式，将农民手中的耕地流转到村集体。土地流转到村委后，由区政府出面将耕地整治成高标准基本农田，再将耕地发包给承租者。

家庭农场数：1 200 户左右

平均年收入：已达 7 万～10 万元

单户家庭农场面积：100～150 亩

持证农场主：1 000 多人（中高级）

特色：持证上岗、政府衔接产业链等。

3. 湖北武汉

2011 年确定—支持发展家庭农场等新型经营模式，鼓励农村有文化、懂技术、会经营的农民，通过承包、投资入股等形式，集中当地分散的土地进行连片开发。

家庭农场数：167 户

平均年收入：超过 20 万元

单户家庭农场面积：15～500 亩

特色：家庭农场主必须是武汉市农村户籍农户，具有高中及以上文化水平等。

4. 吉林延边

从 2008 年开始，延边州在全州范围内探索家庭农场模式。农村种田大户、城乡法人或自然人，通过承租农民自愿流转的承包田创办的土地集中经营的经济组织。

家庭农场数：451 户

平均年收入：10 万元以上

平均经营土地面积：1 275 亩

特色：可享受各项国家农业财政补贴政策，实施相关税收优惠政策等。

5. 安徽郎溪

从 2009 年起，郎溪县连续 3 年安排项目资金 90 万元，在全县优选 10 个家庭农场，每年为每个农场投入项目资金 3 万元，开展示范家庭农场建设。实行家庭承包经营后，农民家庭通过租赁、承包或者经营自有土地实现规模经营的形式。

家庭农场数：216 户

农场内人均纯收入：28 910元

单户农场面积：50 亩以上

特色：成立郎溪县家庭农场协会，创建科技示范基地，目前已创办示范农场 20 个。

四、家庭农场的注册登记

1. 成立家庭农场基本条件

一是规模化条件。通过土地流转形成土地规模化使用，是成立家庭农场的主要前提。家庭农场从事的是规模化农业生产，这意味着家庭农场的土地经营面积要远高于一般的家庭联产承包。我们知道，家庭联产承包下的责任田是按人口来划分的，每个家庭的责任田数量会相对平均，不会有太大的差别。如果责任田不流转不集中，即不会有规模化的家庭农场出现。因此家庭农场成立的前提是农村土地的规模流转。同时，家庭农场能否存续下去，土地制度至为关键。30 多年前的家庭联产承包责任制之所以取得巨大的成功，农民获得经营自主权是重要的原因，但是政策赋予农民长期的承包期限也是不可忽视的重要因素。由于农村土地集体所有，责任到户，不能自由买卖，可以依法流转。家庭农场大部分土地必然是通过流转得来，而流转而来的土地的稳定性就非常重要。如果一个家庭农场每年经营的土地规模变动太大，显然是对农场经营极端不利的。土地的流转如果大部分是短期的，家庭农场就难有专心经营的积极性，家庭农场主也不会在短期承租的土地上做长期的投资，这对于农业生产也是不利的。

二是机械化条件。通过机械化作业，节约人工成本，提高工作效率，提升种植水平；农民有懂技术、会管理的新型农民，家庭农场虽然以家庭成员为核心，但如果是缺少种植技术，肯定没有收成，不善于管理也不会有效益；农业生产的机械化水平日益提高，节约了大量劳动力，为家庭扩大土地经营规模创造了条件。

三是信息化条件。能及时了解农业市场动态，规划种植品种，畅通销售渠道。提高农场主、农户的管理水平。还需要一个好的经营团队，和相关的社会化服务机制，即中央提出来的产业组织体系。这个体系包括资金、物流、信息和外部公司的合作和出口。

四是生产力水平条件。农村生产力要达到一定水平，确保多数农民可以从土地上解放出来。不然，任何一个农户，都会争着实施"家庭农场"，从而将"家庭农场"的优势抵消。

五是其他条件。如涉及"家庭农场"的经营主体资格、经济风险规避、民事责任承担等问题。

2. 登记注册

目前，国家正在研究培育发展家庭农场的基本原则和实现途径，开展家庭农场统计工作，指导地方稳步培育家庭农场。鼓励有条件的地方率先建立家庭农场注册登记制度，明确家庭农场认定标准、登记办法，制定专门的财政、税收、用地、金融、保险等扶持政策。但全国尚未出台统一的家庭农场登记注册管理规范，各地正处在认真积极的实践与探索之中。2013 年 5 月、省工商局发布鲁工商个规字〔2013〕153 号《山东省家庭农场登记试行办法》，暂时明确了家庭农场成立并进行依法登记的具体要求。

一是依法申请登记的家庭农场应符合以下条件。

（1）家庭农场经营者应具有农村户籍；

（2）以家庭成员为主要劳动力；

（3）以农业收入为家庭收入主要来源；

（4）经营规模相对稳定，土地相对集中连片。土地租期或承包期应在 5 年以上，土地经营规模达到当地农业部门规定的种植、养殖要求。

二是家庭农场登记申请人自愿选择登记及组织形式。家庭农场可登记为个体工商户、个人独资企业。符合法律法规规定条件的，也可以申请登记为合伙企业、公司等其他组织形式。家庭农场办理工商登记后，可以成为农民专业合作社的单位成员或公司的股东。农村家庭成员超过 5 人，可以自然人身份登记"家庭农场专业合作社"。家庭农场转型升级采取公司等组织形式登记的，可保留原字号和行业用语；原经营项目中有法律法规规定需经许可经营的，经发证机关确认可继续经营。登记机关应加强对申请家庭农场业户相关法律法规的宣传指导，以便于其选择利于经营、便民惠民的组织形式。

三是家庭农场由其经营场所或住所所在县、不设区的市工商行政管理局以及市辖区工商行政管理分局负责登记，法律法规另有规定的除外。登记机关可以委托符合条件的工商所以登记机关名义办理家庭农场登记。委托权限、主体类型等应报市工商行政管理局备案。家庭农场名称由行政区划、字号、家庭农场依次组成，家庭农场可以与农民专业合作社、公司等其他组织形式联用，但其申请行业和组织形式表述应符合所依据法律法规的规定。支持家庭农场以经营者姓名、商标作为字号，或以字号申请商标注册。

四是家庭农场的经营场所（住所），可以是经营者所在地家庭住址，也可以是种植、养殖地所在村址。家庭农场可以在从事农、林、牧、渔种植、养殖业的基础上，兼营相关研发、加工、销售或服务。家庭农场申请一般经营项目的，经营范围可以核定为家庭农场经营，也可依申请按具体项目核定，涉及前置许可的，要先办理有关许可手续后，再开展经营活动。家庭农场申请人可以以货币、实物、土地承包经营权、知识产权、股权、技术等多种形式、方式出资，家庭农场按个体工商户、个人独资企业、合伙企业及农民专业合作社举办的，其出资采用自行申报制；其他组织形式举办的，应符合其登记所依据的法律法规。

五是申请家庭农场设立登记应当提交下列登记材料：（1）设立登记申请书；（2）申请人身份证明；（3）《农村土地承包经营权证》《林权证》《农村土地承包经营权流转合同》等经营土地、林地的证明。

申请登记的经营范围中有法律法规规定，必须在登记前报经批准的项目，应当提交有关许可证书或者批准文件复印件；在未取得批准前，可先行办理筹建登记。委托代理人办理的，还应当提交经营者签署的《委托代理人证明》，及委托代理人身份证复印件。以合伙企业、农民专业合作社、公司等形式登记的家庭农场设立登记，按国家工商总局提交材料规范执行。家庭农场法定登记事项发生变化的，应当依据相应的法律法规规定，申请办理变更登记。家庭农场不再从事经营活动的，应当到登记机关依法办理注销登记。

六是登记机关对登记的家庭农场依法进行监督管理。登记机关应加强行政指导，督促家庭农场规范经营，对其违法行为应当依据相应的法律法规规定进行处理。家庭农场营业执照副本的有效期应按土地承包经营或流转期限核定。家庭农场注册登记免收注册登记费、验照年检费和工本费。家庭农场党员应积极参加党的活动，符合条件的要依据中国共产党章程的规定，建立中国共产党的组织，开展党的活动。从事家庭农场经营者，应当在取得营业执照后30日内，向登记地农业等部门备案。

五、家庭农场认定标准

2013年7月，山东省临沂市农业委员会与临沂市工商行政管理局，以临农经管字〔2013〕8号，联合印发《临沂市家庭农场认定暂行标准》，统一制定了全市家庭农场的认定标准：

1. 家庭农场经营者应具有农村户籍（即非城镇居民）或农业生产企业的下岗职工。

2. 以家庭成员为主要劳动力。无常年雇工或常年雇工数量不超过家庭务农人员数量。

3. 以农业收入为主。农业净收入占家庭农场总收益的80%以上。

4. 经营规模达到一定标准并相对稳定。

从事粮食作物生产为主的，土地租期5年以上，经营面积50亩以上。从事果业生产为主的，土地租期20年以上，经营面积干果100亩以上、水果50亩以上。从事茶叶种植为主的，土地租期20年以上，经营面积50亩以上。从事蔬菜生产为主的，土地租期5年以上，经营面积大田30亩以上、保护地栽培10亩以上。从事花卉种植为主的，土地租期10年以上，经营面积20亩以上。从事中药材生产为主的，土地租期10年以上，经营面积 30 亩以上。从事苗木生产为主的，土地租期 10 年以上，经营面积 100 亩以上。从事畜牧养殖为主的，土地租期 5 年以上，有院墙，院内面积 4 亩以上，选址应符合《山东省畜禽养殖管理办法》规定的距离要求，有《动物防疫条件合格证》，有硬化的贮粪场、沼气池或沉淀池等治污设备，粪污不能排出院外，有较规范的圈舍，有防疫、消毒、管理等制度，有生产、免疫、消毒、病死无害化处理、饲料和兽药使用等养殖档案，并规范记录。饲养家畜：年生猪出栏 200 头以上，年肉牛出栏 50 头以上，奶牛存栏 20 头以上，年羊出栏 200 只以上，年兔出栏 200 只以上，毛兔存栏 500 只以上，年狐狸、貉子、貂等特种经济动物出栏 500 只以上。饲养家禽：年出栏鸡或鸭 5 000 羽以上、鹅 1 000 只以上，蛋鸡存栏 2 000 只以上。从事渔业生产为主的，水面租期 5 年以上，须有水域滩涂养殖证，经营池塘养殖面积 30 亩以上，工厂化养殖面积 1 000 平米以上，水库养殖面积 300 亩以上；休闲渔业池塘 20 亩以上，水库 100 亩以上。

其他从事种养结合等多种经营的，土地租期 5 年以上，年收入 10 万元以上。

5. 家庭农场经营者应接受过相应的农业技能培训。

6. 家庭农场有生产经营记录。

7. 对其他农户开展农业生产有示范带动作用。

实践连接：

山东省临沭县玉龙家庭农场

临沭县玉龙家庭农场，兴建于 2014 年 5 月，由于土地流转工作到位、农场场主投入及时，经过 3 个多月的建设，现已初具规模。

一、慎重选址，科学规划

玉龙家庭农场场主王春堂，多年在外经商，积累了一定资金。打拼多年，王春堂意识到发展生态观光农业市场潜力大、效益可观，于是有了回乡创业发展生态观光农业的想法并大胆实施。在选择地理位置时，经过一番考察，最终选择在蛟龙镇井店子村西南靠近公路的地方建立了自己的家庭农场。此处距离县城 3 公里，紧靠 327 国道，交通便利，县城居民到此路途近，道路平整通畅，且东邻临沂龙潭万亩生态渔业综合产业园，到产业园旅游的顾客多，其中一些顾客会有顺便到农场观光、采摘的需求。玉龙家庭农场规划建设总面积 500 亩，计划总投资 1 200 万元，旨在打造一个集蔬菜育苗、生产、销售、观光采摘、休闲垂钓于一体的生态观光休闲农场。

二、村委牵头，农户自愿，流转土地顺畅

农场一期用地 230 亩，用了不到两周的时间成功流转，流转期限到 2029 年，流转价格 1 000 元/亩/年，3 年一付流转价款给农户，共涉及 52 户农户。在土地流转工作中，王春堂注重与井店子村委沟通，利用他们熟悉农户情况的优势，由村委人员挨家挨户做工作。遇到个别不愿放弃种粮的农户，积极采取土地置换的方式，由村集体协调，

将村内其他不愿种粮农户同级别或高级别的土地与其置换，如无同级别的地块，则用低级别每亩多 2~3 分（1 分地等于 0.1 亩地）的地块与其置换。农场二期计划流转土地 300 亩，其中，200 亩发展苹果、蜜桃、蓝莓等采摘园、100 亩推广家庭式 QQ 农场。

三、打造硬件建设，为发展铺下坚实基础

目前，玉龙农场共投资 560 万元用于基础设施建设，修筑了田间路 6 条，建设 4 000 平方米智能温室一座、1 000 平方米的日光温室 8 座、3 000 平方米钢结构大棚 5 个、休闲垂钓鱼池 2 座、生产管理用房 8 间、变电室 1 座。预计年可提供绿色蔬菜等农产品 150 吨，年收入 50 万元。

实践连接：

山东省莒南县博丰家庭农场

莒南县洙边镇农资经营大户庞立虎，于 2013 年 7 月份，在莒南县工商行政管理局注册资金 2 000 万元，成立"莒南县博丰家庭农场"。该农场于 2012 年 12 月，以每亩每年 700 元的价格成功流转大规模成片土地 360 亩，签订土地流转合同期限 15 年，主要用于经营小麦、玉米、花生等农作物种植及桑蚕养殖。成为莒南县首家个人独资企业的家庭农场。

该农场在成立之初，就将实现规模化、机械化、现代化作业作为农场发展的重要方向。近两年向周边村庄农户新流转土地 200 多亩，规模进一步扩大，现在拥有土地 600 多亩。基础设施建设已初具规模，总投资 200 余万元：建设机械库房 300 平方米、粮食药械库房 240 平方米、看护房 36 平方米、办公室 136 平方米、硬化晒场 3 500 平方米，购置大型农机具 20 余台套，其中大型拖拉机 2 台、小麦玉米免耕播种机各 2 台、大型植保机械 1 台、中小型植保机械 10 台。具体经营情况如下。

一、实施种养结合

在发展创建中，该家庭农场遵循种养相结合的经营模式。在大力发展小麦、玉米、花生等农作物种植的同时，还大力发展桑蚕养殖。去年种植小麦、玉米 412 亩，花生 130 亩，栽植桑园 68 亩，新建 6 个 1 800 平方米的桑蚕大棚。仅养蚕一项收入就达 60 余万元，净收益 16 万元。

二、实施机械化作业

2013 年度，该家庭农场因实施机械化作业，农作物耕种节约成本 6 万元，增加农作物劳动产出率 7 万元，实现种植收益 30 万元。同时，该农场又联合社区周边的其他农机业主及种粮大户，成立山东联众农机化种植专业合作社，与周边 3 个村庄签订了 5 380 亩的农作物耕种托管合同，圆满完成 6 820 亩小麦收割任务。大力推广保护性耕作技术秸秆切碎还田，并承担市级小麦秸秆切碎还田项目 3 600 余亩，完成玉米免耕播种

2 130余亩，小麦免耕播种 3 500余亩，起到了良好的示范带动作用。在经营中，以低廉的作业价格、优质的作业质量和先进的耕作模式得到了广大农户的认可。现已辐射和带动村民 2 000余户，实现收益 20 万元。2014 年冬，该家庭农场与农机合作社，又联合承担了本镇万亩茶园农机深松整地项目。

三、实施资源优化配置

通过示范园的示范、实验、推广，以点带面，逐步带动全镇的粮食向良种化，多元化发展。发展有机粮食生产经营，目前已形成规模和区域优势，在本地已形成经济支柱产业和拳头产品。很多群众看到了致富的希望，增添了从事有机粮食生产的信心，周边乡镇村纷纷登门参观学习，家庭农场的生产经营技术不断向周边辐射发展。

第二节　家庭农场指导培育

一、工作要求

当前主要是鼓励发展、支持发展，并在实践中不断探索、逐步规范。发展家庭农场要紧紧围绕提高农业综合生产能力、促进粮食生产、农业增效和农民增收来开展，要重点鼓励和扶持家庭农场发展粮食规模化生产。要坚持农村基本经营制度，以家庭承包经营为基础，在土地承包经营权有序流转的基础上，结合培育新型农业经营主体和发展农业适度规模经营，通过政策扶持、示范引导、完善服务，积极稳妥地加以推进。要充分认识到，在相当长时期内，普通农户仍是农业生产经营的基础，在发展家庭农场的同时，不能忽视普通农户的地位和作用。要充分认识到，不断发展起来的家庭经营、集体经营、合作经营、企业经营等多种经营方式，各具特色、各有优势。家庭农场与专业大户、农民合作社、农业产业化经营组织、农业企业、社会化服务组织等多种经营主体，都有各自的适应性和发展空间。发展家庭农场不排斥其他农业经营形式和经营主体，不只追求一种模式、一个标准。要充分认识到，家庭农场发展是一个渐进过程，要靠农民自主选择，防止脱离当地实际、违背农民意愿、片面追求超大规模经营的倾向，人为归大堆、垒大户。

二、服务措施

农业部 2014 年印发《关于促进家庭农场发展的指导意见》，提出下列各项服务措施。

一是探索建立家庭农场管理服务制度。为增强扶持政策的精准性、指向性，县级农业部门要建立家庭农场档案，县以上农业部门可从当地实际出发，明确家庭农场认定标准，对经营者资格、劳动力结构、收入构成、经营规模、管理水平等提出相应要求。各地要积极开展示范家庭农场创建活动，建立和发布示范家庭农场名录，引导和促进家庭农场提高经营管理水平。依照自愿原则，家庭农场可自主决定办理工商注册登记，以取得相应市场主体资格。

二是引导承包土地向家庭农场流转。健全土地流转服务体系，为流转双方提供信息发布、政策咨询、价格评估、合同签订指导等便捷服务。引导和鼓励家庭农场经营者通过实物计租货币结算、租金动态调整、土地经营权入股保底分红等利益分配方式，稳定土地流转关系，形成适度的土地经营规模。鼓励有条件的地方将土地确权登记、互换并地与农田基础设施建设相结合，整合高标准农田建设等项目资金，建设连片成方、旱涝保收的农田，引导流向家庭农场等新型经营主体。

三是落实对家庭农场的相关扶持政策。各级农业部门要将家庭农场纳入现有支农政策扶持范围，并予以倾斜，重点支持家庭农场稳定经营规模、改善生产条件、提高技术水平、改进经营管理等。加强与有关部门沟通协调，推动落实涉农建设项目、财政补贴、税收优惠、信贷支持、抵押担保、农业保险、设施用地等相关政策，帮助解决家庭农场发展中遇到的困难和问题。

四是强化面向家庭农场的社会化服务。基层农业技术推广机构要把家庭农场作为重要服务对象，有效提供农业技术推广、优良品种引进、动植物疫病防控、质量检测检验、农资供应和市场营销等服务。支持有条件的家庭农场建设试验示范基地，担任农业科技示范户，参与实施农业技术推广项目。引导和鼓励各类农业社会化服务组织开展面向家庭农场的代耕代种代收、病虫害统防统治、肥料统配统施、集中育苗育秧、灌溉排水、贮藏保鲜等经营性社会化服务。

五是完善家庭农场人才支撑政策。各地要加大对家庭农场经营者的培训力度，确立培训目标、丰富培训内容、增强培训实效，有计划地开展培训。要完善相关政策措施，鼓励中高等学校特别是农业职业院校毕业生、新型农民和农村实用人才、务工经商返乡人员等兴办家庭农场。将家庭农场经营者纳入新型职业农民、农村实用人才、"阳光工程"等培育计划。完善农业职业教育制度，鼓励家庭农场经营者通过多种形式，参加中高等职业教育提高学历层次，取得职业资格证书或农民技术职称。

六是引导家庭农场加强联合与合作。引导从事同类农产品生产的家庭农场通过组建协会等方式，加强相互交流与联合。鼓励家庭农场牵头或参与组建合作社，带动其他农户共同发展。鼓励工商企业通过订单农业、示范基地等方式，与家庭农场建立稳定的利益联结机制，提高农业组织化程度。

三、家庭农场培育措施与扶持政策

2013 年 8 月，山东省人民政府办公厅转发省农业厅等部门《关于积极培育家庭农场健康发展的意见的通知》，提出今后积极培育家庭农场的工作措施，明确了扶持政策。

培育家庭农场的工作措施包括以下 4 项：一是加强土地流转服务体系建设。以县（市、区）、乡（镇）为重点建立健全土地流转有形市场，开展土地流转供求信息、合同签订、价格指导、纠纷调解等服务，引导农户依法、自愿、有偿、平稳地向家庭农场流转土地。二是加强农业社会化服务体系建设。继续推进公益性基层农技推广服务体系建设；支持农业科研教育单位、涉农企业、农业产业化经营组织、供销组织、邮政物流企业、农民合作经济组织（协会）、金融保险机构等参与经营性社会服务体系建设，为家庭农场提供高效便捷的产前、产中、产后服务。三是加强新型农民职业培训。按照适应农业发展趋势、符合农民实际需求的原则，结合新型农民教育培训工作，搞好职业农民培育。对家庭农场经营从业者开展普及性培训、职业技能培训和农民学历教育，切实提高家庭农场经营从业者的生产技能和经营管理水平。四是开展家庭农场示范场创建活动。为推动家庭农场健康发展，不断提升质量和效益，要制定家庭农场示范场评定标准，开展家庭农场示范场评定。通过家庭农场示范场的示范带动效应，促进家庭农场规范管理、高效经营、提升水平。

扶持家庭农场的发展政策也有4项：一是加大财政扶持。各地要继续增加农业补贴资金规模，新增补贴向主产区和优势产区集中，向专业大户、家庭农场、农民专业合作社等新型生产经营主体倾斜，使家庭农场享有与专业大户、农民专业合作社等经营主体同等的财政扶持政策。重点扶持发展家庭农场示范场。二是加强金融支持。金融机构要积极开展金融创新，根据家庭农场等新型农业经营主体的特点，探索创新金融产品，制定专项信贷政策和金融服务措施，着力支持家庭农场发展，特别是要加大基础设施和固定资产投资方面的金融支持力度。保险机构要在政策性农业保险基础上，创新商业性农业保险品种，提供各种保险服务，降低家庭农场的经营风险。三是落实经营用地等优惠政策。对家庭农场因农业生产需要，直接用于养殖的畜禽舍、工厂化作物栽培或水产养殖的生产设施用地，以及其相应的附属设施用地，要切实按照《国土资源部农业部关于完善设施农用地管理有关问题的通知》（国土资发〔2010〕155号）、省国土资源厅等部门《关于完善设施用地管理的实施意见》（鲁国土资发〔2012〕3号）办理相关手续。对家庭农场所需的农产品加工场地等建设用地，在符合土地利用规划、城市建设规划和农业相关规划的前提下，由当地政府予以优先安排，按规定办理用地有关手续。要确保家庭农场享受国家各项惠农及税收政策。四是搞好登记注册服务。各级工商、农业部门要按照《山东省家庭农场登记试行办法》，指导家庭农场办理工商登记注册，确定其合法的市场经营主体资格。落实家庭农场免收登记注册费、验照年检费和工本费的规定。

四、家庭农场示范场创建

2015年1月，山东省农业厅、山东省工商行政管理局、山东省财政厅联合印发了《关于开展家庭农场省级示范场创建活动的通知》（鲁农经管字〔2015〕2号），提出了家庭农场示范场创建的基本要求，从基础条件、生产经营规范、生产组织规模、示范带动效果四个方面。确定了省级示范场的创建标准。该通知还明确了下列申报认定程序及监测管理要求。

1. 组织申报

省农业厅会同省工商行政管理局、省财政厅根据各市家庭农场工商注册登记数量、规范化建设水平等因素，将申报计划下达到市。各市根据本市家庭农场发展情况，下达申报限额到县（市、区）。各县（市、区）本着家庭农场自愿申报的原则，择优推荐上报。市农业局会同市工商行政管理局、市财政厅对县（市、区）上报材料审核后，以正式文件，等额推荐上报省农业厅。

2. 评审认定

省农业厅会同省工商行政管理局、省财政厅成立评审专家组，对各市推荐上报的省级示范场申报材料进行审核，确定省级示范场入选名单。省级示范场入选名单在省级相关媒体上进行公示，10个工作日内无异议，由省农业厅、省工商行政管理局、省财政厅发文公布。

3. 监测管理

省级示范场实行动态监测管理，每两年监测一次。省级示范场应当于每年2月底前，向所在县（市、区）农业（经管）部门报送省级示范场基本信息表（另行印发），由市级农业（经管）部门核查汇总后，于3月底前报省农业厅。省级示范场因故变更名称，应当在变更之日起30个工作日内，出具注册登记后的营业执照或复印件等变更材料，逐级上报，省农业厅会同省工商行政管理局、省财政厅审核，重新确认其省级示范场称号。

在省级示范场申报和监测管理中，市、县两级农业（经管）、财政、工商部门应当严格审查把关，家庭农场应当如实提供有关信息资料。如存在舞弊行为，一经查实，未经认定的取消其申报资格，已经认定的取消其省级示范场称号，两年内不得申报。

实践连接：

山东省沂南县鑫隆家庭农场

沂南县鑫隆家庭农场成立于2013年5月，位于沂南稻米之乡—大庄镇沟崖村。2013年，该农场被沂南县农机局选定为水稻生产全程机械化试点单位，通过转变经营观念，拓宽服务范围，提升农机装备水平，加大土地流转力度，有力提高了家庭农场集约化生产水平和农机专业化服务水平。

目前，该家庭农场通过流转土地300余亩，用以发展水稻生产，引进配备了全县首台插秧机、首套粮食机械化烘干设备，从播种、收获、到粮食烘干，实现生产过程全程机械化，是临沂市首个生产全程机械化家庭农场。具体做法如下。

一、加强基础设施建设，提高农机装备水平

水稻全程机械化试点单位建设以来，农场累计投入150多万元用于基础设施建设和农业机械购置。其中投入30万元，引进建成全县首个机械化粮食烘干设备，改变了传统粮食收获靠天吃饭的局面，保障了粮食生产收获的安全；投入35万余元，改建标准化农机库房16间，办公室一间，粮库5间、粮食加工车间3间，同时引进石碾大米配套加工设备5台套，使家庭农场具备粮食初加工能力，拉长了产业链。

积极申请国家农机购置补贴，不断提高装备水平。投入20万元，购置了大型水稻插秧机1台，玉米播种机6台。目前，农场拥有各类农机具73台套，其中，12吨的大型烘干机一套，50马力以上大型拖拉机11台，大型联合收割机6台，玉米播种机36台，小麦播种机10台，其他配套机具6台（套），农机装备水平显著提高。

二、实施标准化生产，推进品牌化营销

该农场致力于水稻优质标准化生产，严格按照国家绿色食品标准种植，并采用传统石碾工艺生产。农场自行研制的水稻纹枯病绿色防治方法，已获国家发明专利。目前，农场生产的"黑土湖"大米已通过国家绿色食品认证，获得中国绿色食品 A 级产品证书。

农场注册"沟崖大米"商标，积极实施农产品品牌战略，请新闻媒体策划宣传，品牌知名度不断提高。2014 年，该家庭农场"沟崖"品牌，获得山东省最具地方特色品牌荣誉称号。

三、开展土地规模经营，不断壮大经营规模

农场采用多种方式开展土地规模经营，并建成全县首个水稻生产全程机械化示范基地和全市首个机械化家庭农场，基本实现规模化经营、集约化生产。农场计划再流转土地 600～700 亩，争取水稻生产基地面积过千亩，进一步提高规模化生产水平。

实践连接：

山东省兰陵县军芳家庭农场

兰陵县军芳家庭农场，成立于 2013 年 6 月 9 日，经兰陵县工商局注册登记，注册资本 5 000 万元，累计投资 3 000 余万元。位于兰陵县向城镇驻地，依法自愿土地流转 1 600 亩（军芳标准化种苗繁育基地 100 亩和沂堂镇现代农业示范园区 1 500 亩），现有工作人员 10 名，其中大专以上学历两名、高中以上学历 5 名、农艺师 3 名。下设家庭农场办公室、基地办公室、蔬菜技术指导办公室、财务室、销售科、农残速测室、农产品质量监测室、家庭农场技术服务中心、信息技术电教室、生产产品质量信息档案室等组织机构。

该家庭农场与省（市）农科院蔬菜研究所、山东农业大学、市蔬菜办、县农业局、科技局、县蔬菜办等 10 个单位建立了长期良好的技术服务伙伴关系，并聘请了省市县 10 名技术专家为家庭农场技术顾问，定期来家庭农场技术指导。该农场的做法如下。

一、种给农民看，引领农民干，实现共同致富

家庭农场成立后，投资 2 600 多万元拟建占地 1 600 余亩的标准化蔬菜种植基地两处，基地实行"五个统一"：统一供种、统一农资供应、统一技术、统一产品包装、统一收购。一是罗庄区沂堂镇蔬菜标准化基地，占地 1 500 亩，投资 1 500 万元，拟建 100 座冬暖式温室大棚、500 个拱棚、露地菜 200 亩。种植主要蔬菜品种有黄瓜、茄子、西红柿、大蒜等。二是投资 500 万元，占地 100 亩，建设 10 000 平方米连栋智能温室一座，建造日光育苗温室 7 座，年育苗能力 5 000 万株左右，主要销往县内外主要蔬菜产区。

二、积极引进蔬菜优良品种试验、示范，不断扩大新优特品种蔬菜种植面积

场长朱兴芳先后多次参加济南、天津、武汉、哈尔滨等种子交易会，与国内外五家种子行业建立了业务关系，取得了经销代理权；外出10余次考察蔬菜良种，对新引进的蔬菜种子，先在家庭农场的示范田内进行试种、示范，并组织周围农民参观，认可的品种进行大面积推广。该家庭农场成立以来，先后引进天津德瑞特黄瓜"博美136"和"博新097"等20多个蔬菜新品种进行试验、示范。同时，还引进了国内外10多个新肥料、新种子、新农药进行实验推广，有效地推动了该区域主要蔬菜品种的不断更新，加大了周边基地的蔬菜种植面积，提高了菜农经济效益。

三、抓好新技术推广与应用，不断提高基地技术管理水平

为搞好技术服务，聘请了省、市、县的技术专家为长年技术顾问，及时解决蔬菜生产中遇到的疑难问题。基地推广蔬菜种植7F标准化管理技术：棚体建造、土壤改良、环境管理、植保管理、种苗选育、栽培管理、肥水管理，举办专题研究技术讲座6场次、邀请省内外专家诊治疑难病虫害60余次，发放技术明白纸1 000多份。有效地提高了基地和周边农民的科技种植管理水平，推动了蔬菜标准化生产和产业化经营的健康发展。

四、抓好产销服务，完善基地相关农机配套设施

投资1 200万元建设了一处占地15亩的办公楼设施和产品收购处，为了更好地解决周边农民种植期间的资金困难问题，先后多次与县农业银行联系，向困难社员及周边蔬菜运销大户，提供低息流动资金500万元；投资20万元办起了集蔬菜生产技术、信良种、肥料、农药为一体的技术指导服务部；投资60余万元购买了2台农超对接服务专车，专门为边远和老弱病残社员无偿提供交易车辆。

五、积极开展推广测土配方施肥技术，减少投入成本

投入4万余元专门购置了国内先进的测土配方施肥仪器，免费给周边农民测土配方施肥1 000多亩，每亩投资减少50~100元，深受农民的欢迎。

六、积极发展订单生产，确保产品安全

今年为大力推广白籽南瓜嫁接技术，又与社员签订了500亩的生产订单，并且以每市斤高于普通瓜价格的0.3元收购，在种植过程中，家庭农场给予经济和技术上的全力支持。2014年下半年与兰陵县国帅食品有限公司签订了500亩的日本株葱生产订单。

参考文献

［1］广东省财政厅网站—专题研究—农研动态：广东现代农业产业体系建设及财政支持政策研究

［2］凤凰山东—新闻早班车：从"农民"到"职业"解读新型职业农民培育的临沂模式

［3］《农民专业合作社法》．第十届全国人大常委会第二十四次会议，2006

［4］刘明祖等．《农民专业合作社法》50问．中国民主法制出版社，2007

［5］慕永太等．山东省农民专业合作社财务会计培训教材．新世界出版社，2011

［6］孙中华等．农民专业合作社辅导员百问百答．中国农业出版社，2013

［7］《农村土地承包法》．第九届全国人大常委会第二十九次会议，2002

［8］刘坚．《农村土地承包法》培训讲义．中国农业出版社，2002

［9］农业部．《农村土地承包法》释义及指南．中国农经信息网．2006

［10］农村土地流转知识讲座讲义．豆丁网．http://www.docin.com/p－1017203250.html

［11］家庭农场学习资料．豆丁网．http://www.docin.com/p－868755555.html